机械零部件结构设计实例与装配工艺性

第二版

李慧　马正先　著

JIXIE LINGBUJIAN JIEGOU SHEJI SHILI
YU
ZHUANGPEI GONGYIXING

化学工业出版社

·北京·

内 容 简 介

本书从工程应用的角度出发，通过机械零部件结构设计实例、装配工艺性分析，较为全面系统地介绍了机械结构与装配之间的关系，对机械结构设计过程中容易被忽视的工艺性问题进行了阐述与比较，指出了机械结构设计过程中应该注意的相关工艺性问题。全书以工程实例为主，同时兼顾了理论要点。注重理论与实践应用的结合，采用工程图例的方式对机械结构设计与工艺性问题进行简明扼要的表达与阐述，力求使读者能够较全面地掌握机械产品的结构设计方法与工艺技术。

全书主要由两大部分组成：第一部分为机械零部件结构设计实例，主要包括轴结构设计与工艺性、盘结构设计与工艺性、轴承结构设计与工艺性、齿轮结构设计与工艺性、凸轮结构设计与工艺性、带轮结构设计与工艺性、箱体结构设计与工艺性、减速箱（变速箱）结构设计与工艺性、粉末冶金件结构设计与工艺性及工程塑料件结构设计与工艺性；第二部分为装配工艺性，主要包括矿用离心通风机、专用数控机床及工业机器人等。

本书可作为机械类高年级本科生、工科研究生、科研工作者和工程技术人员的参考书。

图书在版编目（CIP）数据

机械零部件结构设计实例与装配工艺性/李慧，马正先著. —2 版. —北京：化学工业出版社，2021.7(2023.6重印)
ISBN 978-7-122-38948-0

Ⅰ.①机… Ⅱ.①李… ②马… Ⅲ.①机械元件-结构设计②机械元件-装配（机械） Ⅳ.①TH13

中国版本图书馆 CIP 数据核字（2021）第 066454 号

责任编辑：张兴辉 陈 喆　　　　　　　　文字编辑：徐 秀 师明远
责任校对：王素芹　　　　　　　　　　　装帧设计：王晓宇

出版发行：化学工业出版社（北京市东城区青年湖南街 13 号 邮政编码 100011）
印　　装：北京天宇星印刷厂
787mm×1092mm 1/16 印张 20½ 字数 508 千字 2023 年 6 月北京第 2 版第 2 次印刷

购书咨询：010-64518888　　　　　　　　售后服务：010-64518899
网　　址：http://www.cip.com.cn
凡购买本书，如有缺损质量问题，本社销售中心负责调换。

定　　价：99.80 元

前言

这是一本密切联系工程实际、结合大量设计图例系统地论述机械零部件结构设计与实例的实用技术图书。

机械零部件结构设计及装配工艺性是机械制造及自动化的重要组成部分，既要求多学科理论基础，更要求工程知识和实践经验，但目前对其系统研究的成果或论著却极少见。长期以来，由于系统地对非标类典型机械及其零部件结构设计实例的分析研究较少，其知识主要靠设计者自己在工作实践中摸索积累，但仅靠个人的力量或感性经验毕竟有限，还会极大地限制设计者的视野和创造力。对此，将设计者个人的感性经验上升为理性知识，从而为设计者提供客观上的方便及进行深入理论研究的基础是笔者的夙愿，也是出版本书的主要目的。

本书是笔者（联系方式 E-mail：lihuishuo@163.com；QQ：1003393381）在从事企业产品设计与开发和学校教研的基础上，结合笔者的研究成果以及国内外的研究资料而形成的。

全书主要由两大部分组成：第一部分为机械零部件结构设计实例；第二部分为装配工艺性。

书中"改进前"的实例主要来自企业、设计院、科研院校近年来的相关实例。由于"改进前"的实例大多属于初期的原设计，其存在的问题既具有个体性也具有多样性及多面性。为了突出对重点问题的阐述，书中没有对逐个问题用多个方法加以一一修正或阐述。"改进后"的实例，一方面是笔者在工作及研究中对该问题的看法与观点，另一方面是参考或汲取了国内外的资料。

书中"矿用离心通风机""专用数控机床""工业机器人"三章，分别代表了笔者从事科研工作的不同时期或阶段。在相应的工作期间，由于更多的精力主要投入到生产实践，使许多理论性的研究与创新没有及时记录，更忽略了深入的总结，这是写作本书过程中时常感到的遗憾，这种遗憾也将督促笔者不断进取，让探索成为进行时。

全书较全面地总结机械制造过程中包括材料选择、加工制造、操作规范及手段等各种禁忌问题，旨在能尽量做到理论联系实际、有实用价值、能指导生产实践，并为进一步的理论研究起到抛砖引玉的效果。但由于机械及装备问题的复杂性及时间限制，书中仅针对性地对提出的问题进行研究与表达，没有涉及具体实例以外的结构和问题。

全书由马正先教授校对和审稿（联系方式 E-mail：zhengxianma@163.com；QQ：1371347282）。本书的出版得益于诸多同事与学生的帮助，得益于马辰硕等同学的支持，在此表示衷心的感谢！

本书保留了"改进前"实例的原始图样，没有对"改进前"的原实例图样进行改动。由于软件、版本不同，实例的个别图例图面太大且复杂等原因，存在某些图的内容、格式表达或有不妥之处。由于水平及时间限制等，书中会出现笔者想不到或考虑不周的诸多问题或不足，恳请并欢迎读者及各界人士予以指正，共同商讨。

著　者

目录

第 1 章
导论   001

1.1　本书的主要内容   001
1.2　本书的内容特点   002

第 2 章
轴结构设计与工艺性   003

2.1　轴结构设计要点及禁忌   003
2.2　轴结构设计与工艺性实例分析   004
　2.2.1　轴结构设计常见错误及其改进   004
　2.2.2　锥形轴   040
2.3　实例启示   044

第 3 章
盘结构设计与工艺性   048

3.1　盘结构设计要点及禁忌   048
　3.1.1　法兰盘   048
　3.1.2　分度盘   048
　3.1.3　盘结构设计要点及禁忌   049
3.2　盘结构设计与装配工艺性实例分析   050
　3.2.1　盘结构设计常见错误及其改进   050
　3.2.2　盘制造与装配工艺问题   056
3.3　实例启示   061

第 4 章
齿轮结构设计与工艺性   064

4.1　齿轮结构设计要点及禁忌   064
　4.1.1　锻造齿轮的结构工艺性   064
　4.1.2　铸造齿轮的结构工艺性   064
　4.1.3　齿轮结构与切削加工   065
4.2　齿轮结构设计与工艺性实例分析   065
　4.2.1　齿轮结构设计常见错误及其改进   065
　4.2.2　圆柱齿轮结构设计错误及其改进   072
　4.2.3　锥齿轮结构设计需要注意的问题   075
　4.2.4　双联齿轮结构设计需要注意的问题   077
4.3　实例启示   080

第 5 章
凸轮结构设计与工艺性 082

5.1 凸轮结构设计要点及禁忌 082
5.2 凸轮结构设计与工艺性实例分析 082
  5.2.1 盘形凸轮结构常见结构设计错误及其改进 082
  5.2.2 凸轮轴结构设计应注意的问题 084
  5.2.3 凸轮片调节结构 086
5.3 实例启示 087

第 6 章
带轮结构设计与工艺性 089

6.1 带轮结构设计要点及禁忌 089
6.2 带轮结构设计与工艺性实例分析 090
6.3 实例启示 093

第 7 章
轴承结构设计与工艺性 095

7.1 轴承装配结构设计要点及禁忌 095
  7.1.1 滚动轴承 095
  7.1.2 滑动轴承 096
7.2 轴承装配结构设计与装配工艺性实例分析 096
  7.2.1 滚动轴承装配结构常见错误及其改进 096
  7.2.2 滑动轴承装配结构常见错误及其改进 105
7.3 实例启示 109

第 8 章
箱体结构设计与工艺性 110

8.1 箱体结构设计要点及禁忌 110
8.2 箱体结构设计与工艺性实例分析 111
  8.2.1 铸造箱体结构常见错误及其改进 111
  8.2.2 焊接箱体结构常见错误及其改进 128
8.3 实例启示 133

第 9 章
减速箱（变速箱）结构设计与工艺性 135

9.1 减速箱（变速箱）结构设计要点及禁忌　135
9.2 减速箱（变速箱）结构设计与装配工艺性
　　实例分析　136
9.3 实例启示　149

第 10 章
粉末冶金件结构设计与工艺性　150

10.1 粉末冶金件结构设计要点及禁忌　150
10.2 粉末冶金件结构设计与工艺性实例分析　151
10.3 实例启示　164

第 11 章
工程塑料件结构设计与工艺性　165

11.1 工程塑料件结构设计要点及禁忌　165
11.2 工程塑料件结构设计与工艺性实例分析　166
11.3 实例启示　181

第 12 章
矿用离心通风机　182

12.1 矿用离心通风机装配结构设计要点及禁忌　182
12.2 风机及零部件的结构设计与装配工艺性设计　183
　12.2.1 机壳（组）　184
　12.2.2 叶轮组　192
　12.2.3 进风口组　203
　12.2.4 盖板组　205
　12.2.5 支架　207
　12.2.6 传动组　208
　12.2.7 风机总装配　213
12.3 实例启示　237

第 13 章
专用数控机床　239

13.1 机床装配结构设计要点及禁忌　239
13.2 专用数控机床及零部件的结构设计与装配
　　工艺性设计　240
　13.2.1 机床结构设计　240

13.2.2　X向（横向）装配　　243

13.2.3　Z向（纵向）传动装配　　251

13.2.4　床身部件装配　　255

13.2.5　六方电动刀架装配　　259

13.2.6　主轴箱（组件）装配　　261

13.2.7　主轴驱动装配　　266

13.2.8　机床床座（底座）部件装配　　267

13.2.9　数控机床总装配　　274

13.3　实例启示　　282

第14章
工业机器人　284

14.1　工业机器人结构设计要点及装配问题　　284

14.2　工业机器人的结构设计与装配工艺性设计　　285

14.2.1　数控机床专用机器人　　286

14.2.2　热冲压机器人　　288

14.2.3　冷冲压型工业机器人　　291

14.2.4　板压型机器人　　295

14.2.5　装配操作用机器人　　298

14.2.6　仓储和运输用操作机器人——堆垛机　　302

14.2.7　装卸用机器人　　305

14.2.8　组装操作用夹持装置结构设计　　309

14.3　实例启示　　313

参考文献　319

第1章
导论

1.1 本书的主要内容

全书主要由两大部分组成：第一部分为机械零部件结构设计实例；第二部分为装配工艺性。

本书的主要内容构架如图 1-1 所示。

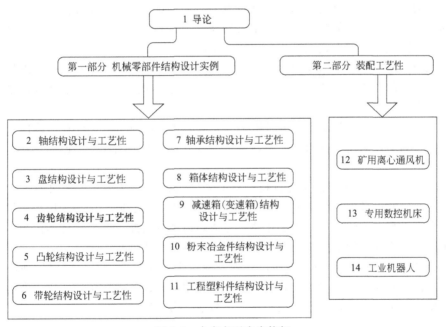

图 1-1　全书主要内容构架

第一部分首先由"轴结构设计与工艺性""盘结构设计与工艺性""齿轮结构设计与工艺性""凸轮结构设计与工艺性""带轮结构设计与工艺性""轴承结构设计与工艺性""箱体结构设计与工艺性"及"减速箱（变速箱）结构设计与工艺性"等组成；其次考虑到目前机械制造业的状况，特把"粉末冶金件结构设计与工艺性"及"工程塑料件结构设计与工艺性"加入其中。

某些部件实例图比较复杂，但为了直接描述其中的零件或局部关系，在表达时仅给出了简单图示，例如第 9 章。

第二部分由"矿用离心通风机""专用数控机床"及"工业机器人"等组成。其中实例涉及设备整体，其结构复杂且内容繁多。限于篇幅，仅从整体机械或主要零部件角度进行分析，对实例的结构及装配进行概略性的介绍，更具体的零部件结构未能详细论述，因此其中的某些实例会有欠缺或不当之处。

本书对多种零部件的机械结构设计及其装配结构进行分析与禁忌对比；对多种非标类典型机械进行装配工艺性的剖析。力图使读者深入理解机械结构设计及其工艺性的制造规律，尤其是掌握装配工艺性设计，达到灵活运用制造技术、合理进行机械设计的目的。

1.2 本书的内容特点

① 充分体现设计与制造、结构与装配一体化的思想。引导设计者在设计的初期便考虑工艺的可行性，如结构设计的合理性与装配工艺的可行性，为设计者避免犯装配工艺方面的错误提供有效的帮助。研究中始终坚持理论联系实际，从生产及设计实践的实例中提出问题，并在进行必要的工艺分析基础上给出适当的改进与防范措施。

② 简明扼要的写作风格。针对某一零部件或某一典型机械的具体结构，着重从工艺性或装配工艺性设计的角度考虑，依据实例的具体结构来解决结构设计与工艺相对应的问题。

③ 采用图形与文字融合的表达方式。书中涉及了数量较多的图形或图样，采用"原设计实例及结构特点"与"改进后结构设计特点"等简明扼要形式进行正误对比、互相对照，力求做到内容翔实并便于借鉴与应用。全书始终以"图形是工程的语言"为导向处理列举的实例，以工程图或图例的方式进行相关问题的阐述。

④ 不强求实例要素的完整性及完美性。实例图形中仅对具体实例进行分析与研究，把与具体实例有关的形体、尺寸等要素保留。为了使问题的阐述重点突出、图面清晰，去掉了无关的和不重要的要素。

⑤ "改进前"的实例大多属于初期的原始资料，其存在的问题既具有个体性也具有多样性及多面性。为了保留研究资料的原始性，书中没有对原实例图样进行改动，这并不影响对问题的论述。

⑥ 注重基本知识、实用技能与科技创新的紧密结合。不仅让读者全面地了解机器的结构设计问题，同时也考虑到制造业的发展，本书特将矿用离心通风机、专用数控机床、工业机器人等列为典型设备的内容；为了让读者更清晰地理解装配工艺性设计的内容，本书同时对所述机器进行零部件的结构设计与工艺性问题进行解读或剖析。

⑦ 装配结构涉及较宽广的知识面，其理论性与实践性结合紧密，如何将理论知识、现场经验与工程技术人员的智慧结合起来，合理地利用现有设备与装备，建立一套适合于本企业的现代化装配工艺方法，还需要在实践中不断地探索与提高。

第2章
轴结构设计与工艺性

轴结构设计主要与轴计算和轴工艺性相关。

轴的结构设计包括决定轴的合理结构和全部结构尺寸。轴的结构设计以强度计算为基础，通常按扭转强度初步计算出轴端直径，如果该轴端需要开键槽，应将此轴径加大3％～7％，然后将轴径圆整成标准值并作为轴端最小直径。在此基础上再合理地定出轴的结构形状以及相关配置的结构。轴的合理外形应满足轴和装在轴上的零件定位准确，便于装拆和调整，轴应具有良好的制造工艺性等。

2.1 轴结构设计要点及禁忌

（1）轴结构设计要点

轴的结构应便于加工、测量、装配及维修，在轴的结构设计时应注意以下几个问题。

① 轴的形状要力求简单，阶梯轴的级数应尽可能少，轴上各段的键槽、圆角半径、倒角、中心孔等尺寸应尽可能统一，以利于加工和检验。

② 对于阶梯轴常设计成两端小、中间大的形状，以便于零件从两端装拆。

③ 轴的结构设计应使各零件在装配时尽量不接触其他零件的配合表面，轴肩高度不能妨碍零件的拆卸。

④ 考虑加工工艺所必需的结构要素——中心孔、螺纹退刀槽、砂轮越程槽等。如轴上需磨削的轴段应设计出砂轮越程槽，需车制螺纹的轴段应有退刀槽。

⑤ 合理确定轴与轴上零件的配合性质、加工精度和表面粗糙度。

⑥ 轴的配合直径应按GB/T 2822—2005圆整为标准值。

⑦ 确定各段轴长度时应尽可能使结构紧凑，同时要保证零件所需的滑动距离和装配或调整所需空间，转动件不得与其他零件相碰撞；为保证轴向定位可靠，与轮毂配装的轴段长度应略小于轮毂宽（长）2～3mm。

⑧ 轴上所有零件应无过盈地达到配合部位。

⑨ 为便于导向和避免擦伤配合表面，轴的两端及有过盈配合的台阶处都应制成倒角。

（2）轴结构设计禁忌

① 对于轴上要素，为了提高加工效率应该避免大的加工量；为了避免轴、孔间配合不紧凑，应尽量避免轴肩、轴环的重复定位；轴环应采用能够承受轴向载荷的宽度，以避免轴向压馈现象；为了方便拆卸与维修，应避免轴径和齿轮顶圆直径相差较大的结构；为了滚动轴承拆卸方便，在滚动轴承配合处，其轴肩高度应避免高于滚动轴承内圈的高度。

② 尽量避免轴的结构要素产生应力集中。如轴的倒圆半径避免大于与之配合轴承的倒

圆半径；键槽底部倒角应避免过小，以防应力集中；键槽应避开应力集中区一定距离等。

③ 锥形轴应留有一定的圆柱段以避免夹持不便；同一轴上的锥度应一致，以避免对刀次数过多；为了使轴结构简单，应尽量减少锥形轴段。

④ 退刀槽尺寸应尽量保持一致，避免多次换刀；靠近轴肩的磨削表面处应留出越程槽，以避免磨削精度不足。

⑤ 与毂孔配合的轴段应有过渡圆角与倒角，以便于装配，并可以避免直角产生的应力集中；同一根轴上的倒角应尽可能保持一致，避免换刀次数和装卡次数过多，降低加工效率。

⑥ 应避免轴上键槽部位壁厚太小，使得键槽部位产生应力集中，影响轴的强度；键槽开口方向应避免在不同的方向上。

2.2　轴结构设计与工艺性实例分析

2.2.1　轴结构设计常见错误及其改进

实例 2-1

（1）原设计实例及结构特点
如图 2-1（a）所示，轴中段的加工量过多。

（2）改进后轴结构设计特点
改为图 2-1（b），制成阶梯轴，缩短精加工长度。

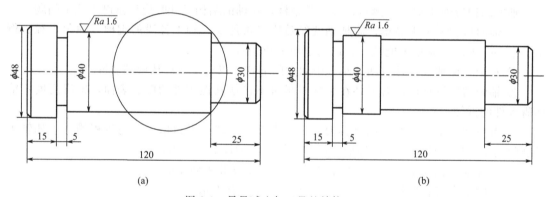

图 2-1　尽量减少加工量的结构（1）

（3）工艺性分析对比
制成阶梯轴后不需保证精度的部分可以不加工，减少了加工量。

实例 2-2

（1）原设计实例及结构特点
如图 2-2（a）所示，左右两段轴直径一致但却加工成有轴环的形式，加工工作量大。

（2）改进后轴结构设计特点
改为图 2-2（b），用弹性挡圈代替轴环。

（3）工艺性分析对比
当用弹性挡圈代替轴环时，便于加工，减少了加工工作量。

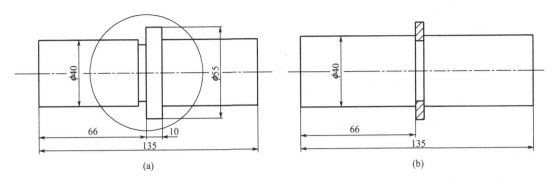

图 2-2　尽量减少加工量的结构（2）

实例 2-3

（1）原设计实例及结构特点

如图 2-3（a）所示，轴肩与轴环处重复定位，可能导致轴与孔的配合不紧凑。

（2）改进后轴结构设计特点

改为图 2-3（b），仅用锥轴定位。

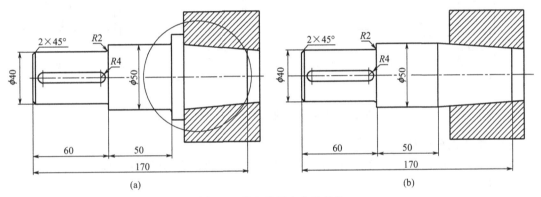

图 2-3　避免重复定位的结构

（3）工艺性分析对比

单独用锥轴定位时可以避免重复定位，配合紧凑。

实例 2-4

（1）原设计实例及结构特点

如图 2-4（a）所示，根据轴的使用情况，即功率输出和轴向力的估算，轴环设计宽度为6mm，不足以承受电动机转子的轴向力，容易出现材料裂纹和断裂，以致发生事故。

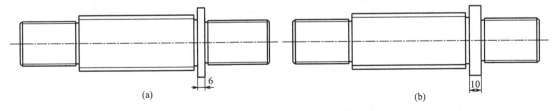

图 2-4　轴环应有足够承受轴向载荷的宽度

（2）改进后轴结构设计特点

设计轴环宽度改为 10mm，如图 2-4（b）所示，增加轴环宽度后，轴环的强度能够承受转子在运转中的轴向力。

（3）工艺性分析对比

轴环应能承受较大的轴向力，定位精确。

轴环是用来在轴上承受轴向载荷的，通常在轴上设置轴环是为了固定齿轮等零件的一端，另一端用螺母或者用弹性挡圈来固定；轴环应有足够承受轴向载荷的宽度。

实例 2-5

（1）原设计实例及结构特点

如图 2-5（a）所示，磨削时左右两段圆柱的同轴度不容易保证。

（2）改进后轴结构设计特点

改为图 2-5（b），轴左端留出一段以供磨削时夹持用。

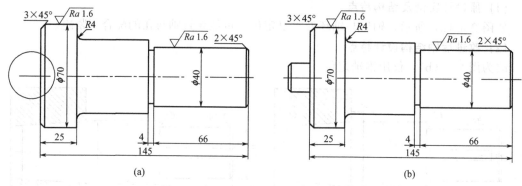

图 2-5　保证两段轴磨削时同轴度的结构

（3）工艺性分析对比

轴段设计时应保证各轴段的同轴度。轴的左端留一段供磨削时夹持用，则可保证两段轴磨削时的同轴度。

实例 2-6

（1）原设计实例及结构特点

如图 2-6（a）所示，轴上零件固定方式不合理，没有充分发挥出轴肩的定位效果。用螺栓连接轴肩和轴上零件时不但会削弱轴肩的材料力学性能，而且没有发挥阶梯轴在轴向定位中的作用。在轴上零件的运转过程中完全靠螺栓的预紧力来克服轴向力，会很快让螺栓松动并导致轴环的失效。

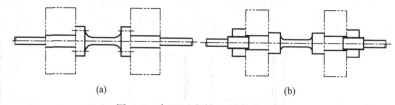

图 2-6　合理固定轴上零件的结构

（2）改进后轴结构设计特点

改为图 2-6（b），则轴上零件固定合理，使轴环和阶梯轴的轴向定位作用充分发挥了出

机械零部件结构设计实例与
装配工艺性（第二版）

来，同时轴环的直径减小，轴的阶梯尺寸过渡良好，减少了应力集中，提高了轴的使用性能。

（3）工艺性分析对比

轴上零件固定方式，直接影响着轴上零件的工作状况。合理的固定方式能使轴上零件获得良好的工作环境；不好的固定方式会使轴上零件左右晃动，使动力传递不均匀、零件和轴的结合面发生磨损。

实例 2-7

（1）**原设计实例及结构特点**

如图 2-7（a）所示，轴径和齿轮顶圆直径相差较大，整料加工费工、费料，锻件不便于锻造。

（2）**改进后轴结构设计特点**

改为图 2-7（b），采用轴与齿轮分别加工后再用键连接的结构形式，方便拆卸与维修。

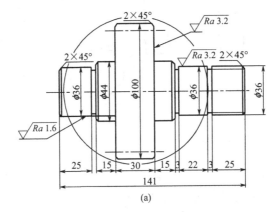

(a)

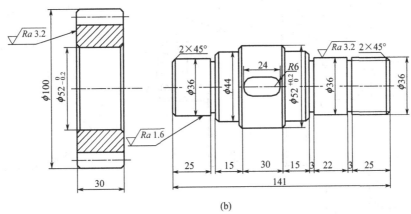

(b)

图 2-7　轴与齿轮分别加工的结构

（3）**工艺性分析对比**

轴与轴的传动连接应综合考虑毛坯选择、加工与装配工艺等问题。

实例 2-8

（1）**原设计实例及结构特点**

如图 2-8（a）所示，曲轴上的孔存在应力，"1"处内孔孔口应有一定角度的倒角，"2"

处轴上的通孔应倒角或加滚珠碾压以减少应力集中。

（2）改进后轴结构设计特点

改为图 2-8（b）则较为合理，即"1"处孔口加 60°倒角，"2"处加 45°倒角再倒圆。

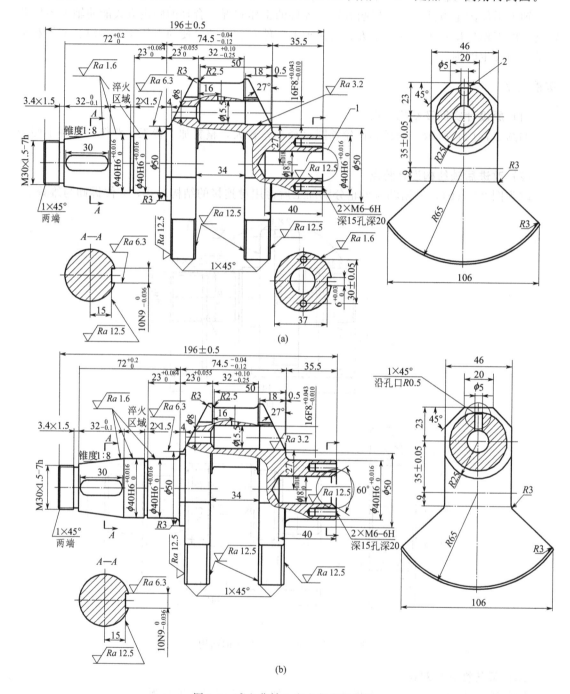

(a)

(b)

图 2-8　减少曲轴上应力集中的结构

（3）工艺性分析对比

要尽量避免轴的结构要素产生应力集中。

实例 2-9

(1) 原设计实例及结构特点

如图 2-9 (a) 所示，轴上的通孔没有倒角或加滚珠碾压，易产生应力集中。

(2) 改进后轴结构设计特点

改为图 2-9 (b)，即通孔加倒角或加滚珠碾压。

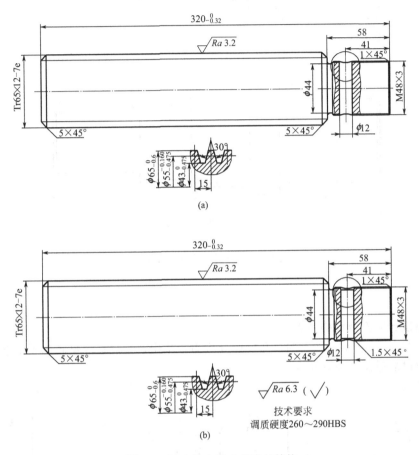

图 2-9　减少轴上应力集中的结构

(3) 工艺性分析对比

为了减少应力集中，通孔上应倒角或加滚珠碾压。

实例 2-10

(1) 原设计实例及结构特点

如图 2-10 (a) 所示，轴的倒圆半径大于与之配合的轴承的倒圆半径，难以保证轴向定位和配合紧凑。

(2) 改进后轴结构设计特点

改为图 2-10 (b)，即轴的倒圆半径小于轴承的倒圆半径。

(3) 工艺性分析对比

轴的倒圆半径应小于与之配合轴承的倒圆半径，以保证轴向定位和配合紧凑。

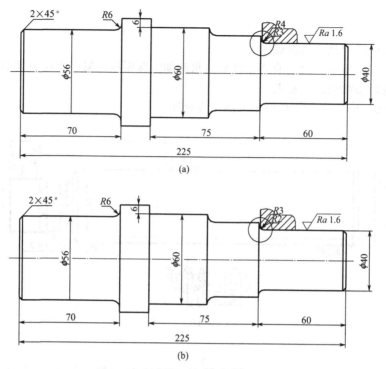

图 2-10　保证轴上定位和配合的结构

实例 2-11

（1）原设计实例及结构特点

如图 2-11（a）所示，轴上的盲孔使此处应力较集中，也易造成旋转的不平衡。

（2）改进后轴结构设计特点

将其改为图 2-11（b），即盲孔改为通孔，则应力集中减小，轴强度增大。

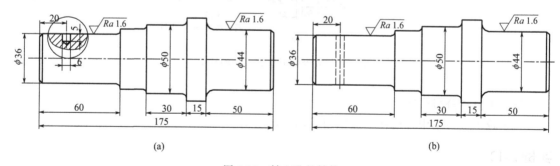

图 2-11　轴上孔的结构

（3）工艺性分析对比

尽量避免轴上的盲孔。

实例 2-12

（1）原设计实例及结构特点

发电机曲轴的结构如图 2-12（a）所示，实心曲轴自身的重量会加大旋转惯性力，造成曲轴在曲柄与曲轴连接的两侧处产生严重的应力集中，对曲轴承受交变载荷极为不利。

（2）改进后轴结构设计特点

改为图 2-12（b），即曲轴做成空心的，减轻了自身重量并减小了旋转惯性力，解除了曲柄与曲轴连接的两侧处的应力集中。这种结构不但可使原应力集中区的应力分布均匀，使圆角过渡部分的应力平坦，而且有利于后续热处理所引发的残余应力的消除。

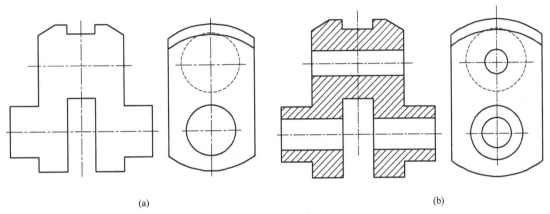

(a)   (b)

图 2-12　发电机曲轴的结构简图

（3）工艺性分析对比

曲轴在发动机里高速运转时承受很大的交变载荷，并且由于自身的重量会增加旋转惯性力，所以设计时要尽量降低其重量。

实例 2-13

（1）原设计实例及结构特点

图 2-13 中"错误"处，键槽的底部未倒圆或倒角，应力较集中，轴强度降低。

（2）改进后轴结构设计特点

改为图 2-13 中"正确"处，键槽底部倒圆，则可以减小此处的应力集中，增大了轴强度。

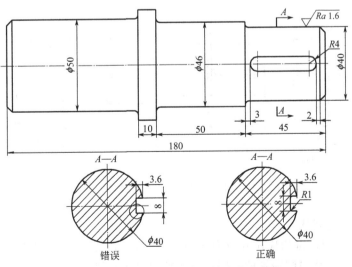

图 2-13　键槽底部应倒角以减小应力集中

（3）工艺性分析对比

键槽底部应倒角以减小应力集中。

实例 2-14

（1）原设计实例及结构特点

如图 2-14（a）所示，键槽底部位置过于接近轴肩，削弱了轴的整体力学性能，键槽没必要这样长。键连接中的平键有一定的、足够承受扭转力矩的长度就可以了，不必要太长，而且键槽太长会使应力更加集中于键槽底部和轴肩部位，造成轴的早期疲劳断裂。

（2）改进后轴结构设计特点

改为图 2-14（b），即键槽底部与轴肩离开一定的距离，这样在键槽上有足够的长度传递扭矩，也不会在键槽底部和轴肩处产生较大的应力集中，避免了轴的疲劳损坏。

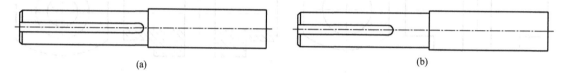

(a)   (b)

图 2-14　轴上键槽应避开应力集中区（1）

（3）工艺性分析对比

键槽应避开应力集中区一定距离。键槽底部与轴肩的距离主要用来保证安装在轴上的零件有足够的空间定位，只要有足够长的键槽就可以，若键槽太长会削弱轴的强度，造成轴的扭转断裂。

实例 2-15

（1）原设计实例及结构特点

图 2-15（a）中键槽开在了过渡区，导致此处应力过于集中，轴的强度削弱较大。

（2）改进后轴结构设计特点

将其改为图 2-15（b），即轴上键槽与倒圆处留出一段距离，降低此处的应力集中，增加轴的强度。

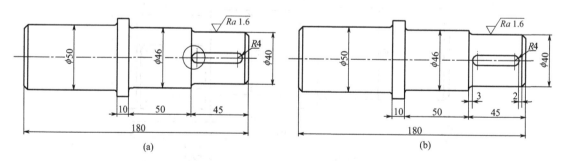

(a)   (b)

图 2-15　轴上键槽应避开应力集中区（2）

（3）工艺性分析对比

同实例 2-14 类似，键槽应避开应力集中区一定距离，即避免键槽与轴肩重合，造成局部应力集中的叠加，从而削弱轴的强度，造成轴的扭转断裂。

实例 2-16

(1) 原设计实例及结构特点

如图 2-16（a）所示，花键轴与锥度轴的过渡应加退刀圆槽，以降低此处的应力集中。

(2) 改进后轴结构设计特点

改为图 2-16（b），即加退刀圆槽后可有效地减小此处的应力集中，增大轴的强度。

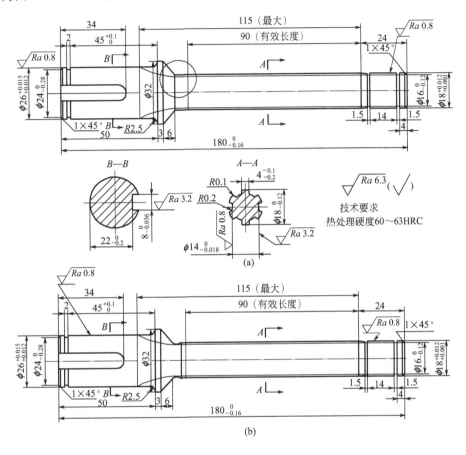

图 2-16 花键轴与锥度轴的过渡结构

(3) 工艺性分析对比

花键轴与锥度轴的过渡应设计退刀圆槽。

实例 2-17

(1) 原设计实例及结构特点

在不是止推轴的情况下，阶梯轴的轴径应从中间向两端递减。如图 2-17（a）所示的结构中，轴中部圆圈处直径最小，结构不合理。

(2) 改进后轴结构设计特点

可将其改为图 2-17（b），阶梯轴的直径从中间到两端逐渐递减。

(3) 工艺性分析对比

阶梯轴直径应从中间到两端逐渐递减，以便于轴上零件的装配。

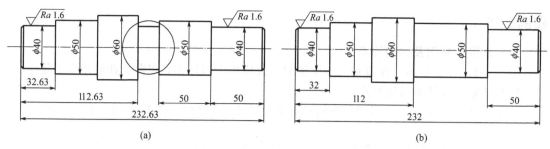

(a) (b)

图 2-17　便于装配的阶梯轴结构

实例 2-18

（1）原设计实例及结构特点

如图 2-18（a）所示结构中退刀槽尺寸不一致。同一轴上的退刀槽尺寸应尽量一致。

（2）改进后轴结构设计特点

若将其改为图 2-18（b），即退刀槽尺寸一致，便于一次性加工而不用更换刀具。

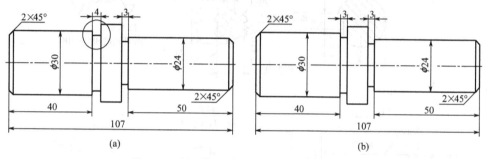

(a) (b)

图 2-18　退刀槽尺寸应尽量保持一致的结构

（3）工艺性分析对比

退刀槽尺寸应尽量保持一致。

为了减少换刀次数，提高轴类零件的加工效率，在设计轴结构的时候经常把轴上一些相似的地方设计成相同的尺寸，例如将退刀槽设计成相同的宽度，即同根轴上的退刀槽宽度一致。

实例 2-19

（1）原设计实例及结构特点

如图 2-19（a）所示结构的退刀槽深度不够，在加工螺纹末尾的时候，刀具不能迅速地脱离加工表面，会将退刀槽加工出浅螺纹，使轴在这个部位出现应力集中，降低整个轴的使用性能。

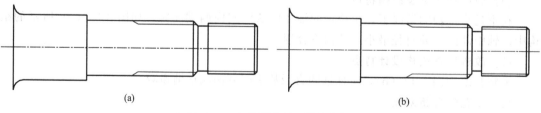

(a) (b)

图 2-19　合理设计退刀槽的结构

（2）改进后轴结构设计特点

改为图 2-19（b），将退刀槽加深，能让螺纹加工刀具顺利地脱离加工表面，同时也可以减少轴表面的应力集中，提高轴整体性能。

（3）工艺性分析对比

保证退刀槽深度。

退刀槽是在加工螺纹或者键槽时使加工刀具在加工表面加工出合格螺纹或者键槽的保证，因为加工到末尾时刀具不能迅速离开加工表面，因而需设置退刀槽。一般在加工螺纹前，都要先加工出退刀槽。

实例 2-20

（1）原设计实例及结构特点

如图 2-20（a）所示，靠近轴肩的磨削表面处未留出越程槽，不易保证磨削精度。

（2）改进后轴结构设计特点

应将其改为图 2-20（b），留出越程槽，这样便于磨削加工，并能保证磨削精度。

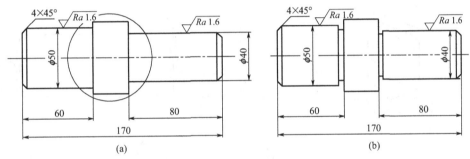

图 2-20　留出越程槽的结构

（3）工艺性分析对比

靠近轴环处应留出退刀槽或砂轮越程槽。

靠近轴肩的磨削表面或螺纹处应留有砂轮越程槽或螺尾退刀槽，以便于加工。

实例 2-21

（1）原设计实例及结构特点

齿轮轴的一端由 V 带传动，中间用一对轴承支撑，右端用圆螺母锁紧定位。为了轴肩便于磨削加工，设计了越程槽，如图 2-21（a）所示。越程槽处易引起应力集中，工作过程

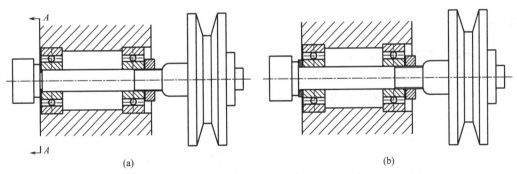

图 2-21　避免越程槽引起应力集中的结构

中，轴经过反复、对称循环的弯曲应力的作用将形成疲劳裂痕，在 A—A 断面处轴断裂，并有明显的疲劳裂纹痕迹。

（2）改进后轴结构设计特点

若将其改为图 2-21（b），取消越程槽，增设挡环；加大齿轮轴肩处的圆弧半径，挡环内孔倒角与轴肩圆弧相适应，从而减小了应力集中。

（3）工艺性分析对比

当齿轮越程槽处容易断裂时，应取消越程槽，增设挡环。

实例 2-22

（1）原设计实例及结构特点

如图 2-22 中的"1 处""1 处放大"，越程槽内二直线相交处，产生尖角。

（2）改进后轴结构设计特点

如图 2-22 中的"正确"处，越程槽内二直线相交处可倒圆。

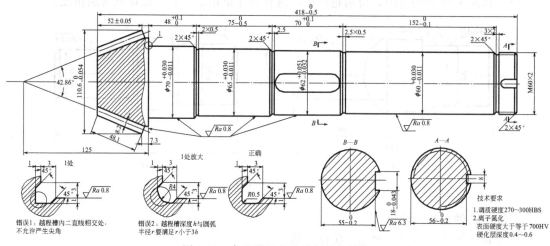

图 2-22　合理设置砂轮越程槽的结构

（3）工艺性分析对比

砂轮越程槽的作用和退刀槽的作用类似，砂轮在磨削完加工表面后，不能迅速地离开加工表面，为了不磨削到其他的表面，应设置砂轮越程槽。

砂轮越程槽不允许产生尖角（越程槽内深度 h 与圆弧半径 r 之间的关系，一般要满足 r 小于 $3h$）。

实例 2-23

（1）原设计实例及结构特点

图 2-23（a）为某挂轮架轴零件图，其中 $\phi25$ 的圆柱面需要磨削加工，但无砂轮越程槽；左右两段螺纹尺寸和精度要求不一致，这样不利于用同一把刀具一次加工完成，还需要更换刀具，增加了换刀时间，降低了劳动生产率。

（2）改进后轴结构设计特点

若改为图 2-23（b），即添加砂轮越程槽；改变螺纹尺寸和精度要求，使两螺纹的尺寸和精度要求一致，则可以使用一把刀具加工两个螺纹，省去换刀时间，可提高劳动生产率。

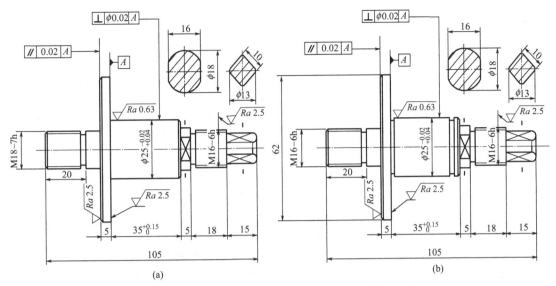

图 2-23　添加砂轮越程槽/两螺纹尺寸和精度要求一致

(3) 工艺性分析对比

设置砂轮越程槽，可用于砂轮"避空"。多个螺纹的尺寸和精度要求一致，可以节省换刀时间，提高劳动生产率。

实例 2-24

(1) 原设计实例及结构特点

如图 2-24 (a) 所示，加工螺纹的地方没有留退刀槽，这样不利于刀具的退出。

(2) 改进后轴结构设计特点

可将其改为图 2-24 (b)，即加工螺纹的地方预先切制出退刀槽。

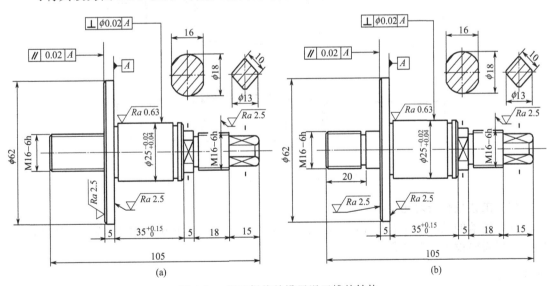

图 2-24　加工螺纹处设置退刀槽的结构

(3) 工艺性分析对比

为了便于退出刀具，必须预先切制出退刀槽。

实例 2-25

（1）原设计实例及结构特点

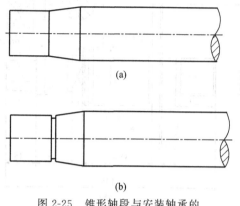

(a)

(b)

图 2-25　锥形轴段与安装轴承的
轴段接合处设置砂轮越程槽

如图 2-25（a）所示，锥形轴段需要用砂轮打磨，以达到相应的表面粗糙度，但由于没有设计砂轮越程槽，在加工到末尾时会磨削到锥形轴段左边——安装轴承的轴段。

（2）改进后轴结构设计特点

改进后如图 2-25（b）所示，锥形轴段与安装轴承的轴段接合处设计了砂轮越程槽，能很好地保证砂轮在加工到末尾离开加工表面时不碰到安装轴承的轴段。

（3）工艺性分析对比

锥形轴没有设计砂轮越程槽时会磨削到锥形轴段的左边，即安装轴承的轴段。

实例 2-26

（1）原设计实例及结构特点

如图 2-26（a）所示，轴的两端是安装长轴承的配合光滑表面，需要精磨加工，而与之相连的是螺纹段，所以在加工时必须设置合适宽度的砂轮越程槽。

（2）改进后轴结构设计特点

改进后如图 2-26（b）所示，轴的两端设计了砂轮越程槽，使磨削加工更有精度保证，优化了整个轴的结构设计。

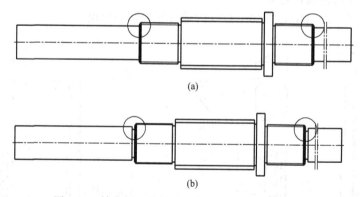

(a)

(b)

图 2-26　精磨加工处须设置合适宽度的砂轮越程槽

（3）工艺性分析对比

安装轴承的轴段，需要很光滑的配合表面，为了降低表面粗糙度数值，需要精磨加工工序，所以需要设置砂轮越程槽。

实例 2-27

（1）原设计实例及结构特点

如图 2-27（a）所示，大小轴径过渡处没有倒圆，易产生应力集中；与毂孔配合的轴段没有倒角，不便于装配和拆卸。

机械零部件结构设计实例与
装配工艺性（第二版）

(2) 改进后轴结构设计特点

若改为图 2-27 (b)，大小轴径过渡处设置倒圆，则可减少轴上的应力集中，增加轴的强度；与毂孔配合的轴段加工成倒角以便于装配和拆卸。

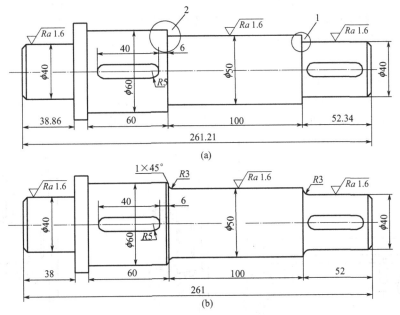

图 2-27 过渡圆角的结构

(3) 工艺性分析对比

大小轴径过渡处设置倒圆，减少轴上的应力集中，增加轴的强度。与毂孔配合的轴段应有倒角以便于装配。

实例 2-28

(1) 原设计实例及结构特点

如图 2-28 (a) 所示，此处圆角（R3）过小，应力过于集中。

(2) 改进后轴结构设计特点

若改为图 2-28 (b)，即倒圆 R3 改为 R5，则可减小应力集中，增大轴的强度。

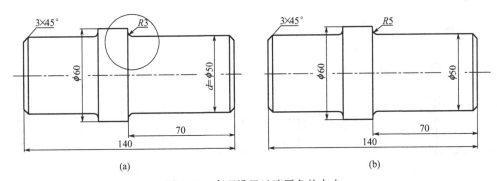

图 2-28 合理设置过渡圆角的大小

(3) 工艺性分析对比

一般情况下倒角 R 与轴径 d 的比值应大于等于 0.1，即 $R/d \geqslant 0.1$。

实例 2-29

(1) 原设计实例及结构特点

图 2-29 为某滑行车轮轴组件图。图 2-29（a）因受轴承内圈圆角的限制，在轴承与轴配合时轴肩处的过渡圆角应小于轴承内圈的过渡圆角，但此轴承受冲击振动较严重，并且过渡圆角过小时会产生很大的应力集中；在频繁的冲击振动下，容易产生疲劳裂纹，最终导致轴的疲劳断裂。

(2) 改进后轴结构设计特点

改为图 2-29（b），即为了避免轴肩过渡圆角太小而引起轴肩处的应力集中，在轴肩处加一个环，留出一定的空间，来加大过渡圆角，减少应力集中。

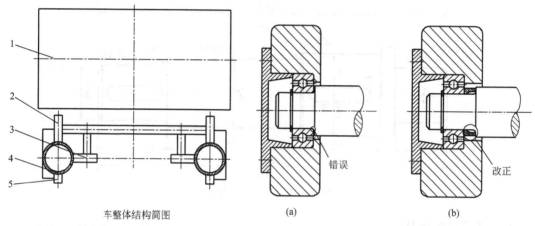

车整体结构简图

1—车厢；2—行走轮；3—侧轮；4—轨道；5—底轮

图 2-29　合理设计过渡结构

(3) 工艺性分析对比

滑行车速在 40km/h 以上，滑行车轮轴受冲击振动较严重，设计中采用滚动轴承，滚动轴承内圈有圆角，在与轴配合时，轴上应有合适的配合圆角。

过渡圆角是阶梯轴中重要的连接方式，目的是使阶梯轴能更好地进行尺寸过渡，减少应力集中，防止轴因应力集中而引起疲劳裂纹，或因长时间的交变载荷发展成疲劳断裂。

实例 2-30

(1) 原设计实例及结构特点

如图 2-30（a）所示，倒角一个为 $1 \times 45°$，另外一个是 $2 \times 45°$，尺寸不同。在加工时需要进行换刀，增加了加工工时，降低了加工效率。

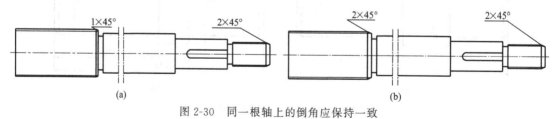

图 2-30　同一根轴上的倒角应保持一致

(2) 改进后轴结构设计特点

改为图 2-30（b），将轴上的倒角都设计成 $2 \times 45°$，则避免了加工倒角时换刀的麻烦，缩短了加工工时，提高了效率。

（3）工艺性分析对比

同一根轴上相似的结构一般要尽可能设计成相同的尺寸，以减少换刀次数和装卡次数，提高加工效率，减少工时。

实例 2-31

（1）原设计实例及结构特点

如图 2-31（a）所示，直径相差不大的轴段倒角却不一致。

（2）改进后轴结构设计特点

若改为图 2-31（b），即轴两端倒角一致，则可减少加工刀具种类和提高劳动生产率。

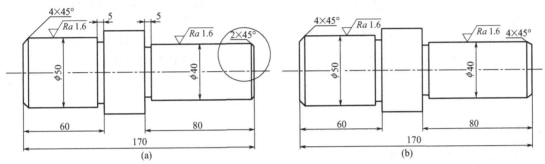

图 2-31 直径相差不大的轴端倒角应尽量一致

（3）工艺性分析对比

直径相差不大的轴段倒角应尽量一致。

同一轴上的倒角、圆角等应尽可能取相同尺寸。

实例 2-32

（1）原设计实例及结构特点

如图 2-32（a）所示，没有倒角，不便于轴上零件的装配，且易造成配合面的擦伤。

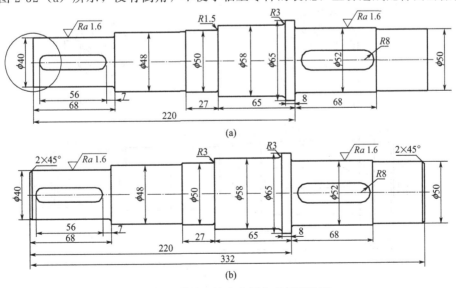

图 2-32 轴的两端应有倒角以便于装配

（2）改进后轴结构设计特点

可将其改为图 2-32（b），即根据轴径尺寸设计合适的倒角。

（3）工艺性分析对比

轴的两端倒角便于装配导向和避免擦伤配合表面。因此，轴的两端及有过盈配合的台阶处都应制成倒角。

实例 2-33

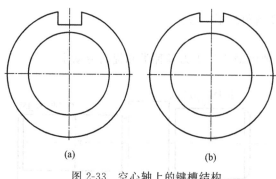

（a）　　　　　　　（b）

图 2-33　空心轴上的键槽结构

（1）原设计实例及结构特点

如图 2-33（a）所示，在空心轴上开设键槽后，键槽部位的壁厚太小，影响轴的强度。

（2）改进后轴结构设计特点

若改为图 2-33（b），即在空心轴上选用薄形键，则可增加键槽部位的厚度。

（3）工艺性分析对比

空心轴上的键槽应考虑键槽深度对强度的影响。

实例 2-34

（1）原设计实例及结构特点

如图 2-34（a）所示，轴上有两个键槽，轴两端的键槽开在了互成 90°的方向上，需要

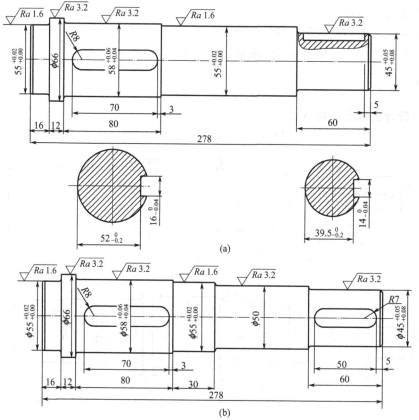

图 2-34　键槽开口方向应一致

二次装卡，增加了轴的加工量，浪费了工时，应开在同一方向上；两个 $\phi55$ 轴颈为安装轴承的位置，要求的粗糙度数值比较小，需要精车或者磨削，而右端的 $\phi55$ 轴颈较长，不但加大了精加工的面积，浪费了工时，而且由于轴颈较长，影响轴承的装卸；另外，中部 $\phi55$ 轴段与 $\phi45$ 轴径相差较大，加大了应力集中的影响。

（2）改进后轴结构设计特点

若改为图 2-34（b），将两个键槽开在了同一方向上，一次装卡就能完成两个键槽的铣削加工，缩短了工时，提高了加工效率；右端原较长的 $\phi55$ 轴颈设计为两段，即 $\phi55$ 和 $\phi50$，并取不同的粗糙度数值，这样，轴的结构及粗糙度值较为合理。

（3）工艺性分析对比

键槽开口方向应一致。为减少装卡次数，在结构设计中常将轴上的键槽设计在同一个方向上，以提高加工效率。

键槽（圆角）尺寸应尽量一致。在轴的不同截面上，轴径相差不大的情况下应取相同的键槽截面尺寸，以便于加工并提高生产效率。若键槽截面尺寸不一致，会给加工带来不便，降低加工效率，提高生产成本。

实例 2-35

（1）原设计实例及结构特点

如图 2-35（a）所示，轴环过高、尺寸大，与中间连接处的尺寸相差较大，车削轴时会将中间部位表面力学性能好的材料切削掉，而留下的却是力学性能差的心部。这样的轴会很快造成断裂失效，不符合使用要求。

（2）改进后轴结构设计特点

若改为图 2-35（b），将轴环螺栓连接轴上零件改为阶梯轴螺母加轴环固定，这种固定更加可靠、稳定，同时减小了轴环和中间连接部位的尺寸差距，使中间连接部分的轴段有较好的材料力学性能，保证了轴的使用性能。

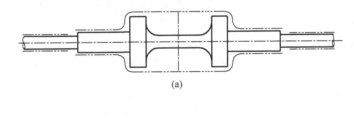

(a)

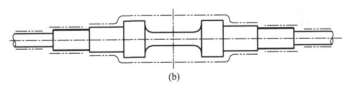

(b)

图 2-35　满足材料力学性能的轴结构

（3）工艺性分析对比

轴的结构设计需要考虑很多方面的因素，尤其是在结构设计时，要考虑毛坯的形状和加工后轴材料的力学性能，这样才能加工出符合要求的轴。

轧制毛坯在轴类零件的选材中有很重要的地位，轧制毛坯材料性质均匀时加工方便，直接放在车床上能加工出合格的轴类零件。

实例 2-36

(1) 原设计实例及结构特点

如图 2-36 (a) 所示,选用毛坯里的金属纤维形状与曲轴的受力方向几乎垂直了,在车削加工中几乎全被切断了,未发挥锻造毛坯的效果,降低了曲轴的强度。这种毛坯材料加工出来的曲轴不能满足高强度的交变载荷,会出现断裂等失效形式。

(2) 改进后轴结构设计特点

若改为图 2-36 (b),选用毛坯材料里的金属纤维外形与曲轴的最终形状在方向上接近一致,车削后,大部分的金属纤维未被切断,曲轴强度高,符合曲轴的高强度交变载荷的工作情况。

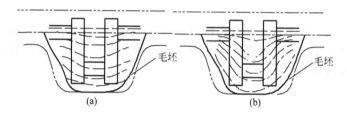

图 2-36 尽量选用纤维方向与曲轴应力方向一致的毛坯

(3) 工艺性分析对比

曲轴的工作情况复杂,主要是承受拉应力和交变载荷,所以要求曲轴的毛坯选用锻造毛坯,尽量使毛坯里的纤维方向与曲轴应力方向一致。

实例 2-37

(1) 原设计实例及结构特点

图 2-37 (a) 是一段带有内螺纹的轴。图的右端结构虽然已设计了供顶尖装夹的 60°坡口,但在加工过程中易损坏与 60°坡口衔接处的螺纹。

(2) 改进后轴结构设计特点

改进后的结构如图 2-37 (b) 所示,在坡口处留有退刀槽,这样不至于破坏螺纹。

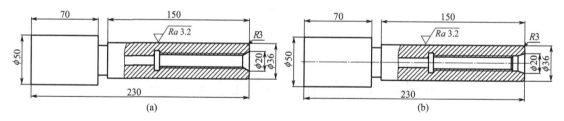

图 2-37 带有内螺纹的轴

(3) 工艺性分析对比

轴端螺纹结构的设计应注意保护螺纹,避免加工过程中产生易损坏螺纹的结构。

实例 2-38

(1) 原设计实例及结构特点

图 2-38 (a) 为阶梯孔与阶梯轴配合的结构,两个件都是阶梯结构,使加工变得复杂。

（2）改进后轴结构设计特点

改进设计的结构如图 2-38（b）所示，其与图 2-38（a）主要区别在于，图 2-38（b）把阶梯孔改为简单孔处理，轴仍为阶梯轴，节省工时。

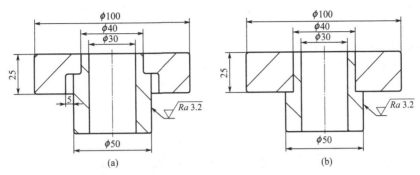

图 2-38　阶梯孔与阶梯轴配合结构的改进

（3）工艺性分析对比

阶梯孔与阶梯轴的配合，结构复杂，加工不便；当把阶梯孔改为简单孔、轴仍为阶梯轴结构时，结构简单、节省工时。

实例 2-39

（1）原设计实例及结构特点

图 2-39（a）中，中间精加工段较长。当轴与盘、套类零件相配合时，为了保证配合部位的精度，非配合表面不必制成高精度。

（2）改进后轴结构设计特点

将其改为图 2-39（b）所示结构，即将需要精车的部分保留，不必要部分改为简单轴，即减少中间精加工段长度。这样可以减少精加工面积，易于保证质量。

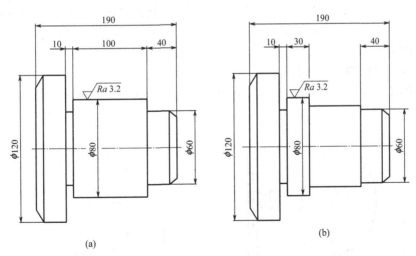

图 2-39　减少精加工表面的轴结构

（3）工艺性分析对比

当中间精加工段较长时，轴与盘、套类零件配合不便；去掉不必要的精车，可以在保证配合部位精度的前提下减少加工表面面积。

实例 2-40

（1）原设计实例及结构特点

如图 2-40（a）所示，轴端的键槽用端铣刀铣出，切削时会增加应力集中，同时键的打入也不方便。

（2）改进后轴结构设计特点

改进后的结构如图 2-40（b）所示，键槽改为用盘铣刀铣出，在键槽两头各铣出一段过渡圆弧，减少了应力集中的影响；改善了切入时的切削条件，方便键的打入。

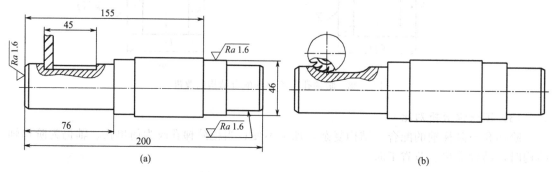

图 2-40　减小应力集中的结构

（3）工艺性分析对比

当轴端键槽用端铣刀加工时，刀具进出不方便且会增加应力集中；为改善切削条件，采用盘铣刀加工，使得在键槽两头各铣出一段过渡圆弧，减少了应力集中、方便刀具的出入。

实例 2-41

（1）原设计实例及结构特点

如图 2-41（a）所示，用 V 形块装夹轴类工件。在卧式铣床上用铣刀铣削键槽，当铣削一批工件的直径尺寸有偏差时，对铣削键槽的深度就会有影响，其影响程度的大小，将随工件直径偏差的大小而变化。因此，这种方法不可取。

（2）改进后轴结构设计特点

改进后的结构如图 2-41（b）所示，铣削键槽时，立铣刀的中心线或盘形铣刀的对称线

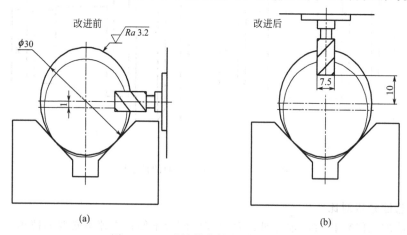

图 2-41　V 形块装夹轴类零件的结构

始终能够对准 V 形架的角平分线,即能够保证键槽的对称度。

(3) 工艺性分析对比

加工键槽时,为了保证键槽的对称度,应考虑切削条件对工件的影响,如使用的机床、夹具及工件直径等。

实例 2-42

(1) 原设计实例及结构特点

如图 2-42 (a) 所示,轴上带有阶梯孔,用组合铣刀铣削阶梯孔。用组合铣刀铣削该工件时,铣削时所应保证的尺寸应该是工件最上端的孔深和第二个孔深。但若按照该图所标尺寸进行铣削加工,则无法得到应保证的深度。

(2) 改进后轴结构设计特点

改进后的结构如图 2-42 (b) 所示,其尺寸是按照组合铣刀来确定的,这时可以得到所要保证的尺寸深度和加工精度。

(3) 工艺性分析对比

用组合铣刀铣削阶梯孔时,所标

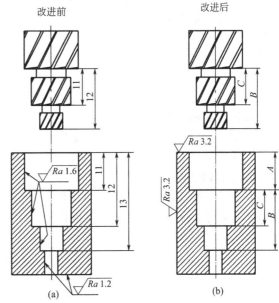

图 2-42 符合组合铣刀尺寸的结构

注尺寸应按照刀具尺寸进行标注,才能保证顺利加工,保证尺寸的深度和加工精度。

实例 2-43

(1) 原设计实例及结构特点

键槽的铣削加工方法通常有两种:在深度上一次铣削完成及分层铣削完成。在通用铣床上一般采用一次铣成,而分层铣成则大都是在键槽铣床上进行。

如图 2-43 (a) 所示,将键槽深度一次铣削完成。这种加工方法对铣刀的使用较为不利,因为铣刀在用钝时,切削刃上的磨损长度等于键槽的深度。若刃磨圆柱面切削刃,则因铣刀直径会磨小,而不能再作精加工,若把端面一段磨去,则又不经济。

(2) 改进后轴结构设计特点

改进后的结构如图 2-43 (b) 所示,可分层完成铣削键槽。每次铣削层深度只有非常小

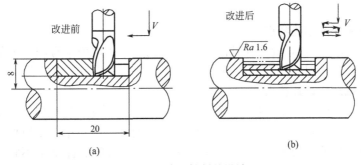

图 2-43 分层铣削的设计

的一层，以较大的进给量往返进行铣削。在键槽铣床上加工时，每次的铣削层深度和往复进给都是自动进行的，一直切到预定键槽深度为止。这种加工方法的优点是铣刀用钝后，只需刃磨铣刀的端面，铣刀直径不受影响，铣削加工时也不会产生让刀现象。但在通用铣床上进行这种加工，则操作不方便，生产效率也较低。

（3）工艺性分析对比

当进行键槽铣削时，应考虑通用铣床及专用铣床加工方法、特点的不同。如采用往返铣削可保护刀具，既可以提高生产效率，还可以提高加工精度与加工的综合性能。

实例 2-44

（1）原设计实例及结构特点

如图 2-44（a）所示，在铣削该工件时，其工件上的退刀长度 L 小于铣刀的半径 $D/2$，从而造成在铣削时产生对工件上非铣削部分的铣削干涉，破坏了加工质量。

（2）改进后轴结构设计特点

若将其改为如图 2-44（b）所示的结构，工件的退刀长度 L 被延长到大于铣刀的半径 $D/2$，此时不会再有铣刀铣削工件非铣削部分的情况发生，提高了工件的加工精度。

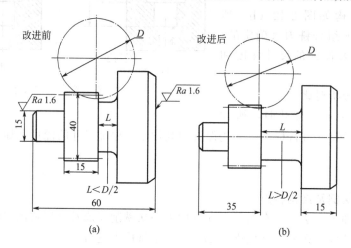

图 2-44　避免铣削干涉的结构

（3）工艺性分析对比

当进行轴线方向的铣削时，应考虑退刀路径，避免产生铣削干涉。

实例 2-45

（1）原设计实例及结构特点

如图 2-45 Ⅰ（a）所示，键槽在轴的阶梯部分铣出，使键槽本身的应力集中与轴阶梯部分的应力集中重合；如图 2-45 Ⅱ（a）所示，端铣刀铣出的应力集较大。

（2）改进后轴结构设计特点

改进后的结构如图 2-45 Ⅰ（b）所示，键槽改为开在远离轴阶梯部分；改进后的结构如图 2-45 Ⅱ（b）所示，改用盘铣刀开键槽。渐开线花键的应力集中小于矩形花键，对削弱应力集中有利。改进后的结构如图 2-45 Ⅱ（c）所示，花键的环槽直径 d 不宜过小，可取等于花键的内径 d_1。

机械零部件结构设计实例与
装配工艺性（第二版）

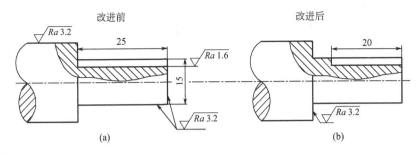

图 2-45 I 键槽结构

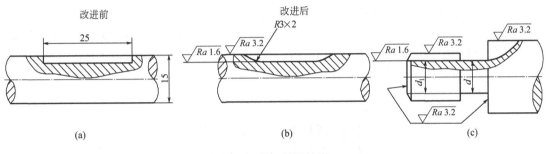

图 2-45 II 键槽结构

(3) 工艺性分析对比

铣削键槽时应注意应力集中的影响。如渐开线花键的应力集中小于矩形花键,对削弱应力集中有利;花键的环槽直径不宜过小。

实例 2-46

(1) 原设计实例及结构特点

如图 2-46(a)所示,在较长的轴上铣削键槽。若只铣削出一个键槽,则在加工时,由于轴的结构不对称性容易产生弯曲。

(2) 改进后轴结构设计特点

改进后的结构如图 2-46(b)所示,为了减少长轴产生的弯曲,在已经铣键槽的 180°处再铣出一个同样大小的对称键槽,从而提高轴的加工精度。

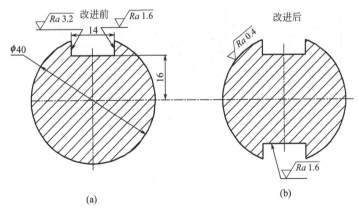

图 2-46 对称分布键槽结构

（3）工艺性分析对比

在较长的轴上铣削键槽时，应注意设置对称分布键槽，通过轴上结构的对称性避免产生弯曲，提高轴的加工精度。

实例 2-47

（1）原设计实例及结构特点

如图 2-47（a）所示，该轴需要铣削两个键槽。在图中，铣刀在两次铣削过程中所对应轴上母线各不相同，从而使铣出的键槽不在同一条母线上。这样不仅造成了铣削加工不便，同时也会导致键的结构和受力不对称，致使轴上零件偏离回转中心，引起振动与疲劳。安装齿轮的轴段（轴中间部分）铣削过长，在降低轴的强度之余使套筒无法装入。

（2）改进后轴结构设计特点

改进后的结构如图 2-47（b）所示，使轴与零件在装配与工作时受力均匀，减少振动，便于加工；键槽的铣削位置使两键槽位于同一条母线上；可以装入套筒，从而使齿轮的左右振动降低，提高了整个系统的稳定性。

改进前

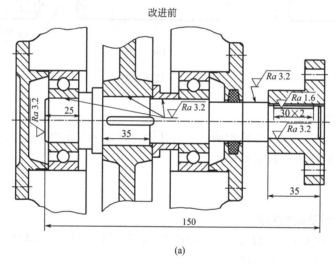

(a)

改进后

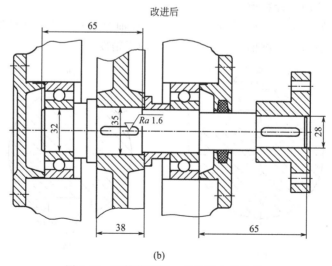

(b)

图 2-47　两槽位于同一条母线上的结构

（3）工艺性分析对比

键槽应设置在同一母线上，便于与零件配合；避免键槽过长，降低轴的强度，影响装配。

实例 2-48

（1）原设计实例及结构特点

如图 2-48（a）所示为轴与轮毂连接时轮毂的结构图。当铣削键槽时，若在轮毂厚度较小即工件的薄弱部位进行铣削，则会降低工件强度，因此应予以避免。

（2）改进后轴结构设计特点

改进后的结构如图 2-48（b）所示，将铣削的位置改为在轮毂较厚或远离的部位，从而避免削弱工件强度，确保轴与轮毂连接的可靠性。

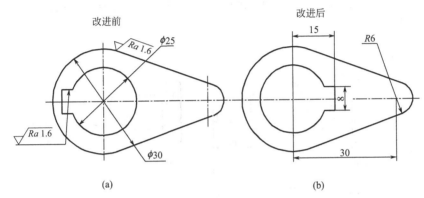

图 2-48 避免削弱工件强度的键槽结构

（3）工艺性分析对比

如需要在轮毂或轴段上铣削键槽，应将铣削的位置设置在轮毂较厚处，或远离轴上的齿轮齿根及有螺钉孔部位；应避免在工件的薄弱部位进行铣削，从而避免削弱工件强度。

实例 2-49

（1）原设计实例及结构特点

如图 2-49（a）所示的轴上需要安装多个零件。当分段铣削出多个键槽时，轴上零件在安装时由于各键的方向不完全一致会产生困难，甚至不能安装。

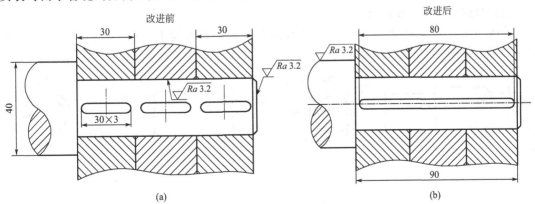

图 2-49 连通键槽结构

（2）改进后轴结构设计特点

改进后的结构如图 2-49（b）所示，在轴上铣出一个连通键槽，从而可以降低零件的安装难度，节约工时。

（3）工艺性分析对比

当轴上需要安装多个零件时，应一次性铣削连通键；分段铣削多个键槽会使零件的安装产生困难，甚至不能安装。

实例 2-50

（1）原设计实例及结构特点

如图 2-50（a）所示，轴上没有设置磨削砂轮越程槽，且磨削面积过大。

（2）改进后轴结构设计特点

改为图 2-50（b）所示结构，增加磨削砂轮越程槽，砂轮能顺利退出加工表面，并且可以减少磨削面积，提高加工效率。

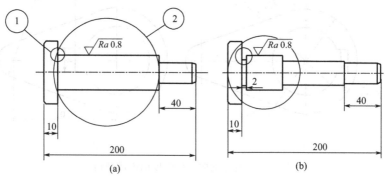

图 2-50　越程槽的结构

（3）工艺性分析对比

设置越程槽后可以使砂轮顺利退出加工表面，并且可以减少磨削面积。因此，磨削时越程槽不可缺少。

实例 2-51

（1）原设计实例及结构特点

如图 2-51（a）所示，轴上键槽的加工表面与其他表面重合，不宜进行磨削加工。

（2）改进后轴结构设计特点

若改为图 2-51（b）所示结构，设计键槽表面高于其他加工表面，且高度大于加工误差，则易于磨削加工的进行。

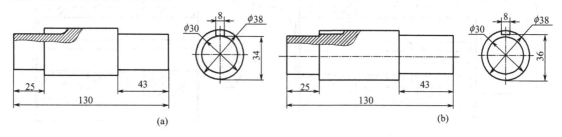

图 2-51　键槽与其他加工表面的过渡结构

机械零部件结构设计实例与
装配工艺性（第二版）

（3）工艺性分析对比

在轴上设置键槽位置时，键槽的加工表面与其他表面不应重合，而应设置高度差并使其大于加工误差。

实例 2-52

（1）原设计实例及结构特点

如图 2-52（a）所示，轴上键槽开口方向不一致，磨削外圆时需调整砂轮。

（2）改进后轴结构设计特点

将其改为图 2-52（b），将键槽开口方向设计成一个方向。

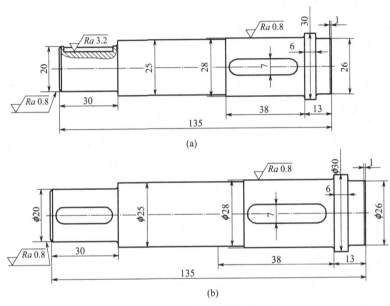

图 2-52　双键槽的结构

（3）工艺性分析对比

若键槽开口方向不一致，从磨削加工角度考虑磨削对应的外圆时将需要调整砂轮，给加工带来不便。因此，键槽开口方向要一致。

实例 2-53

（1）原设计实例及结构特点

如图 2-53（a）所示，轴与球体连贯，将不可避免地产生对成形球表面的加工，尤其是当刀具到达轴线与成形表面加工时，刀具工作条件降低，增加了刀具的磨损。

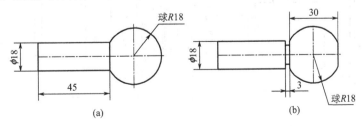

图 2-53　减少成形表面加工的结构

（2）改进后轴结构设计特点

若改为图 2-53（b）所示结构，即可减少轴线的成形表面加工，改善刀具工作条件，同时也减少了刀具的磨损。

（3）工艺性分析对比

通过设置凹槽以避免轴线成形面的加工，同时也减少了刀具的磨损。

实例 2-54

（1）原设计实例及结构特点

如图 2-54（a）所示，阶梯轴中左右轴段尺寸相差太大，材料利用率低。

（2）改进后轴结构设计特点

若将其改为图 2-54（b）所示结构，即将尺寸偏小的部分做成连接件，这样既方便了加工，又提高了材料利用率。

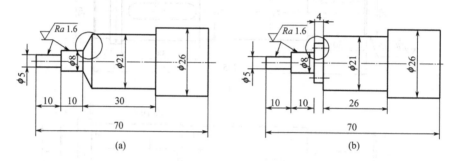

图 2-54　尺寸偏小部分做成连接件的结构

（3）工艺性分析对比

当轴的结构尺寸相差太大时，材料利用率偏低。此时，可以将轴做成两个体的连接，即将尺寸偏小的部分做成连接件与尺寸偏大的部分连接成组合体。方便了加工，并提高了材料利用率。

实例 2-55

（1）原设计实例及结构特点

如图 2-55（a）所示，由于轴上加工面较多，需多次夹紧，形位公差不容易掌握。

（2）改进后轴结构设计特点

将其改为图 2-55（b），增加一圆柱体，则可以减少磨削装夹的次数。

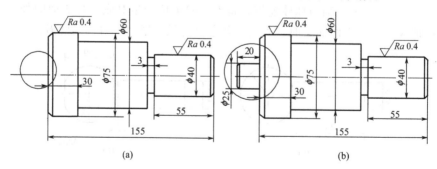

图 2-55　减少磨削装夹次数的结构

机械零部件结构设计实例与
装配工艺性（第二版）

(3) 工艺性分析对比

车削时若多次夹紧，形位公差不容易掌握，应尽可能减少装夹次数；通过在轴心增加小圆柱体的方法可以减少磨削装夹的次数。

实例 2-56

(1) 原设计实例及结构特点

如图 2-56（a）所示为短凸缘（法兰）轴的锻件，强加锻造可能会使凸缘在锻造时变形。为防止变形在轴向添加余块，使凸缘增长。

(2) 改进后轴结构设计特点

可改为图 2-56（b）。添加一层包覆零件外层的金属，余块的添加使锻造工艺得以简化，锻后车削，方便快捷。

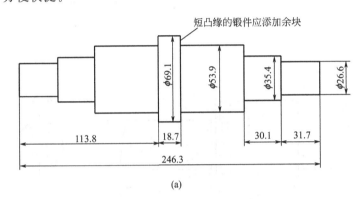

(a)

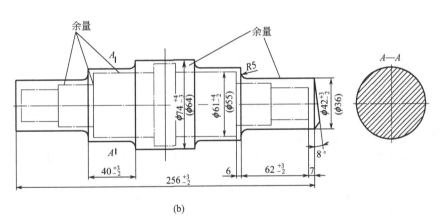

(b)

图 2-56　余块设计分析（1）

(3) 工艺性分析对比

对于短凸缘（法兰）锻件，过于复杂的部分不要锻出，若强加锻造不仅达不到锻造目的，还可能使凸缘在锻造时变形，从而导致锻件与零件有较大的差别。这时，应考虑添加一层包覆零件外层的金属，以削弱零件复杂形状给锻造带来的不便。

实例 2-57

(1) 原设计实例及结构特点

如图 2-57（a）所示，曲轴锻件有难成形的复杂形状，若强加锻造不仅达不到锻造目的，还可能发生翘曲歪扭。

（2）改进后轴结构设计特点

改为图 2-57（b）的结构，在直径较小的部分添加径向余块，则可防止变形，并且锻件外形简化，便于加工。

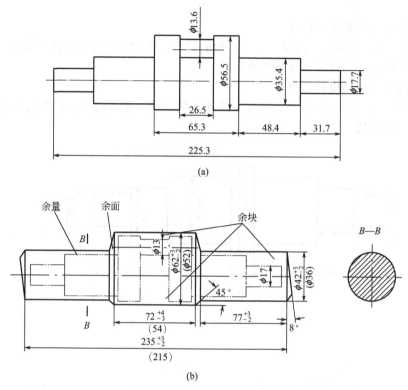

(a)

(b)

图 2-57　余块设计分析（2）

（3）工艺性分析对比

零件上过于复杂的部分不要锻出，若强加锻造不仅费时、费力，达不到锻造目的；还可能发生翘曲歪扭，导致锻件与零件有较大的差别或出现废品。

由于锻件表面易氧化与脱碳，合金元素蒸发与污染等，金属表面裂纹时有发生，使得锻件设计时，不得不考虑添加一层包覆零件外层的金属。余块的添加虽然使锻造工艺得以简化，但金属的消耗以及机械加工工时也相应增加。对于此类问题应视锻件的生产批量和工具制造等情况综合考虑。

实例 2-58

（1）原设计实例及结构特点

图 2-58（a）轴是自由锻件，其自由锻件中有带锥度的曲面，因受其加工设备和工具的限制，锻造时很困难，费时又费力，很难保证其锥度；强加锻制会锻弯较薄的凸缘部分，使锻件形变。

（2）改进后轴结构设计特点

改为图 2-58（b）后，锻件清晰、合理，结构简单、经济。

（3）工艺性分析对比

设计自由锻件时应尽量避免有锥度的曲面、倾斜平面。自由锻件的结构应该力求简单、

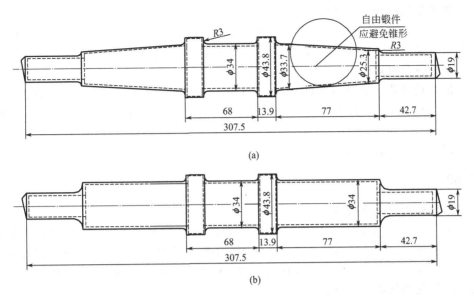

(a)

(b)

图 2-58   自由锻件应尽量避免锥形

对称, 自由锻件应由直线、平面或圆柱面组成平滑的形状。

实例 2-59

(1) 原设计实例及结构特点

如图 2-59 (a) 所示, 轴上台阶处忽视了台阶之余面所需的金属。这样会导致锻件缺料, 锻件表面氧化与脱碳, 合金元素蒸发与污染, 表面裂纹时有发生。另外, 台阶的尺寸太大, 超出了所选择设备的锻造能力范围。

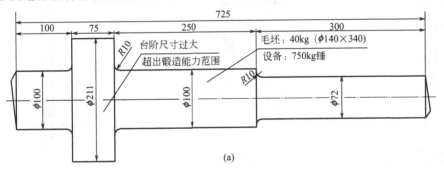

(a)

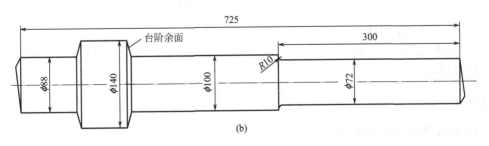

(b)

图 2-59   合理选择锻造设备

(2) 改进后轴结构设计特点

而图 2-59 (b) 的设计中添加了一层包覆零件外层的金属，锻件在一定程度上能防止应力集中带来的裂纹，具有抗弯、抗形变能力。台阶的尺寸减小。

(3) 工艺性分析对比

选择锻造设备吨位是很重要的工作。为了使锻件内部锻透，提高生产率，设备吨位不能太小；为了不浪费动力，降低锻造成本，防止打坏工具，设备吨位也不能太大，应合理选择锻造设备。

自由锻锻锤的锻造能力详见相关资料。

实例 2-60

(1) 原设计实例及结构特点

图 2-60 (a) 为某立式机械搅拌器主轴。实际工作环境下投入使用一段时间后发生主轴断裂事故；断轴部位除两根因为明显地腐蚀而在主轴中部断裂外，几乎全部断轴均发生在主轴与连接轴的焊接处。故障原因：焊接问题和轴肩处圆角半径过小而应力集中较大。

(2) 改进后轴结构设计特点

将其改为图 2-60 (b)，即采取加长连接轴 1、减少主轴 2 的长度，使对接焊缝下移，处于防腐蚀衬套内，焊缝经热处理和机加工，加大圆角半径 r，断轴问题得以解决。

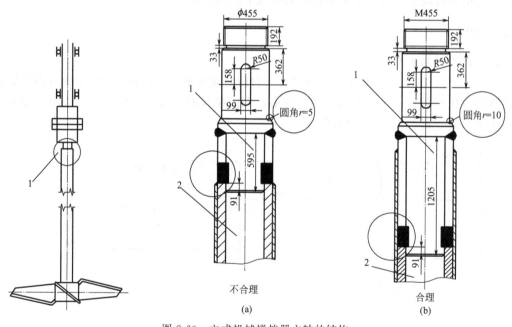

图 2-60 立式机械搅拌器主轴的结构

(3) 工艺性分析对比

该立式机械搅拌器主轴为组合件，为了避免主轴裂纹、断裂等事故，应合理确定运动部件的焊接位置。

实例 2-61

(1) 原设计实例及结构特点

图 2-61 (a) 为轴、轴承、轴套相配合的结构。结构中轴的装配接触面过长，由于轴和

轴承是过盈配合，所以当轴装入轴承和轴套时会很困难，并且容易损坏轴的表面。

（2）改进后轴结构设计特点

改为图 2-61（b），在轴上加工出空刀槽，这样减少了配合面长度，有利于提高配合精度，装配方便。

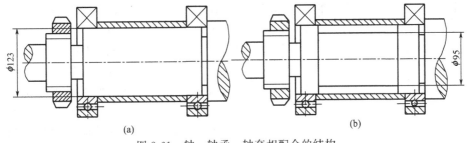

图 2-61　轴、轴承、轴套相配合的结构

（3）工艺性分析对比

对于轴、轴承、轴套相配合的结构，轴的设计应方便装配，避免轴的接触面过长。

实例 2-62

（1）原设计实例及结构特点

如图 2-62（a）所示，轴同时与两孔配合。在同一轴线上的两个相同直径的孔为过盈配合，压入的轴为等径轴，此轴压入第一个孔时难免有些歪斜或表面损伤，压入第二个孔时将十分困难。

（2）改进后轴结构设计特点

改为图 2-62（b），两孔直径不同，而且不同时压入，用第一个孔的轴作引导，再装入第二个孔的轴，装配工艺性比较合理。

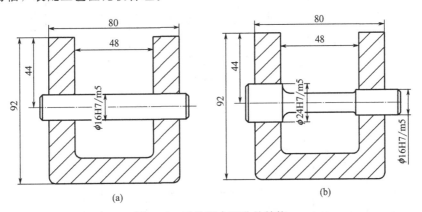

图 2-62　过盈配合两孔的结构

（3）工艺性分析对比

对于同一轴线上有两个过盈配合的装配，采用第一个孔轴作引导再装入第二个孔轴的结构，此装配工艺性比较合理。

实例 2-63

（1）原设计实例及结构特点

图 2-63（a）是阶梯轴和孔的配合，其中有两个配合面，但是要满足轴的轴向定位，只

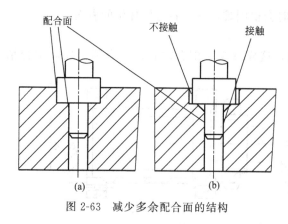

图 2-63 减少多余配合面的结构

需要一个配合面就可以了，应尽量减少多余配合面。

（2）改进后轴结构设计特点

改为图 2-63 （b），使得轴和孔的配合在水平方向上只有一个配合面，这样减少了加工量，降低了成本。

（3）工艺性分析对比

此类阶梯轴和孔的配合，多余的配合面将导致加工量和加工成本增加。也就是说两零件在同一方向最好只有一组接触面，否则就必须提高接触面处的尺寸精度，增加加工量和加工成本。

2.2.2 锥形轴

实例 2-64

（1）原设计实例及结构特点

如图 2-64 （a）所示，直径相差较大的相邻两轴段，如不采用锥形轴过渡，会导致倒角处应力过于集中，容易折断。

（2）改进后轴结构设计特点

若将其改为图 2-64 （b），采用锥形过渡，则可减小应力集中，增加轴的强度。

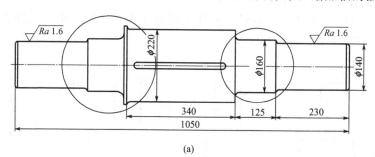

(a)

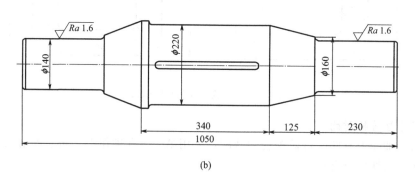

(b)

图 2-64 采用圆锥过渡的结构

（3）工艺性分析对比

直径相差较大的相邻两轴段应设计成锥形或阶梯轴。

实例 2-65

(1) 原设计实例及结构特点

图 2-65（a）是天轮轴简图。断面 $A—A$ 处，设计强度不够，当理论计算的弯曲应力略超过材料（45 钢）的屈服极限时容易产生断裂；轴的外形设计出现多个直角的台阶；台阶的过渡圆弧半径（$R3$）太小；加工的表面也比较粗糙。因而应力集中很大，最终会造成轴断裂。

(2) 改进后轴结构设计特点

改为图 2-65（b），即阶梯轴成为圆锥形状平缓过渡的轴。

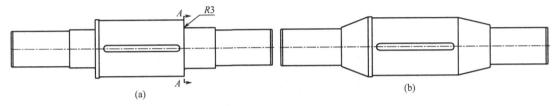

图 2-65　天轮轴圆锥过渡的结构

(3) 工艺性分析对比

从阶梯轴到圆锥形状平缓过渡的轴，其断面是逐渐变化的，并与轴所受的弯矩相适应。加大变断面处过渡圆弧的半径及降低轴表面粗糙度的数值，可以减少应力集中，提高轴的使用寿命。

实例 2-66

(1) 原设计实例及结构特点

如图 2-66（a）所示，锥形轴没有留一定的圆柱段，不便于加工时的夹持。

(2) 改进后轴结构设计特点

若改为图 2-66（b），轴上留一段圆柱，则便于加工时的夹持。

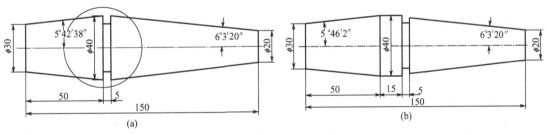

图 2-66　便于夹持的结构

(3) 工艺性分析对比

锥形轴应留有一定的圆柱段以便于夹持。

实例 2-67

(1) 原设计实例及结构特点

图 2-67（a）中锥度不同。同一轴上的圆角半径和锥度应尽量相同，以便于统一刀具，避免多次调整机床。

（2）改进后轴结构设计特点

若改为图 2-67（b），即取各锥度相同，则可减少对刀次数，便于加工。

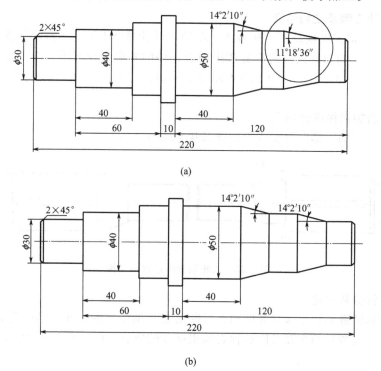

(a)

(b)

图 2-67 采用锥度一致的结构

（3）工艺性分析对比

同一轴上的锥度应一致，以便于减少对刀次数。

实例 2-68

（1）原设计实例及结构特点

如图 2-68（a）所示，锥度轴与圆柱部分的过渡处设计不合理，在磨削时不便于保证精度。

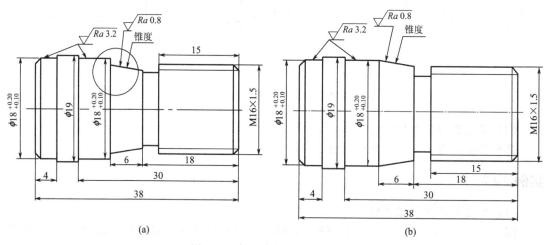

(a)   (b)

图 2-68 便于磨削的锥度轴结构

（2）改进后轴结构设计特点

可改为图 2-68（b），即锥度轴左端直径与圆柱段直径相同，这样便于此处磨削，保证磨削精度。

（3）工艺性分析对比

锥度轴的磨削应便于保证精度。

实例 2-69

（1）原设计实例及结构特点

如图 2-69（a）所示，此锥形轴段处于远离动力输入端，没有必要设计成锥形轴段，锥形轴段相对于阶梯轴段加工困难，加工量大。

（2）改进后轴结构设计特点

若改为图 2-69（b），阶梯轴在此段中仍能保证良好的力学性能，满足轴的使用要求，而且加工方便，加工量小，结构简单。

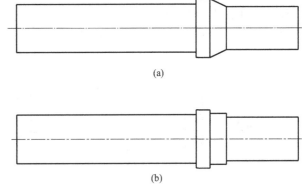

图 2-69　尽量减少锥形轴段的结构

（3）工艺性分析对比

尽量减少锥形轴段。

实例 2-70

（1）原设计实例及结构特点

如图 2-70（a）所示，大锥度锥形轴上铣削平键键槽。若铣刀沿平行于轴线的方向进行铣削，则会造成键槽两端高度不同的现象。

（2）改进后轴结构设计特点

改进后的结构如图 2-70（b）所示，当改为使铣刀沿平行于轴的表面铣削时，键槽两端高度一致，轴的结构及强度得以提升。

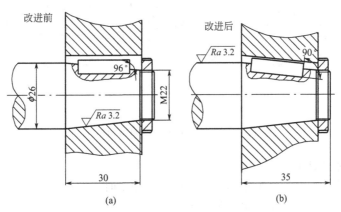

图 2-70　大锥度锥形轴上的键槽结构

（3）工艺性分析对比

大锥度锥形轴上铣削平键键槽时，若铣刀沿平行于轴线的方向铣削，则会造成键槽两端高度不同；对此应使铣刀沿平行于轴的表面铣削，这样键槽两端高度一致，轴的结构及强度得以提升。

实例 2-71

(1) 原设计实例及结构特点

如图 2-71（a）所示，锥形轴工件不易夹紧，加工不方便。

(2) 改进后轴结构设计特点

改为图 2-71（b）所示结构，即增加圆柱面，则易于夹紧，有利于零件加工。

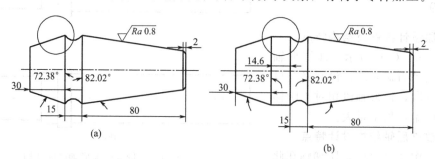

图 2-71　增加圆柱面的结构

(3) 工艺性分析对比

锥轴工件不易夹紧，磨削加工不方便。增加小段圆柱面后，则易于夹紧，有利于零件加工。

实例 2-72

(1) 原设计实例及结构特点

如图 2-72（a）所示，由于两加工面锥度不同，加工时需两次调整机床角度，降低加工效率。

(2) 改进后轴结构设计特点

改为图 2-72（b）所示结构，锥度一致，则可以提高加工效率。

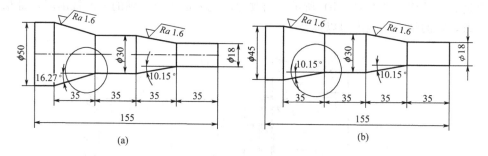

图 2-72　锥度一致的结构

(3) 工艺性分析对比

对于锥面零件，当存在两加工面锥度不同时，加工时需两次调整机床角度，降低加工效率；当零件锥度一致时，则可以提高加工效率。

2.3　实例启示

(1) 轴结构设计与工艺性相关的问题

主要包括：轴结构设计、轴计算及轴加工与工艺性。

1）轴结构设计　包括决定轴的合理结构和全部结构尺寸。轴结构设计应以强度计算为基础，通常按扭转强度初步计算出轴端直径，如果该轴端需要开键槽，应将此轴径加大3%～7%，然后将轴径圆整成标准值并作为轴端最小直径。在此基础上再合理地定出轴的结构形状以及相关配置的结构。轴的合理外形应满足轴和装在轴上的零件定位准确，便于装拆和调整，轴应具有良好的制造工艺性等。

2）轴计算　包括轴的扭转强度条件、轴的弯扭合成强度计算及轴的刚度计算。

① 轴的扭转强度条件　本方法适用于传动轴的精确计算，也可用于转轴的近似计算。对于只传递转矩的圆截面轴，其强度条件为：

$$\tau = \frac{T}{W_T} \approx \frac{9.55 \times 10^6 P}{0.2 d^3 N} \leqslant [\tau]$$

式中　τ——轴的切应力，MPa；

T——转矩，N·mm；

W_T——抗扭截面系数，mm^3；

P——传递的功率，kW；

N——轴的转速，r/min；

d——轴的直径，mm；

$[\tau]$——许用切应力，MPa。

② 轴的弯扭合成强度计算　对于转轴，在完成初步结构设计，确定了外载荷和支承反力的作用位置后，即可作轴的受力分析及绘制弯矩图和转矩图，进而可按弯扭合成强度计算轴径，校核危险截面的强度。

具体步骤如下：

a. 画出轴的空间力系图。将轴上作用力分解为水平面分力和垂直面分力，并求出水平面和垂直面的支点反力。

b. 分别作出水平面上的弯矩图和垂直面上的弯矩图。

c. 计算出合成弯矩 $M = \sqrt{M_h^2 + M_v^2}$，其中，M_v、M_h 分别为垂直面弯矩和水平面弯矩。绘出合成弯矩图。

d. 作出转矩（T）图。

e. 计算当量弯矩 $M_e = \sqrt{M^2 + (\alpha T)^2}$，其中，$\alpha$ 为折合系数。绘出当量弯矩图。

f. 校核危险截面的强度。

③ 轴的刚度计算　包括弯曲刚度校核计算及扭转刚度校核计算。

轴的弯曲刚度以挠度 y 和偏转角 θ 来度量。挠度 $y \leqslant [y]$，其中 $[y]$ 为许用挠度。偏转角 $\theta \leqslant [\theta]$，其中 $[\theta]$ 为许用偏转角。

轴的扭转刚度以扭转角来度量。扭转角 $\varphi \leqslant [\varphi]$，其中 $[\varphi]$ 为许用扭转角。

3）轴加工与工艺性　包括轴结构遵循的一般原则、轴类零件技术要求、轴类零件的加工工艺性及方法。

① 轴结构遵循的一般原则　所谓轴的结构工艺性是指轴的结构应尽量简单，有良好的加工和装配工艺性，以利于减少劳动量，提高劳动生产率和减少应力集中，提高轴的疲劳强度。设计合理的结构应遵循一定的原则，以便于加工和装配。

a. 零件应便于在机床或夹具上装夹。机械零件在加工时必须夹持在机床上，因此机械零件必须有便于夹持的部位，另外夹持零件必须要有足够大的支撑力，以保证在切削力的作用下零件不会晃动，因此零件应有足够的刚度，以免产生夹持变形。

b. 为减少加工时换刀时间及装夹工件的时间，同根轴上所有圆角半径、倒角尺寸、退刀槽宽度应尽可能统一；当轴上有两个以上键槽时，应置于轴的同一母线上，以便于一次装夹后就能加工。

c. 轴上的某段轴需要磨削时应留有砂轮越程槽；需切制螺纹时，应留有退刀槽。

对于阶梯型轴，用砂轮磨削小直径的根部时其直径尺寸很难保证，为此在轴的根部需要越程槽，使砂轮有越程尺寸，保证轴的根部尺寸符合图样要求。在有砂轮越程槽的轴与孔零件进行装配时，还可以避免装配零件的根部产生干涉。砂轮越程槽的形状、尺寸直接影响轴的强度和应力，一般应按照标准设计。

轴上螺纹的收尾、肩距、退刀槽、倒角也应按照标准设计。

② 轴类零件技术要求　轴类零件上安装支承轴承和传动件的部位是主要表面，其粗糙度数值要求较低，加工精度要求较高。除直径精度要求外还有圆度、圆柱度、同轴度及垂直度等方面的要求。

a. 尺寸精度。轴类零件的主要表面常分为两类，一类是与轴承的内圈配合的外圆轴颈，即支承轴颈，用于确定轴的位置并支承轴，尺寸精度要求较高，通常为 IT5～IT7；另一类为与各类传动件配合的轴颈，即配合轴颈，其精度稍低，通常为 IT6～IT9。

b. 几何形状精度。主要指轴颈表面、外圆锥面、锥孔等重要表面的圆度、圆柱度。其误差一般应限制在尺寸公差范围内，对于精密轴，需在零件图上另行规定其几何形状精度。

c. 位置精度。包括内、外表面，重要轴面的同轴度、圆的径向跳动、重要端面对轴心线的垂直度、端面间的平行度等。

d. 表面粗糙度。轴的加工表面都有粗糙度的要求，一般根据加工的可能性和经济性来确定。

③ 轴类零件的加工工艺性及方法　对于 7 级精度、表面粗糙度 $Ra0.8～0.4\mu m$ 的一般传动轴，其工艺路线是：正火→车端面、钻中心孔→粗车各表面→精车各表面→铣花键、键槽→热处理→修研中心孔→粗磨外圆→精磨外圆→检验。

由于细长轴刚性很差，在加工中极易变形，对加工精度和加工质量影响很大。为此，生产中常采用下列措施予以解决：

a. 改进工件的装夹方法。粗加工时，由于切削余量大，工件受的切削力也大，一般采用卡顶法。尾座顶尖采用弹性顶尖，可以使工件在轴向自由伸长。但是，由于顶尖弹性的限制，轴向伸长量也受到限制，因而顶紧力不是很大。在高速、大用量切削时，有使工件脱离顶尖的危险。采用卡拉法可避免这种现象的产生。

精车时，采用双顶尖法（此时尾座应采用弹性顶尖）有利于提高精度，其关键是提高中心孔精度。

b. 采用跟刀架。跟刀架是车削细长轴极其重要的附件。采用跟刀架能抵消加工时径向切削分力的影响，从而减少切削振动和工件变形，但必须注意仔细调整，使跟刀架的中心与机床顶尖中心保持一致。

c. 采用反向进给。车削细长轴时，常使车刀向尾座方向做进给运动（此时应安装卡拉工具），这样刀具施加于工件上的进给力方向朝向尾座，因而有使工件产生轴向伸长的趋势，而卡拉工具大大减少了由于工件伸长造成的弯曲变形。

d. 采用车削细长轴的车刀。车削细长轴的车刀一般前角和主偏角较大，以使切削轻快，减小径向振动和弯曲变形。粗加工用车刀在前刀面上开有断屑槽，使断屑容易。精车用刀常有一定的负刃倾角，使切屑流向待加工面。

（2）具体情况具体分析

在进行轴结构设计时，其工艺性涉及的内容很多，必须依据具体情况做具体分析。
例如：

    ① 与轴上要素（轴环、轴段）、加工（加工量）及定位有关；

    ② 与轴的应力集中有关；

    ③ 与锥形轴和阶梯轴结构有关；

    ④ 与退刀槽和越程槽结构有关；

    ⑤ 与过渡圆角和倒角有关；

    ⑥ 与轴上键/键槽有关；

    ⑦ 与轴结构和毛坯有关。

第 3 章
盘结构设计与工艺性

本章从盘结构设计要点及禁忌、盘结构设计与装配工艺性实例分析等方面对盘结构设计与工艺性进行研究与分析。

3.1 盘结构设计要点及禁忌

盘类零件通常是指其外形在厚度方向尺寸比其他两个方向尺寸小的一大类零件。这类零件主要用于传递动力和扭矩，或起支承、轴向定位及密封等作用。盘类零件的主体一般为回转体或其他平板型，厚度方向的尺寸比其他两个方向的尺寸小，其上常有凸台、凹坑、螺孔、销孔、轮辐、肋、槽、齿等局部结构。常见的典型盘类零件有齿轮、带轮、凸轮、端盖、法兰盘、分度盘、圆环、圆盘、刻度盘、防护盖、轴承内圈、自行车花盘及叶轮等。

3.1.1 法兰盘

在工业管道中，法兰盘连接的使用十分广泛。按照法兰盘与管子连接的方式可将其分为平焊法兰盘、对焊法兰盘、螺纹法兰盘、承插焊法兰盘及松套法兰盘；按照法兰盘的密封面形式分类，可分为凸面、凹面、凹凸面、榫槽面、全平面及环连接面等多种形式的法兰盘。

法兰盘之间最重要的为连接关系。例如图 3-1（a）所示，法兰盘连接机构中垫片之间的空间不够，传力不够大，造成受力不均匀，两边的螺栓连接使法兰盘贴合不够紧。将其改为图 3-1（b）后，螺栓可以使受压零件完全被压紧，螺栓起到了很好的固定作用。两法兰盘之间的垫片应留有适当的距离。

法兰盘连接使用方便，能够承受较大的压力。例如，法兰盘可以将两个管道连接起来，实现远距离输送液体和气体，此时，要求其具有较好的密封性，以避免管道中介质泄漏，造成不必要的浪费或者带来污染。

3.1.2 分度盘

分度盘是机械加工中不可或缺的分度元件，是将工件夹持在卡盘上或两顶尖间，并使其旋转、分度和定位的机床附件，可帮助加工人员高效率、高质量地完成需要采用分度加工的零件任务。

分度盘按其传动、分度形式可分为蜗杆副分度盘、度盘分度盘、孔盘分度盘、槽盘分度盘、端齿盘分度盘和其他分度盘（包括电感分度盘和光栅分度盘）。按其功能可分为万能分度盘、半万能分度盘、等分分度盘。按其结构形式又有立卧分度盘、可倾分度盘、悬梁分度盘。分度盘的结构主要由夹持部分、分度定位部分及传动部分组成。

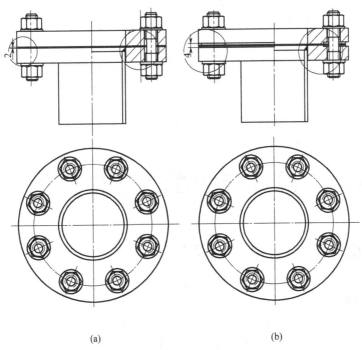

(a)　　　　　　　　　　(b)

图 3-1　两盘之间的连接结构

　　分度盘广泛应用于铣床、加工中心、钻床、磨床及镗床等，还可放置在平台上供钳工划线用。

3.1.3　盘结构设计要点及禁忌

　　盘结构在设计时主要应考虑以下几个方面的问题。

　　① 连接与紧固。两盘之间连接时，若连接机构中垫片之间的空间不够，传力不够大，会造成受力不均匀及两边的螺栓连接不够紧。大质量旋转盘零件之间连接时，由于圆盘的惯性矩较大，轴端扭转振动的振幅也较大，因此在运转时会有微小的相对滑动，易造成磨损。

　　② 承受载荷能力。对于重要的盘零件，应确认其可承受的工作负载。例如图 3-2（a）所示结构，属于不完整盘，盘的受力不均匀，容易产生断裂。若改为图 3-2（b）的结构形式，则盘的受力应均匀，盘上键槽位置设置合理，盘应便于安装与加工。

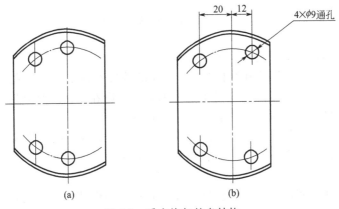

(a)　　　　　　　　　　(b)

图 3-2　受力均匀的盘结构

③ 尺寸与公差配合。合理设计盘结构的尺寸及公差、对称部分的标注，减少不必要的配合面。例如，盘零件在高温条件下工作时，应避免其配合轴和孔受热膨胀而引起配合不当。

④ 制造工艺。合理确定锻件及焊接法兰结构，此类零件的结构与形状应尽量简单，减少切削加工量。例如，焊接法兰必须符合相应焊接要求，焊接时需要严格控制技术参数，避免产生质量问题。

设计盘类零件时除了满足其结构功能外，还应考虑到其加工工艺的要求，如毛坯选择、基准选择、表面加工、技术要求及装配方案等。

3.2　盘结构设计与装配工艺性实例分析

在此主要介绍盘结构设计中的常见错误及其改进、盘制造与装配工艺等问题。

3.2.1　盘结构设计常见错误及其改进

盘结构零件复杂、形态多样，这里仅就常见的实例进行介绍。

(1) 箱体上的法兰

当法兰盘主要起过渡连接的作用时，应尽量减少磨损破坏及应力集中。

如图 3-3 (a) 所示，小头法兰和大头法兰均不合理，强度不够。可改为图 3-3 (b)，即为了造型的方便小头法兰做成内法兰，大头法兰做成外法兰，为了保证其强度小头内法兰的厚度应稍增大。

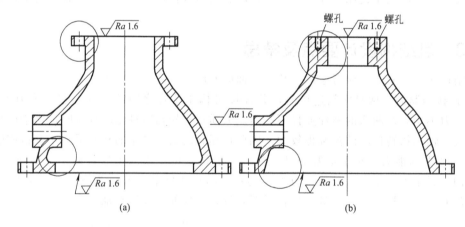

图 3-3　箱体上的法兰结构

箱体上的法兰盘既要方便造型，又要强度合适。

如图 3-4 所示，法兰盘螺栓孔数目为 5，这样的数目不利于划线钻孔。若将法兰同一圆周上的螺栓数目取成 4、6、8、12 等易于分度的数目，则在钻孔时容易划线钻孔。

法兰盘螺栓孔的布置与数目应该有利于分度钻孔。

如图 3-5 所示，改进前螺栓孔布置在法兰盘正下方，这样的结构容易使正下方螺栓受到腐蚀而坏死。设计时要避免在正下方布置螺栓，以保证法兰盘上每一个螺栓都能在需要时顺利拆卸维修。

法兰盘螺栓禁止布置在正下方，特别是用于具有腐蚀性液体管道或容易泄漏的管道等特殊场合时，以避免当管道或容器内的介质发生泄漏时泄漏的介质集中于底部的螺栓处使螺栓

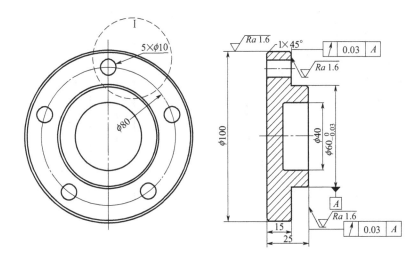

图 3-4　法兰盘螺栓孔的布置结构

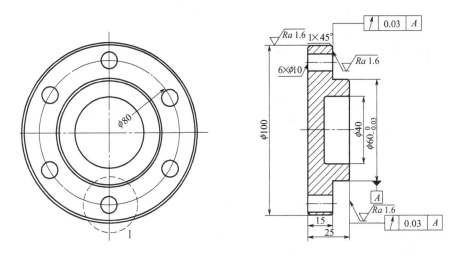

图 3-5　腐蚀性液体管道的法兰盘结构

受到腐蚀，以致过早破坏、锈死或无法拆卸和维修。

如图 3-6（a）所示法兰盘加工的螺栓孔太过密集，没有足够的扳手空间，影响安装速度，且不能保证连接的紧密性。

如图 3-6（b）所示法兰盘加工的螺栓孔太靠近法兰盘外缘，不仅增加加工难度，而且降低法兰强度。

法兰盘上任何两个螺栓之间应有足够的扳手空间，不要影响螺栓的装拆；螺栓孔距离法兰盘外缘应留出足够空间，不降低法兰盘强度。

注意螺栓排列应有合理的间距和边距，否则影响法兰盘的强度；或者导致扳手空间不足，不方便法兰盘的装拆。

（2）盘类零件过渡圆角及连接盘倒角

如图 3-7（a）所示，同一盘类零件上的倒角不一致。将其改为图 3-7（b），即倒角尽量保持一致，则可以减少换刀次数，提高加工效率。

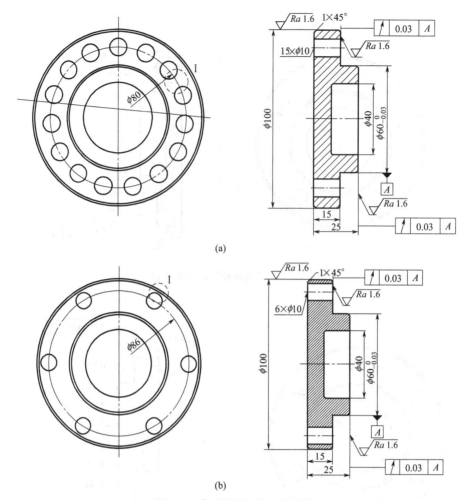

(a)

(b)

图 3-6 合理设计法兰盘的结构

铸造的盘类零件在截面尺寸变化处应有过渡圆角，以避免应力集中。

(3) 设置越程槽

如图 3-8（a）所示，法兰零件需要磨削时，与之连接的地方没有设置砂轮越程槽。改为图 3-8（b）后，正确设置了砂轮越程槽，保证了磨削的精度要求。

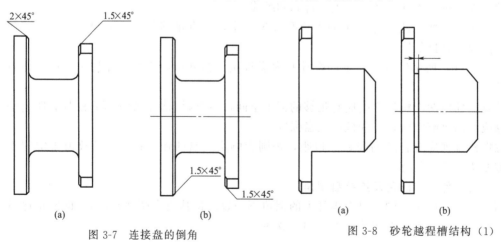

图 3-7 连接盘的倒角

图 3-8 砂轮越程槽结构（1）

机械零部件结构设计实例与
装配工艺性（第二版）

盘类零件粗糙度要求较高的凸缘，一定要留出方便磨削的砂轮越程槽。

如图 3-9（a）所示，没有设计越程槽，降低了零件的加工工艺性。改为图 3-9（b）后，增设砂轮越程槽，不仅可以提高加工效率，而且能提高加工精度。

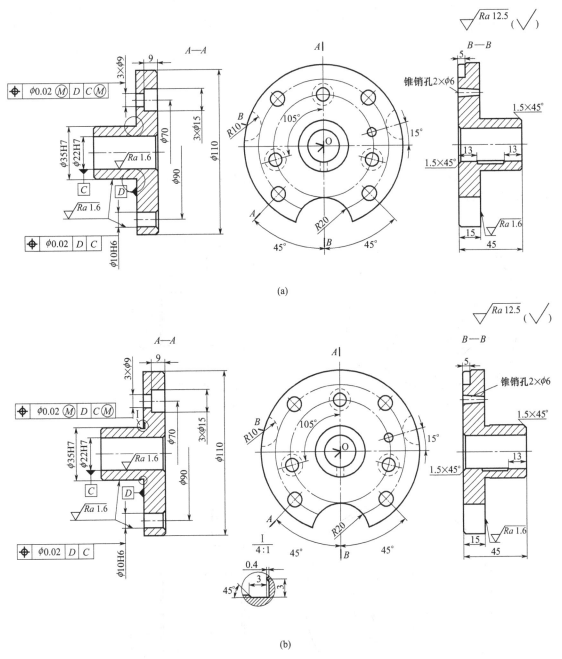

(a)

(b)

图 3-9　砂轮越程槽结构（2）

（4）盘的结构应便于安装与加工

如图 3-10（a）所示，凸缘需要进行两端圆弧的补充加工。改为图 3-10（b）后，凸缘不需要进行两端圆弧的补充加工。

需要钻孔的地方一定要留出足够空间，以保证钻头能够钻出需要的孔。如图 3-11（a）

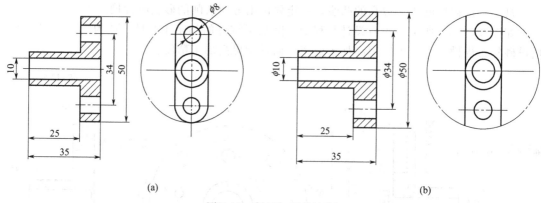

(a)   (b)

图 3-10 便于加工的结构

所示，$\phi16$ 沉孔没有留出足够空间，给加工带来极大困难。若改为图 3-11（b），钻头可方便靠近工件表面钻出需要的孔。

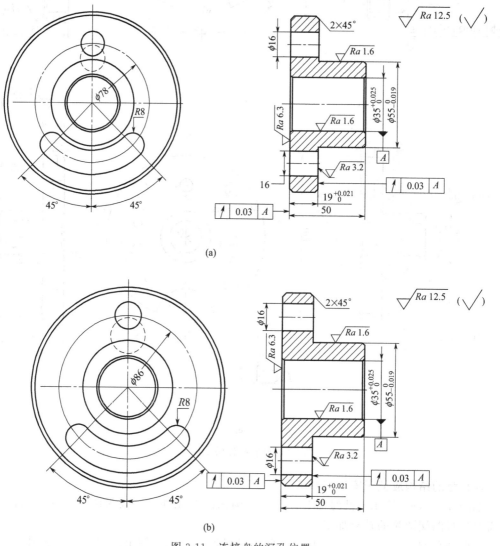

图 3-11 连接盘的沉孔位置

钻孔时，钻头的轴线应尽量垂直于被加工表面，否则会使钻头弯曲其至折断。为加工方便，要尽可能避免在斜面上钻孔和钻不完整孔，以防止损坏刀具，并提高加工精度及切削用量。对零件上的倾斜面可设置凸台或凹坑，钻头钻孔处也要设置凸台使孔完整，避免单边受力而弯曲。

如图 3-12（a）所示，内孔部分由三个内径不相等的内孔构成，这样布置不合理，由于小径孔在外，不方便加工中间内径较大的内孔。若改为图 3-12（b），将内径最小的内孔布置于中间，这样加工方便。

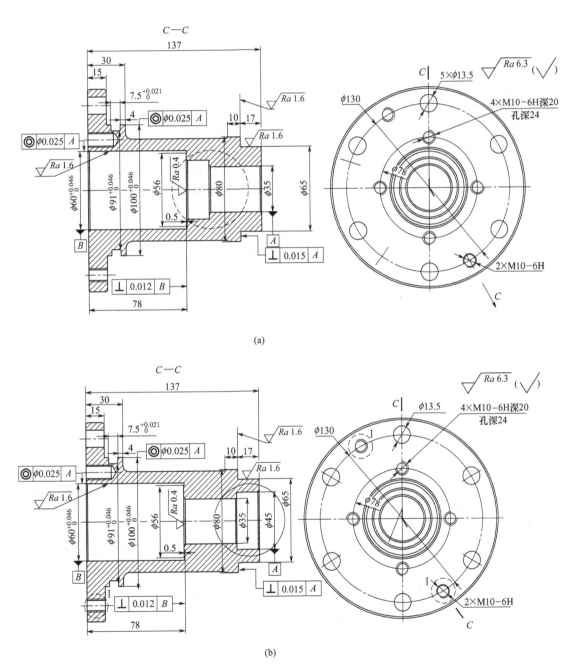

图 3-12　连接盘的内孔结构

（5）法兰凸台的设计

图 3-13（a）是铸件，离平面很近或相切的连接用圆凸台砂型强度差。可改为图 3-13（b），即将砂型强度差的圆凸台改为直凸台。

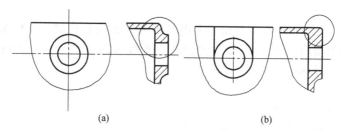

图 3-13　连接凸台的设计

3.2.2　盘制造与装配工艺问题

盘制造时，应考虑制造毛坯、尺寸、公差配合、粗糙度及装配等问题。

① 盘类零件常用铸件或锻件作为毛坯，机械加工多以车削为主。

② 尺寸标注。此类零件的尺寸一般为两大类：轴向及径向尺寸，径向尺寸的主要基准是回转轴线，轴向尺寸的主要基准是重要的端面。内外结构形状尺寸应分开标注。

③ 定形和定位尺寸。定形和定位尺寸都较明显，尤其是在圆周上分布的小孔的定位圆直径是这类零件的典型定位尺寸，多个小孔一般采用"均布"形式标注，均布即等分圆周。

④ 技术要求。有配合要求或用于轴向定位的表面，其表面粗糙度和尺寸精度要求较高，

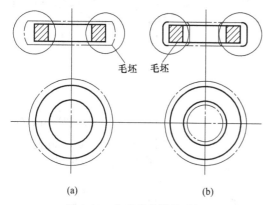

图 3-14　合理确定锻件毛坯

端面与轴心线之间常有形位公差要求。例如某法兰盘，根据法兰盘的使用技术要求，其加工的关键是要保证外圆表面相对于孔基准轴线的同轴度以及两端面相对于基准轴线的端面圆跳动要求。若各表面的粗糙度 Ra 值在 $1.6\mu m$ 以上，可先在车床上加工成形，然后再加工小孔与键槽，最后可以根据粗糙度数值决定是否在磨床上加工。

下面仅就常见的盘制造与装配工艺问题实例进行介绍。

（1）合理确定锻件毛坯

图 3-14（a）是锻件，需要过大的切削加工使锻件质量不好，机加工费用大。将其改为图 3-14（b）后，其毛坯结构减少了加工费用。

（2）合理确定铸件毛坯

如图 3-15（a）所示，法兰上铸出半圆槽，材料变形不均匀，板面易翘曲，铣槽时刀具易损坏。可将其改为图 3-15（b），压筋的形状应尽量与零件外形相近或对称，对称则不易翘曲。

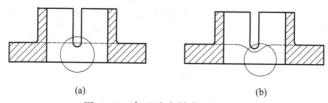

图 3-15　合理确定铸件毛坯（1）

如图 3-16（a）所示，两边结构对称，但比较浪费材料，加工较麻烦。可将其改为图 3-16（b），保持一端外形而改小另一端面。

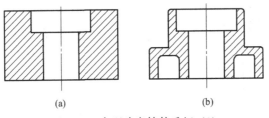

图 3-16　合理确定铸件毛坯（2）

盘铸件应能自由收缩。如图 3-17（a）所示，大型轮铸件冷却时不能自由收缩、受约束，特别是受力较大的部位，更是收缩受阻。可改为图 3-17（b），采用曲线轮辐或辐板开孔，加强筋采用曲线轮廓，以防止大型轮铸件的内应力过大和裂纹的产生。

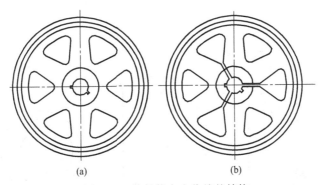

图 3-17　铸件能自由收缩的结构

（3）合理确定焊接法兰的结构

如图 3-18（a）所示，焊接大直径的法兰时妨碍送丝，无法施焊。若将其改为图 3-18（b），不仅施工方便，也使焊缝离开突变区，改善了受力情况。

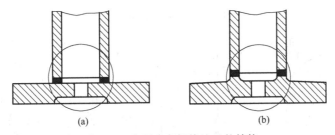

图 3-18　合理确定焊接法兰的结构

（4）合理设置退刀槽

在有螺纹的地方，要留出退刀槽以方便车螺纹。

如图 3-19（a）所示，没有设计退刀槽，不方便加工，严重影响加工效率及加工质量。可将其改为图 3-19（b），即增设退刀槽，使加工更容易进行。

如图 3-20（a）所示，大、小不同的内孔过渡处无退刀槽结构，这样很难加工两个直径不一致的内孔。改为图 3-20（b）则较为合理，增设退刀槽后不仅方便排屑，也更容易加工出两个尺寸不一致的孔。

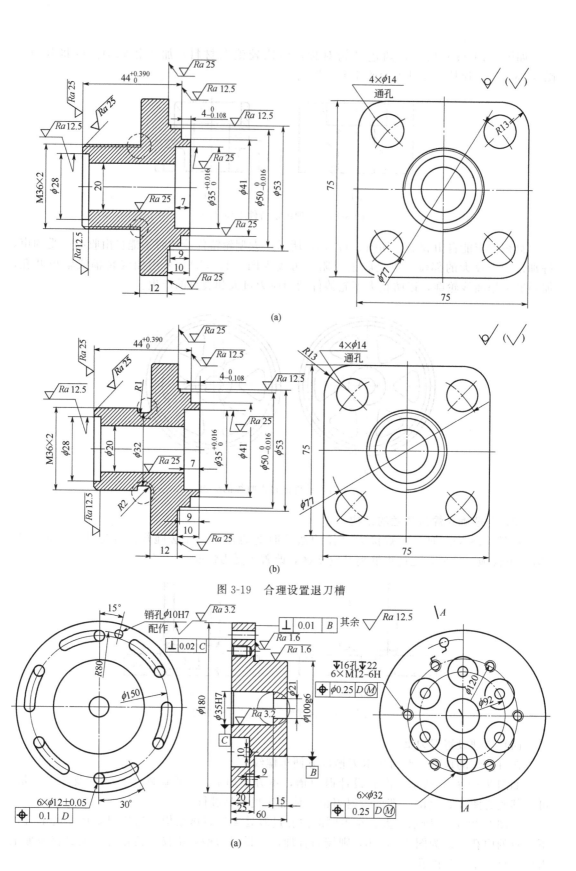

图 3-19　合理设置退刀槽

(a)

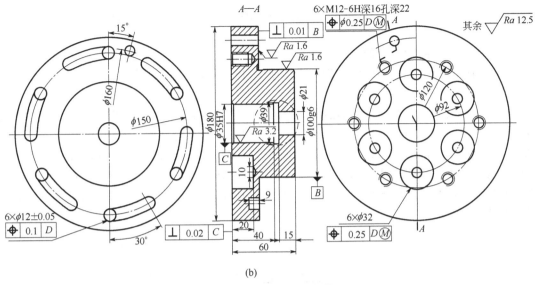

图 3-20　留出镗孔退刀槽

（5）合理设计配合间隙

图 3-21（a）是某送料机的车轮（车轮属于盘类零件）。由于该车轮配合间隙偏小，在高温条件下工作时，配合的轴和孔同时受热膨胀，其间隙消失，产生过盈，无法转动车轮。配合间隙不合理易产生零件卡死。若改为图 3-21（b），采用大间隙配合，这样才能保证运行的可靠性。

对于送料机之类的机械设备，在常温下装配时行走灵活，但当送料机进入炉内经升温、保温、降温至 100℃ 出炉时，链条拉动小车时发现车轮别劲，甚至无法转动，仅能在轨道上滑行。因此，对于温差变化大的机械，需考虑轴和孔的配合间隙，以保证运行的可靠性。

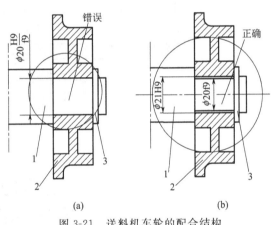

图 3-21　送料机车轮的配合结构
1—车轴；2—车轮；3—挡圈

（6）对称零件的标注

如图 3-22（a）所示，尺寸标注使误差集中到一起，对称度要求较高时不易保证。而图

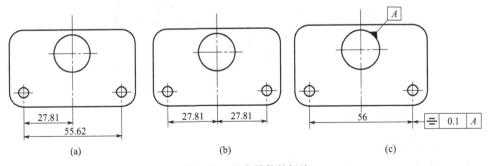

图 3-22　对称零件的标注

3-22（b）的标注虽可保证对称度，但因所需的两孔间距成为尺寸链的终结环，必须提高尺寸精度，才能保证所需的孔间距。可将其改为图 3-22（c），标注孔间距及相对于孔中心线的对称度。

（7）减少不必要的配合面

零件的设计要考虑使用的安全性，避免使用过程中对人身造成伤害；避免结构设计中出现不合理的过定位。

如图 3-23（a）所示，对于高速旋转联轴器，法兰连接有在外的突出部分，当高速旋转时会搅动空气，增加损耗或成为其他不良影响的根源，而且容易危及人身安全；两个端面接触难以保证长度方向的配合精度。若改为图 3-23（b），使突出部分埋入联轴器凸缘的防护罩中，避免了不必要的损耗，也避免了不必要的人身伤害；"Ⅱ"处改为仅控制一个零件的配合处长度，使其只能一端接触，另一端留有适当的间隙可以使制造精度降低，而配合精度得到保证。

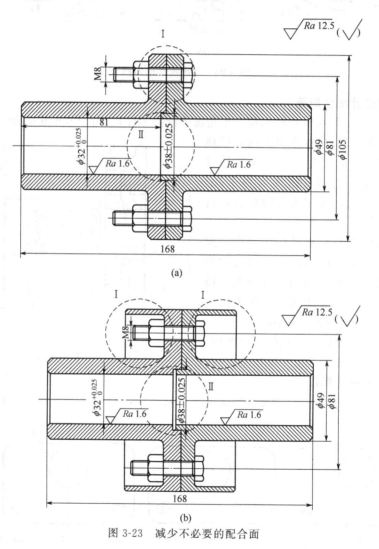

(a)

(b)

图 3-23　减少不必要的配合面

（8）利用凸缘装配

具有凸缘特征的盘类零件，装配时可以利用凸缘进行表面定位。

图 3-24 （a）是禁止采用的结构，这种结构不但不能正确确定轴承的位置，而且使螺栓受力不好。可将其改为图 3-24 （b），这样可使凸缘轴承有定位基准面。

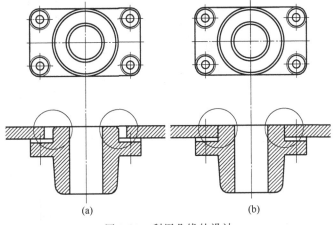

图 3-24　利用凸缘的设计

3.3　实例启示

通过上述盘结构设计与装配工艺性分析，得到如下启示。

(1) 尽量减少配合长度

如图 3-25 （a）所示，盘内孔是比较长的通孔，不仅加工困难，而且安装精度低。两表面配合时，配合面应精确加工，为减小加工量应减小配合面长度，如果配合面很长，为保证配合件稳定可靠，可将中间孔加大，中间加大部分不必精加工。若改为图 3-25 （b），则加工容易，减少了精加工量，配合效果更好。

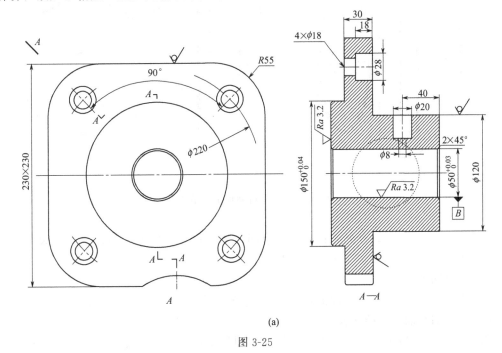

(a)

图 3-25

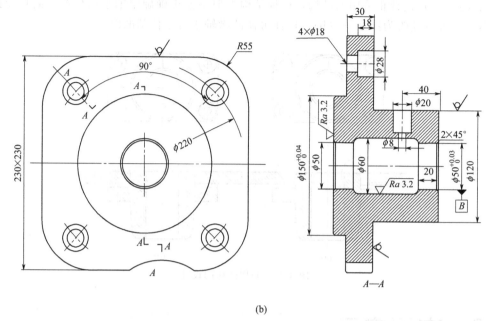

图 3-25　尽量减少配合长度

（2）零件形状尽量简单且对称

如图 3-26（a）所示，椭圆盘要求倒角。椭圆形状复杂、零件加工困难，且难以用常用的机械加工方法倒角，须用手工方法倒角，如此很难保证加工质量。可改为图 3-26（b），即将椭圆形状改为圆形，这样方便机械加工。

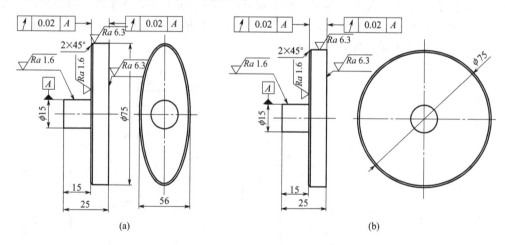

图 3-26　方便机械加工的结构

如图 3-27（a）所示，盘的一边和另一边明显不对称，制造不方便，也不美观。改为图 3-27（b）后，既制造方便也符合强度要求。

（3）减少切削加工量

如图 3-28（a）所示，加工面的加工比较复杂，很费劲。改为图 3-28（b）后，减少了加工表面数及缩小加工面的面积。

如图 3-29（a）所示，加工量太大，使用的型材多，应合理设计毛坯减少加工量。若将

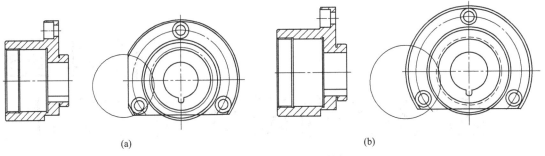

图 3-27　方便加工的对称结构

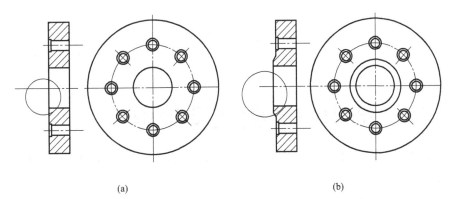

图 3-28　减少切削表面加工量的结构

其改为图 3-29（b），则可以节省材料，减少加工面积。

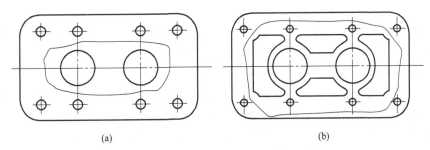

图 3-29　合理设计毛坯减少切削加工量

第 4 章
齿轮结构设计与工艺性

齿轮传动是机械传动中重要的传动之一，实现的是啮合传动；齿轮传动可以分为平面齿轮传动和空间齿轮传动，其主要优点是效率高、传动比准确、结构紧凑、工作可靠、寿命长。

4.1 齿轮结构设计要点及禁忌

齿轮有齿轮轴、实体式齿轮、辐板式齿轮及轮辐式齿轮等常见结构；从毛坯来源一般分为锻造齿轮及铸造齿轮等。

4.1.1 锻造齿轮的结构工艺性

锻造齿轮的结构就其外形而言虽然各有不同，但是可概括为两种：一种为轴齿轮，一种为盘状齿轮。

① 自由锻齿轮的结构工艺性。自由锻采用简单、通用的工具，锻件的形状和尺寸精度很大程度上取决于锻工的技术水平，所以锻件的形状不能复杂，因此，自由锻齿轮多为实体式齿轮和形状比较简单的齿轮轴。当齿顶圆直径小于 200mm 时常采用实体式结构；当齿轮齿根圆直径与轴的直径相差不多时常采用齿轮轴结构。圆锥体的锻件锻造时需要专门的工具，锻造比较困难，应尽量避免，所以锥齿轮和锥齿轮轴不宜采用自由锻；自由锻齿轮多为小齿轮或者小批量生产的齿轮。自由锻齿轮由于成形性较差，加工余量和工艺余块较大，锻件内的流线常常被机加工切断，齿轮性能不是很好。

② 模锻齿轮的结构工艺性。大批量生产的齿轮或者齿顶圆直径在 200~500mm 之间时，多采用模锻成形。模锻齿轮的形状可以设计得较复杂，如双联、三联的实体或齿轮轴。

4.1.2 铸造齿轮的结构工艺性

当齿轮圆直径大于 400mm 时常采用铸造成形方法生产齿坯。铸造齿轮可以设计成辐板式或者轮辐式结构。设计成辐板式结构时，辐板上的孔一般同时铸出，不必进行加工。铸件应尽量避免过大的水平面，大的水平面不利于金属的填充，易于产生浇不足等缺陷；同时平面型腔的上表面由于受液体金属长时间烘烤，易产生夹砂；此外，大的水平面也不利于气体和非金属夹杂物的排除。所以直径较小的齿轮（齿顶圆直径小于 500mm）可采用平辐板式结构，但是，当直径大于 500mm 时则应将辐板设计成倾斜的。

4.1.3　齿轮结构与切削加工

齿轮结构与切削加工关系密切，在设计时应注意以下几点：

① 用插齿法加工的双联或多联齿轮，应留有空刀槽；

② 用滚齿法加工双联或者多联齿轮，大小齿轮端面之间的距离应足够大，以避免碰刀；

③ 对于双边支撑的联轴锥齿轮，应避免加工时刀具与支撑轴颈产生干涉；

④ 对于尺寸较大的盘形齿轮，端面设计凹槽可节约用料，减少切削加工量；

⑤ 齿轮结构应有利于多件安装加工。

4.2　齿轮结构设计与工艺性实例分析

4.2.1　齿轮结构设计常见错误及其改进

实例 4-1

(1) 原设计实例及结构特点

如图 4-1 (a) 所示，由图可见 $x=3\text{mm}<2.5m=2.5\times2=5\text{mm}$（$m$ 为齿轮模数），齿轮强度比较差，寿命短。为了避免这种情况，应将齿轮与轴制成一体。

(2) 改进后齿轮结构设计特点

改进后的齿轮轴如图 4-1 (b) 所示，可以完成与改进前齿轮相同的任务，但强度却明显增强。

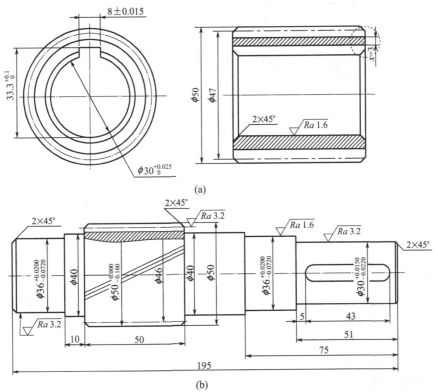

图 4-1　采用齿轮轴结构

（3）工艺性分析对比

应该合理设计齿轮结构。如果从齿根到键槽底部的距离 $x \leqslant 2.5m$（m 为齿轮模数）时，应将齿轮与轴制成一体。但是如果齿轮顶圆直径比轴径大得多，应将齿轮与轴分开，因为独立的齿轮加工方便，生产效率高，且安装简单快捷，实用性比齿轮轴更广泛。

实例 4-2

（1）原设计实例及结构特点

金属与非金属材料齿轮的啮合如图 4-2（a）所示，非金属材料小齿轮宽度小于大齿轮宽度，这样会导致运行中小齿轮出现凹坑。

（2）改进后齿轮结构设计特点

改进后如图 4-2（b）所示，此时的非金属材料小齿轮的齿宽比大齿轮的齿宽小，可以避免出现凹坑。

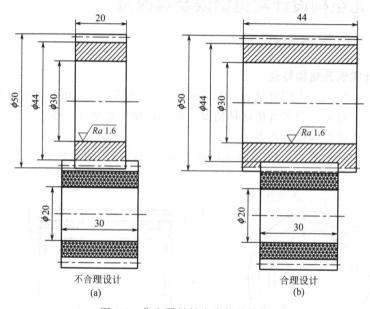

图 4-2 非金属材料小齿轮的结构

（3）工艺性分析对比

对于高速、轻载及精度不高的齿轮传动，为了降低噪声，常用非金属材料，如夹布塑胶、尼龙等做小齿轮，大齿轮仍用钢和铸铁制造。金属与非金属材料齿轮啮合时，应合理确定相啮合齿轮的宽度。

实例 4-3

（1）原设计实例及结构特点

金属材料齿轮的啮合如图 4-3（a）所示，金属材料小齿轮的齿宽比大齿轮的齿宽小些，啮合运行不稳定、易磨损。

（2）改进后齿轮结构设计特点

若改为图 4-3（b），则啮合稳定、工作可靠。

（3）工艺性分析对比

金属材料齿轮啮合时，金属材料小齿轮的齿宽应比大齿轮的齿宽大些，此时啮合运行稳定、可靠。

如果相互啮合的两个齿轮都是金属材料制成的,为了安装方便和在齿轮运行过程中不发生阶梯磨损,在一般情况下应使小齿轮的齿宽比大齿轮齿宽大 5～10mm。

实例 4-4

(1) 原设计实例及结构特点

金属斜齿轮的啮合如图 4-4 (a) 所示,金属斜齿轮的齿宽相等,安装不方便,齿轮运行过程中极易发生阶梯磨损,破坏齿轮间的啮合,严重影响转速,影响减速效果。

(2) 改进后齿轮结构设计特点

改进后的齿轮结构如图 4-4 (b) 所示,小齿轮的齿宽比大齿轮齿宽大 5～10mm,齿轮啮合良好。

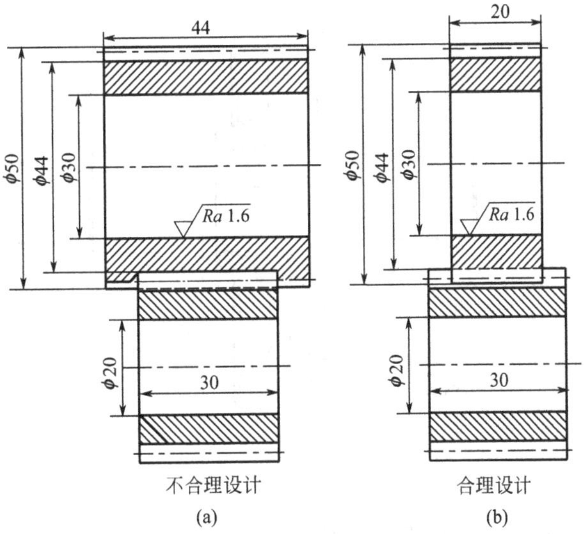

图 4-3 金属材料小齿轮的结构

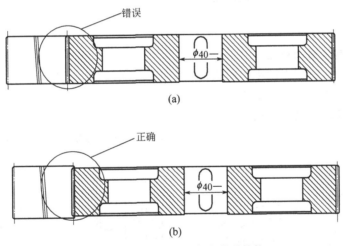

图 4-4 金属材料斜齿轮的结构

(3) 工艺性分析对比

齿轮啮合时,若小齿轮的齿宽比大齿轮齿宽大,可以方便安装,齿轮运行过程中不易发生阶梯磨损,同时不影响轴的转速和减速效果。

实例 4-5

(1) 原设计实例及结构特点

如图 4-5 (a) 所示,斜齿轮轴向力指向不利于齿轮的轴向固定,影响传动准确性,螺旋角方向应使齿轮轴向力指向轴肩。

(2) 改进后齿轮结构设计特点

若改为图 4-5 (b),则可以保证斜齿轮在转向不变的前提下改变轴向力,使之指向轴肩且由轴肩直接承受。

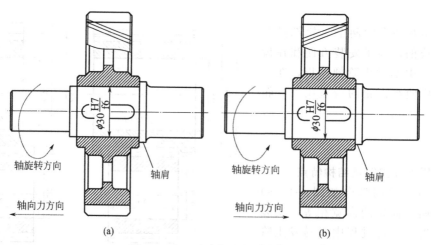

图 4-5　合理确定斜齿轮的轴向力

（3）工艺性分析对比

应该合理确定斜齿轮的轴向力。在斜齿轮传动中，两个相啮合的齿轮上会产生一对方向相反的轴向力。对于单斜齿轮啮合传动，只要旋转方向不变则轴向力的方向各自一定，因此，将单个斜齿轮固定在轴上时应使齿轮轴向力指向轴肩。

实例 4-6

（1）原设计实例及结构特点

图 4-6（a）为受机械压力的中间齿轮，"1"处采用角缝焊接，轮毂在受径向力和轴向力的时候容易产生应力集中，影响结构的稳定性与寿命。

（2）改进后齿轮结构设计特点

将其改为图 4-6（b）后，"1"处开双 V 坡口，可降低应力集中，提高焊接强度。

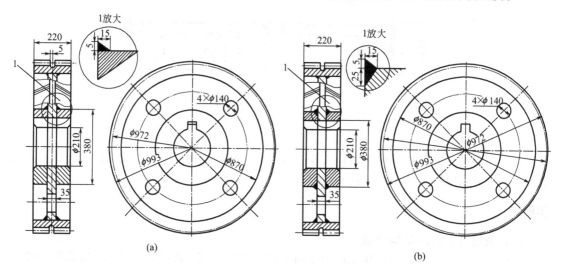

图 4-6　齿轮组件的焊接结构

（3）工艺性分析对比

受机械压力的中间齿轮受径向力和轴向力的综合作用，应考虑由此产生的应力集中，合理地进行齿轮组件焊接结构设计及焊缝形式布置。

实例 4-7

(1) 原设计实例及结构特点

如图 4-7 (a) 所示的齿轮装配结构，轴承 4 的孔径 D 比齿轮 5 的外径 d 小。装配时需要先在箱体内装配齿轮，然后再装右轴承。这样的装配很麻烦，应该考虑分组装配。

另外，图 4-7 (a) 中右端轴的套筒过高，也不便于轴承的拆卸。

(2) 改进后结构设计特点

改为图 4-7 (b)，轴承 4 的孔径 D 比齿轮 5 的外径 d 大。装配时可以预先将轴和右轴承作为一个整体安装上去，装配更加方便。

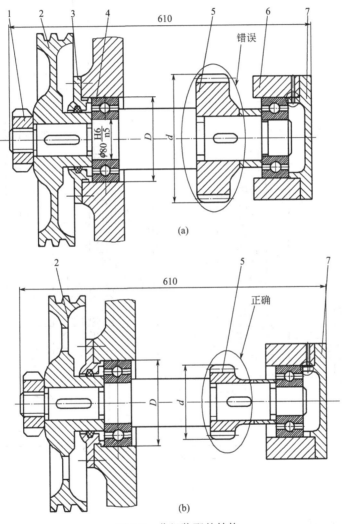

图 4-7　分组装配的结构

1—圆螺母；2—带轮；3—轴承盖 1；4—深沟球轴承；5—齿轮；6—箱体；7—轴承盖 2

(3) 工艺性分析对比

设计装配部件时应考虑分组装配的可能性，如可以预先将轴和一边轴承作为一个整体安装上去，再装配另一轴承及其他结构，可以使装配更加方便。

实例 4-8

(1) 原设计实例及结构特点

如图 4-8（a）所示的齿轮传动结构，装配时直接将齿轮装配在箱体上，这样不仅装配时不方便，拆卸时也是很麻烦；带轮给齿轮传递的载荷再由齿轮传递给轴，而轴只有一个支撑点，工作稳定性不好。

(2) 改进后结构设计特点

若改为图 4-8（b）所示结构，将齿轮组作为单独的齿轮箱，则便于分别装配及维修，提高装配效率及装配工艺性。另外，轴有了两个支撑点，工作稳定、可靠。

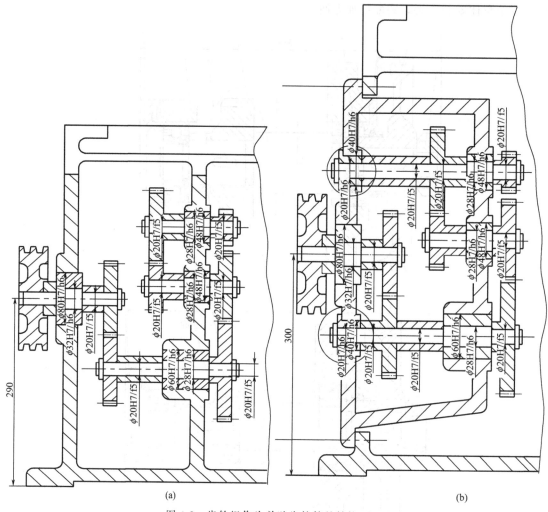

(a)   (b)

图 4-8　齿轮组作为单独齿轮箱的结构（1）

(3) 工艺性分析对比

齿轮箱装配时，为了方便安装、拆卸和维修，常将一部分零件组成一个装配的单元。

实例 4-9

(1) 原设计实例及结构特点

如图 4-9（a）所示的齿轮装配结构，由于轴承孔直径（85mm）选得比齿轮外径

（95mm）小，所以必须在箱体内装配齿轮，然后再装右边轴承。又因为带轮轮辐是整体无孔的，需要先装左边端盖后才能安装带轮。因此，在设计装配件时，要考虑到它们分组装配的可能性。装配轴承时应考虑对其的拆卸方便性，右端轴的套筒过高，不便于轴承的拆卸。

（2）改进后结构设计特点

改为图 4-9（b）所示结构后，则便于装配，因为轴承孔径（85mm）比齿轮外径（80mm）大。可把预先装在一起的轴和轴承作为整体安装上去。并且为了拧紧左边轴承盖的螺钉，在带轮轮辐上开了一些孔。轴承与轴套装配时，为了便于轴承的拆卸，轴套的外径应低于轴承内圈的外径。

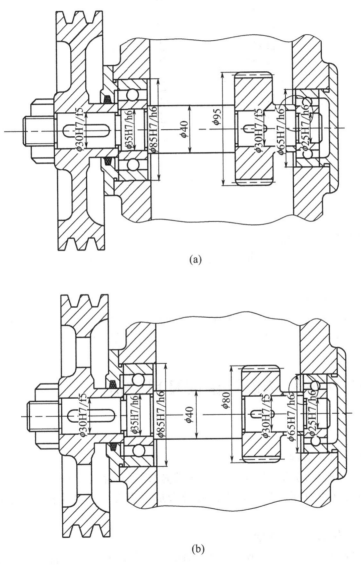

(a)

(b)

图 4-9　齿轮组作为单独齿轮箱的结构（2）

（3）工艺性分析对比

在设计组件装配时，应考虑到它们分组装配的可能性。如装配轴承时应考虑拆卸的方便性、轴承固定时的可靠性及其他零件对装配的影响。

实例 4-10

(1) 原设计实例及结构特点

如图 4-10 (a) 所示的齿轮与轴连接结构，齿轮与轴连接用楔键是错误的。由于楔键本身的斜度会造成轴与轮毂的不同心，会产生轴和齿轮不同轴度和齿轮对轴的歪斜，使载荷集中系数增加，降低齿轮传动寿命。

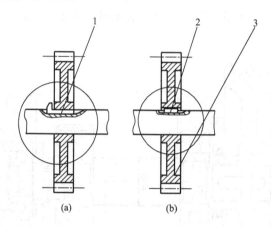

图 4-10 齿轮与轴连接的结构

1—楔键；2—平键；3—齿轮

(2) 改进后结构设计特点

改为图 4-10 (b) 所示的齿轮与轴连接结构，用平键连接轴和齿轮，解决了以上的问题。

(3) 工艺性分析对比

由于楔键本身的斜度会造成轴与轮毂的不同心，会产生轴和齿轮不同轴度及齿轮对轴的歪斜等缺陷，致使载荷集中系数增加，降低齿轮传动寿命。因此，齿轮与轴的装配尽量不用楔键连接。

4.2.2 圆柱齿轮结构设计错误及其改进

实例 4-11

(1) 原设计实例及结构特点

如图 4-11 (a) 所示的凸缘齿轮，齿轮轮毂宽度大于齿宽，叠装时如图 4-11 (b) 所示，待加工齿轮侧面之间没有相互贴合，多齿轮叠合加工齿形时易产生振动，影响表面质量和刀具使用寿命。

(2) 改进后齿轮结构设计特点

改进后的结构如图 4-11 (c) 所示，采用两件叠装加工，这样就可以避免因刚度低而产生的切齿振动。

如图 4-11 (a) 所示，齿轮轮毂宽度大于齿宽，齿轮加工刚度低，切齿时会产生振动，影响齿面的加工质量。

若改为图 4-11 (d)，即轮毂宽度与齿宽相同，滚齿或插齿的切削行程不仅缩短，且可提高工件的刚性，变断续切削为连续切削，生产率提高。

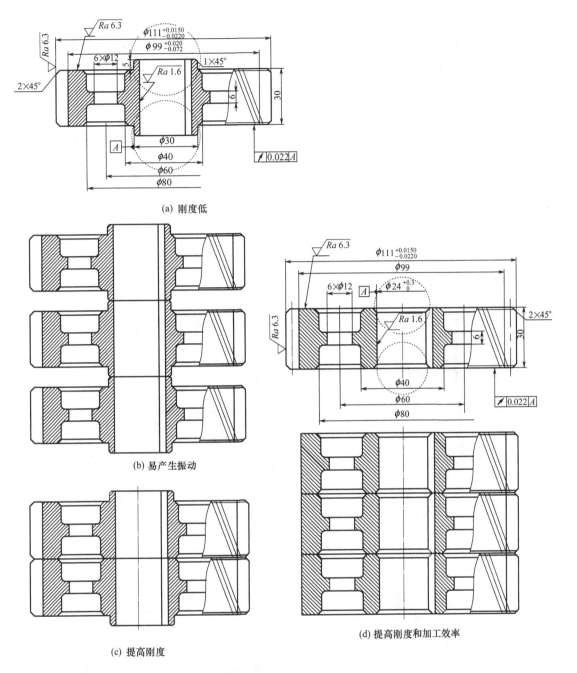

(a) 刚度低

(b) 易产生振动

(c) 提高刚度

(d) 提高刚度和加工效率

图 4-11 叠装加工的结构

(3) 工艺性分析对比

大批量生产齿轮时，应采用容易叠装加工的结构，滚齿或插齿加工时轮毂宽度与齿宽相同，提高切削效率。

实例 4-12

(1) 原设计实例及结构特点

如图 4-12 （a）所示的人字齿轮传动，当一对人字齿啮合时会使润滑油挤在人字齿轮转角处，这样无法保证轮齿得到有效润滑，传动时不仅容易引起噪声，而且降低齿轮使用寿命。

（2）**改进后齿轮结构设计特点**

可将其改为图 4-12（b），人字齿轮啮合时，人字齿转角处的齿部首先开始接触，这样的结构能使润滑油从中间部分向两端流出，保证齿轮得到有效润滑。

（3）**工艺性分析对比**

当采用人字齿轮传动时，要注意选择合理的齿向，否则润滑无效。

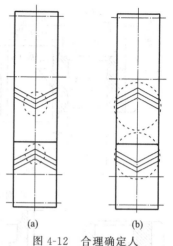

图 4-12　合理确定人字齿轮的齿向

实例 4-13

（1）**原设计实例及结构特点**

图 4-13（a）是铸造齿轮的结构，其中齿顶圆直径达到 552mm，齿轮呈平辐板结构。

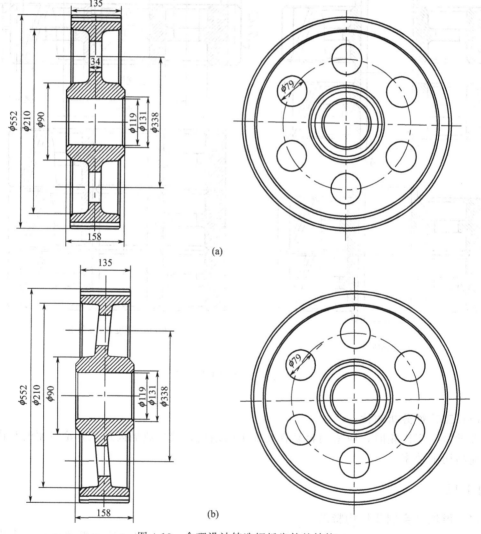

图 4-13　合理设计铸造辐板齿轮的结构

（2）改进后齿轮结构设计特点

改为如图4-13（b）所示结构，辐板设计成倾斜的，可以提高铸造质量。

（3）工艺性分析对比

合理设计铸造齿轮毛坯。当齿顶圆直径 $d_a = 200 \sim 500$ mm 时，可采用辐板式结构铸造毛坯。为避免气孔和夹渣，保证铸件质量，应将辐板设计成倾斜的。

4.2.3 锥齿轮结构设计需要注意的问题

实例 4-14

（1）原设计实例及结构特点

如图4-14（a）所示，锥齿轮轴向力直接作用在紧固它的螺栓上，这会使运动中的螺栓松动。

（2）改进后齿轮结构设计特点

若改为图4-14（b），使锥齿轮轴向力作用到支撑它的支撑面上，设计合理。

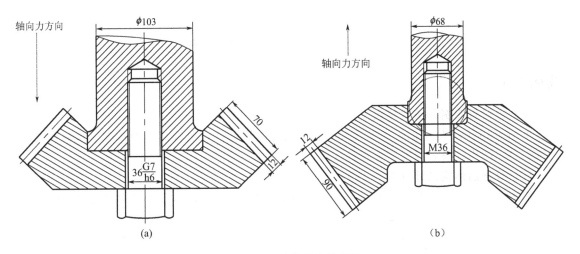

图 4-14 组合的锥齿轮结构

（3）工艺性分析对比

合理设计锥齿轮。由于直齿锥齿轮只受单方向的轴向力，其轴向力始终由小端指向大端，所以组合的锥齿轮结构应注意使轴向力由支承面承受，应使其作用在轮毂或辐板上，而不要作用在紧固它的螺钉或螺栓上，避免螺钉或螺栓受到拉力的作用。

实例 4-15

（1）原设计实例及结构特点

如图4-15（a）所示，齿轮的轮毂超过了根锥，用切齿刀盘加工时制造难度加大，故该结构不合理。

（2）改进后齿轮结构设计特点

若改为图4-15（b），使用较短轮毂的齿轮，方便用切齿刀盘高效率加工，结构设计合理。

（3）工艺性分析对比

锥齿轮的外形常常与齿轮加工方法有关。齿轮的轮毂长度及形状除了考虑强度、刚度及轴的配合要求外，还应考虑其加工方法。

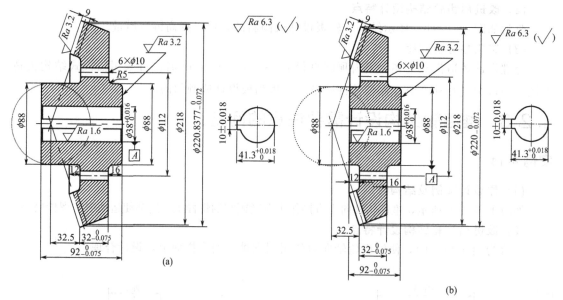

图 4-15　方便用切齿刀盘加工的锥齿轮结构

实例 4-16

（1）原设计实例及结构特点

如图 4-16（a）所示的锥齿轮装配，装配时锥齿轮的啮合位置需要通过反复地修配支撑面来调整，图中却没有设置调整零件或调整补偿环。

（2）改进后结构设计特点

改为图 4-16（b），靠修磨调整垫尺寸 a 和 b 来保证啮合精度，这样更方便、合理。

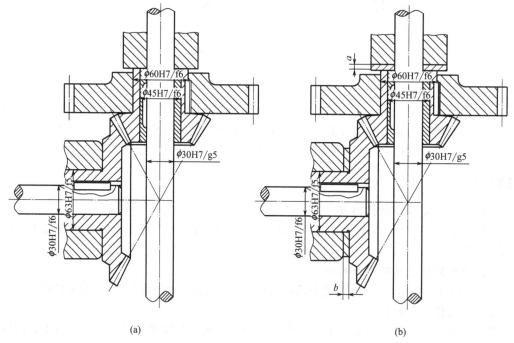

图 4-16　需要调整锥齿轮相对位置的结构

机械零部件结构设计实例与
装配工艺性（第二版）

(3) 工艺性分析对比

两个或几个零件装配后，还需要调整它们之间的工作位置，这要求装配过程中给调整留有一定的空间，以保证装配调整的可靠性。

在需要调整零件相对位置的部分，应该设置调整补偿环，以补偿尺寸链误差，便于装配。

实例 4-17

(1) 原设计实例及结构特点

如图 4-17（a）所示的锥齿轮装配，装配时啮合位置需要通过反复地修配支撑面来调整，图示结构中设置的调整零件不利于装配。

(2) 改进后结构设计特点

改为图 4-17（b），采用调整垫片、调整补偿环与调整螺钉配合使用，有利于装配。

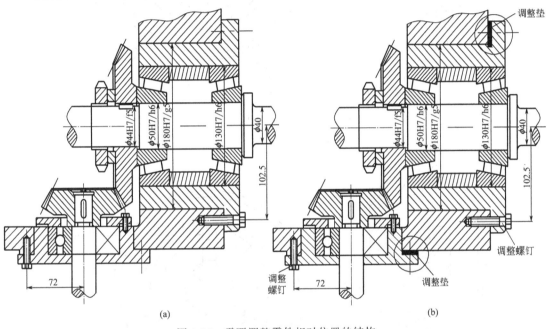

图 4-17　需要调整零件相对位置的结构

(3) 工艺性分析对比

使用调整垫片、调整补偿环时应考虑测量的方便。

采用调整垫片在测量某些零部件时有时是不方便的。因此，精度要求不太高的部位可以采用调整螺钉代替调整垫片，以省去修磨调整垫片及孔端面的加工；改用螺钉后也方便了对部分零部件的测量。

在精度满足要求的情况下，选用调整螺钉要比调整垫片更为方便、合理。

4.2.4　双联齿轮结构设计需要注意的问题

实例 4-18

(1) 原设计实例及结构特点

如图 4-18（a）所示的双联齿轮结构，结构中有两处不合理之处。其一，要求高频淬火时，齿轮 1 和 2 两端面间距应大些；其二，齿轮 1 和齿轮 2 的厚度要相近，以防淬火不均匀。

（2）改进后齿轮结构设计特点

改为图 4-18（b），则进行热处理时两齿变形均匀，不会产生太大应力。

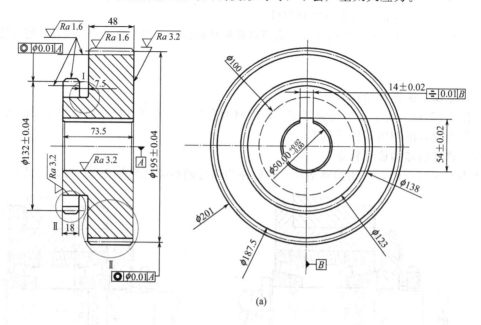

(a)

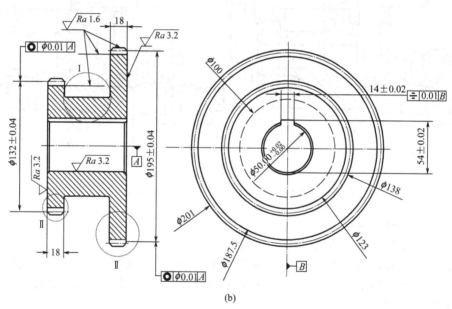

(b)

图 4-18　双联齿轮结构

（3）工艺性分析对比

双联齿轮结构设计时应考虑两个齿轮端面间要留有一定的距离，两个齿轮的厚度要均匀一致。

实例 4-19

（1）原设计实例及结构特点

图 4-19（a）所示的齿轮，采用插齿法加工左侧齿轮时无法加工，应给插齿刀留有空刀槽。

（2）改进后齿轮结构设计特点

改为图 4-19（b），即给插齿刀留出空刀槽。

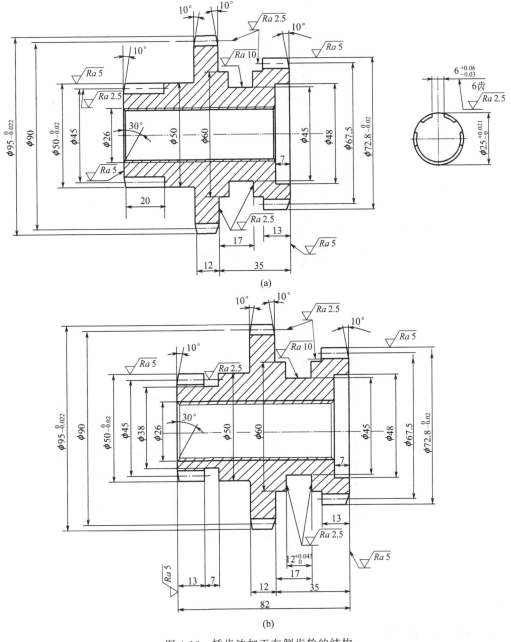

图 4-19　插齿法加工左侧齿轮的结构

（3）工艺性分析对比

当采用插齿加工双联齿轮时，应考虑两齿结构对加工的影响。

实例 4-20

（1）原设计实例及结构特点

如图 4-20（a）所示的齿轮，滚刀加工齿轮时，大小齿轮端面之间的距离不够大。

（2）改进后齿轮结构设计特点

若改为图 4-20（b），大小齿轮端面之间的距离适当。

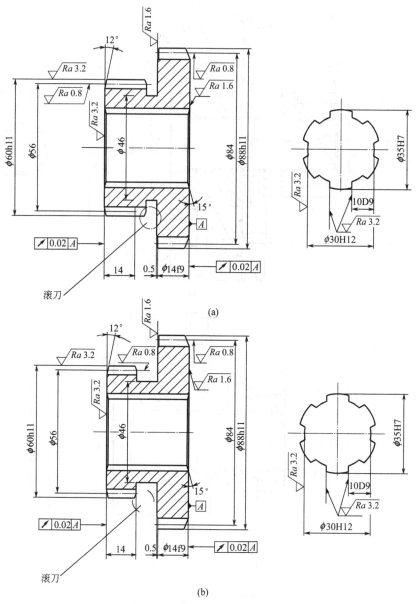

图 4-20　滚刀加工双联齿轮的结构

（3）工艺性分析对比

当采用滚齿加工双联齿轮时，应考虑两齿设计结构给加工带来的影响。滚刀加工双联齿轮时，若大小齿轮端面之间的距离不够大，会导致滚刀在加工一齿轮端面时碰到另一齿轮端面而产生干涉，因此大小齿轮端面之间的距离应足够大，以免碰刀。

4.3　实例启示

① 齿轮属于比较常见的盘类零件。在齿轮传动机构设计时，需要合理选择齿轮传动形

式，正确计算齿轮几何尺寸，并进行结构工艺性设计。

结构设计时需要注意：合理设计齿轮结构，包括合理设计齿轮毛坯；合理设计锥齿轮，合理确定人字齿轮的齿向；合理确定斜齿轮的轴向力；受机械压力的齿轮组件焊接结构设计时，应合理布置焊缝；齿轮与轴的装配应具有合理的装配结构；齿轮轴轴径问题涉及轴上要素与加工；齿轮越程槽处易断裂，应注意退刀槽与越程槽结构等。

② 齿轮传动机构是常见的可拆卸连接与装配，在机器中齿轮通常与轴、轴承、套等零件按一定的相互位置关系装配在一起。

齿轮机构实现的是啮合传动，是机械传动中最重要的传动之一，可以传递任意两轴之间的运动和动力、改变运动方式及改变转速。

齿轮传动具有传动平稳、准确，无冲击、无振动等特点，克服了带传动传动比不恒定的缺点，并且可以跟凸轮机构、连杆机构、带传动、链传动等传动形式结合，实现比较复杂的传动。

③ 齿轮可以在专用齿轮机床上加工；齿轮可以通过铣削加工成形，也可以采用插齿、滚齿等加工方法成形。在齿轮结构设计时，需要考虑不同的加工成形方法对齿轮结构不同的要求，即应根据不同的齿轮加工方法进行不同的齿轮结构处理，满足相应的加工工艺性要求。

第5章
凸轮结构设计与工艺性

凸轮是一具有曲线轮廓或沟槽的构件，在其运动时用轮廓或沟槽驱动从动件运动。凸轮机构由凸轮、从动件及机架三个基本构件组成，是一种高副的常用机构。通常凸轮做连续的等速转动或往复移动，从动件则做间歇的或连续的往复移动或摆动。

5.1 凸轮结构设计要点及禁忌

凸轮常用结构有凸轮轴、整体式凸轮、调整式凸轮及快速装拆式凸轮等几种。在进行凸轮结构设计时应注意：

① 凸轮和滚子材料要合理搭配；

② 凸轮材料和从动件材料不要选取相同硬度而应具有适当的硬度差；

③ 可采取对工作表面喷丸、化学处理、刮研、磨光以及跑合、润滑等措施来延长凸轮副的使用寿命；

④ 凸轮与从动件间为点或线接触，易磨损；

⑤ 凸轮轮廓的加工比较困难，费用较高；

⑥ 凸轮从动件的行程不能太大，否则会使凸轮笨重；

⑦ 凸轮机构不宜用于高速重载以及大行程的场合。

5.2 凸轮结构设计与工艺性实例分析

5.2.1 盘形凸轮结构常见结构设计错误及其改进

实例 5-1

(1) 原设计实例及结构特点

凸轮连杆机构的设计如图 5-1（a）所示，转动副 D 既是构件 2 上的点又是构件 1 上的点，但构件 1 作摆动，构件 2 作移动，即要求 D 点既作移动又作摆动，不可能实现。

(2) 改进后凸轮结构设计特点

若改为图 5-1（b），执行构件 2 与机架以移动副连接，在构件 1 和构件 2 之间加入构件 3，并分别以转动副 D、E 连接。

(3) 工艺性分析对比

在凸轮连杆机构设计中，首先应该考虑自由度对该构件组合运动的影响。

机械零部件结构设计实例与
装配工艺性（第二版）

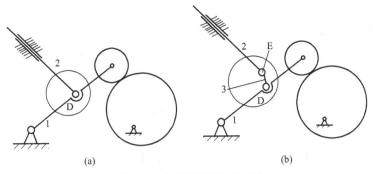

图 5-1 凸轮连杆机构的设计

实例 5-2

(1) 原设计实例及结构特点

凸轮结构键槽的方位如图 5-2（a）所示，键槽开在凸轮体较小的部位，这样会降低凸轮

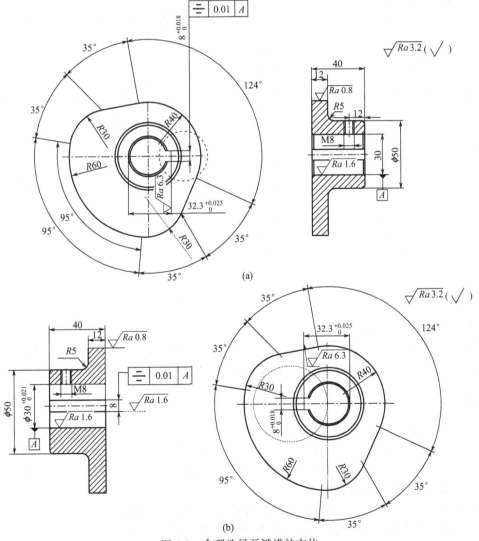

图 5-2 合理选择开键槽的方位

的强度。

（2）改进后凸轮结构设计特点

改为图 5-2（b），键槽开在凸轮体较大部位，既能保证有效的定位、传动，又不会对凸轮的强度产生不利的影响。

（3）工艺性分析对比

在凸轮零件上开键槽时，应特别注意选择开键槽的方位，禁止将键槽开在薄弱的方位上。

5.2.2　凸轮轴结构设计应注意的问题

实例 5-3

（1）原设计实例及结构特点

如图 5-3（a）所示的凸轮与轮毂结构，凸轮没有做出轮毂，不能保证凸轮安装到凸轮轴上时的安装精度，加工时不好装夹，加工较困难。单独加工的凸轮应有轮毂。

（2）改进后凸轮结构设计特点

若改为图 5-3（b），即凸轮留有足够大的轮毂，则安装方便，安装精度也得到提高。

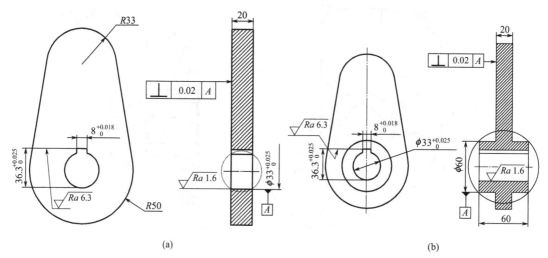

(a)　　　　　　　　　　　　　　　　　　　(b)

图 5-3　留有轮毂的凸轮

（3）工艺性分析对比

当凸轮单独加工、而后安装到轴上时，为了保证凸轮安装精度以及使用寿命，凸轮必须做出足够大的轮毂，而且实际轮廓的最小向径必须大于轮毂半径。

实例 5-4

（1）原设计实例及结构特点

如图 5-4（a）所示的凸轮与轮毂结构，由于凸轮体实际轮廓的最小向径小于凸轮轴的半径，凸轮的轴替代凸轮体，运动中受到严重摩擦，影响传动精度，也降低了轴的使用寿命。

（2）改进后凸轮结构设计特点

若改为图 5-4（b），增大了凸轮体的最小向径，保证了凸轮体与其从动件的合理接触。传动不会因为轴的粗糙度或者轴材料的软硬度与凸轮体的不同而受影响。

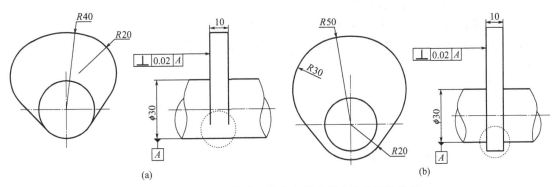

图 5-4 凸轮实际轮廓的最小向径必须大于凸轮轴半径

(3) 工艺性分析对比

当凸轮与轴做成一体时，凸轮实际轮廓的最小向径必须大于凸轮轴的半径。

实例 5-5

(1) 原设计实例及结构特点

如图 5-5 （a）所示的凸轮结构，是整体安装凸轮。由于凸轮实际轮廓的最小向径只比轴的半径大 5mm，且壁厚太薄，这样的凸轮强度太差。

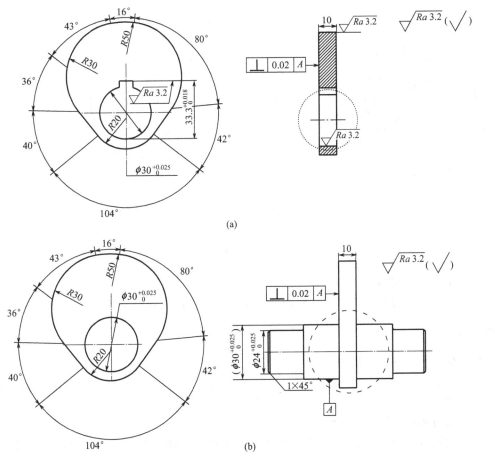

图 5-5 凸轮轴与凸轮一体的结构

（2）改进后凸轮结构设计特点

用凸轮轴代替单个凸轮的情况如图5-5（b）所示。凸轮是在保持原运动特性基本不变的条件下，将整体式凸轮改为凸轮轴，使凸轮与轴成为一体，这样就保证了凸轮有足够强度。

（3）工艺性分析对比

当凸轮实际轮廓的最小向径仅比轴的半径尺寸稍大时，为避免凸轮的最小壁厚而导致凸轮体强度不足，应直接在轴上加工出凸轮。

5.2.3　凸轮片调节结构

实例 5-6

（1）原设计实例及结构特点

如图5-6（a）所示，凸轮片调节孔为圆孔，当凸轮结构需要调整时，无法达到调节凸轮片与轮毂间的相对位置的目的。

（2）改进后凸轮结构设计特点

凸轮调整结构改为图5-6（b），将凸轮片上调节孔由圆孔结构改为月牙孔，则便于调节凸轮片与轮毂间的相对位置。

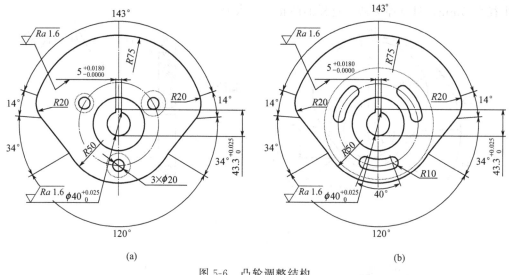

(a)　　　　　　　　　　　　(b)

图5-6　凸轮调整结构

（3）工艺性分析对比

凸轮调整结构设计时，应该方便调节凸轮片与轮毂间的相对位置。

实例 5-7

（1）原设计实例及结构特点

如图5-7（a）所示，采用的是两个固定在一起的凸轮来达到远休止点长时间停留的目的。这样的设计需要安装两个凸轮，浪费材料，安装费时，精度低。

（2）改进后凸轮结构设计特点

若改为图5-7（b），采用一个凸轮体外加一个凸轮片的结构，这样调整时只需要改变它们的错开角即可，调整方便，并且提高了安装精度和使用可靠性。

机械零部件结构设计实例与
装配工艺性（第二版）

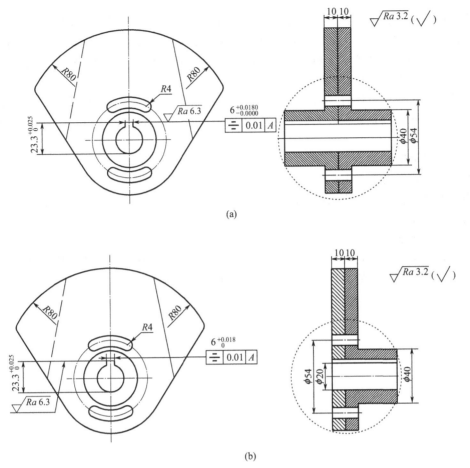

(a)

(b)

图 5-7　凸轮体与凸轮片一体的结构

（3）工艺性分析对比

当要求从动件在远休止点停留的时间长短能做调整时，不必准备多个凸轮，只需将凸轮分成两个轮片制造。

5.3　实例启示

通过对常用凸轮实例进行分析可知，盘形凸轮结构、凸轮轴结构、凸轮调节结构等的结构设计对凸轮的加工、装配和凸轮机构的工作可靠性等十分重要。

（1）盘形凸轮结构设计

盘形凸轮是绕固定轴转动并具有变化向径的结构，它是凸轮的最基本形式。从传动原理上讲，只要设计出凸轮轮廓，便可以使从动件获得各种预期的运动规律；在实际工作中，盘形凸轮设计方便，结构简单、紧凑，工作可靠，易于实现多个运动的相互协调配合。

凸轮零件也是一具有曲线轮廓或沟槽的构件，在其运动时用轮廓或沟槽驱动从动件运动。因此，对凸轮零件曲线轮廓或沟槽的型线要求较高，只有实现较高精度的型线，才可以保证凸轮机构的正确位置、精确轨迹。

在凸轮机构可靠性方面，应考虑凸轮强度对工作的影响。例如，在凸轮零件上开键槽时，应特别注意选择开键槽的方位，禁止将键槽开在薄弱的方位上。

（2）凸轮轴结构

当采用凸轮单独加工，而后安装到轴上的凸轮结构时，为了保证凸轮安装精度以及使用寿命，凸轮必须做出足够大的轮毂，并且实际轮廓的最小向径必须大于轮毂半径。但是，当凸轮体的最小向径与轴颈尺寸相近，而凸轮本身辐射半径大时，这种结构在工艺上却难以实现，此时，可以考虑采用凸轮轴结构。

当凸轮与轴做成一体时，凸轮的实际轮廓的最小向径必须大于凸轮轴的半径。此时，用凸轮轴替代凸轮体或直接在轴上加工出凸轮轮廓，可以避免由于凸轮的最小壁厚而导致凸轮体强度不足的问题。

（3）凸轮调节结构

凸轮结构设计时应考虑凸轮机构的调节方便，保证调节凸轮片与轮毂间的相对位置。例如，当要求从动件在远休止点停留的时间长短能做调整时，不必准备多个凸轮，只需将凸轮分成两个轮片制造。

（4）需要关注的其他事项

无论是何种结构形式的凸轮，在进行凸轮连杆机构设计时，需要考虑其组成构件、传动副、自由度及它们之间的关系；应该考虑自由度对该构件组合运动的影响。

机械零部件结构设计实例与
装配工艺性（第二版）

第6章
带轮结构设计与工艺性

带传动是一种常用的传动形式，它由主动带轮、从动带轮和传动带组成。带传动平稳、噪声小，能保护其他零件不受损坏，且结构简单、装拆方便，可用于较大中心距的传动。

带传动可分为摩擦带传动和啮合带传动两类，其中最常见的是摩擦带传动。

摩擦带传动按带的剖面形状可分为平带、V 带、多楔带和圆带等。

带轮设计服务于带传动，带轮结构对带传动具有重要作用。带轮属于盘毂类零件，一般相对尺寸比较大，制造工艺上一般以铸造、锻造为主。

6.1　带轮结构设计要点及禁忌

带轮由轮缘、轮毂和轮辐组成。带轮常见的结构为实心轮、辐板轮、孔板轮及焊接带轮等。带轮设计时应满足以下要求：

1）应使带轮重量轻；质量分布均匀，安装对中性好。

2）当带轮圆周速度 $v>5\text{m/s}$ 时应进行静平衡，当 $v>25\text{m/s}$ 时进行动平衡。

3）装配工艺性要求。

① 带轮装配前最后一次清洗必须使用汽油，以保证各零部件干净并干燥，以保证配合面配合紧密且无油污，有足够的摩擦力。

② 装配带轮用的内六角螺栓在装配前也应该用汽油洗净并晾干，不可在螺栓或螺孔中涂装润滑油或润滑脂，以保证螺栓紧固后有足够的摩擦自锁能力。

③ 内六角螺栓即将安装到位时需要轮番紧固，以保证锥套受轴向力均匀，保证带轮和锥套同轴定位良好。

④ 安装带轮前应检查测量装配用内六角螺栓长度，以保证装配螺栓紧固后能顶住锥套盲孔底端，以保证锥面配合紧密，并保证螺栓受到盲孔底端反向推力，产生双螺母原理一样的防松作用。

⑤ 带轮紧固后拉线检查并调整主、从动带轮相对位置，保证两轮处于同一平面且皮带张紧适度。

⑥ 带轮罩应完好并安装牢固，以避免运转中带断裂或带轮松动退出酿成重大安全事故。

带轮结构设计时还应该禁忌：

1）不考虑带轮大小而首先选用孔腹板式结构；忽略带轮形式对产品带来的影响。

2）忽略轮毂的影响。例如当轮毂较长时应将轴孔做成两段，以免产生带轮轴向加工与装配问题。

3）忽略对尺寸较大零件的磨损、修配，以至于丧失零件磨损、修配的可能性而产生不必要的损失。

6.2　带轮结构设计与工艺性实例分析

下面通过实例来介绍带轮结构设计中常见错误及其改进。

实例 6-1　实体带轮

(1) 原设计实例及结构特点

带轮采用的实体结构如图 6-1 (a) 所示,这样的结构笨重且浪费材料,设计不合理。

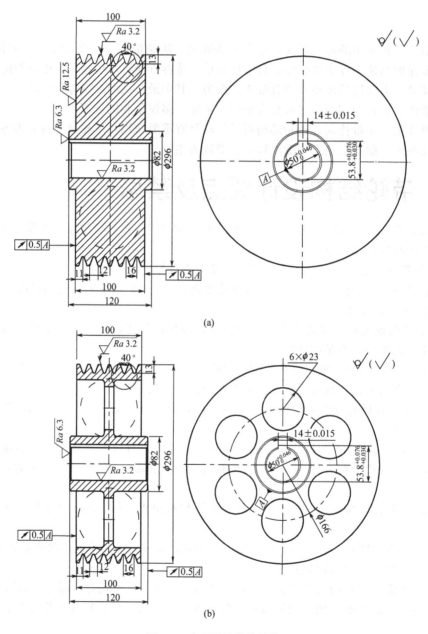

(a)

(b)

图 6-1　合理设计带轮结构

(2) 改进结构设计特点

应将其改为图 6-1（b），带轮采用孔辐板式结构，节省材料、减轻重量，并可以减小转动惯量。

(3) 工艺性分析对比

合理设计带轮结构。一般情况下，带轮首选孔辐板式结构而不是实体式。

带轮的基本形式也可以参考如下进行设计：

当 D（基准直径）≤(2.5～3) d（轴径）时，可用实心式带轮；

当 D（基准直径）≤300mm 时，可用腹板式带轮；

当轮毂和轮缘之间的距离超过 100mm 选用孔板带轮；

当 D（基准直径）≥300mm 时，可用轮辐式带轮。

实例 6-2　孔板式带轮

(1) 原设计实例及结构特点

如图 6-2（a）所示，带轮尺寸较大，轴孔是通孔，键槽也是通键槽，轮毂比较长，不方便加工，不能保证加工精度，安装时也不能保证安装精度。

(2) 改进结构设计特点

改为图 6-2（b）所示结构，轴孔采用两段，键槽在一侧的轮毂上而不是通键槽，这样不仅不会影响带轮的固定，而且加工容易，还可提高定位精度及安装精度。

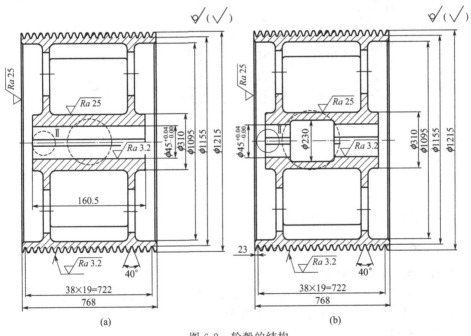

图 6-2　轮毂的结构

(3) 工艺性分析对比

当轮毂轴向尺寸较长时，应考虑轮毂加工的可能性或方便性。

实例 6-3　带修配套的腹板式带轮

(1) 原设计实例及结构特点

如图 6-3（a）所示的带轮，该带轮没有修配措施，若带轮轴孔磨损会使修复困难，可能会导致整个带轮报废。

（2）改进结构设计特点

改为如图 6-3（b）所示的带轮与磨损修配结构，带轮添加了修配套，在传动过程中修配套代替带轮孔首先磨损，磨损后直接更换修配套，非常方便。

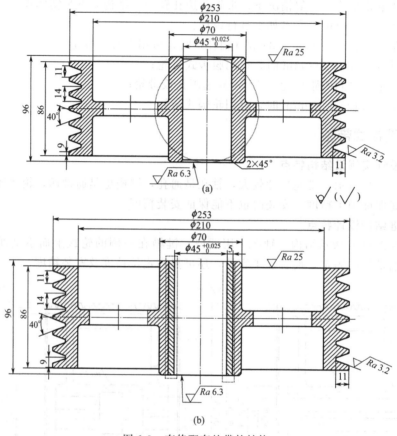

图 6-3 有修配套的带轮结构

（3）工艺性分析对比

带轮磨损大时，应该考虑磨损修配的可能性。

实例 6-4 焊接带轮

（1）原设计实例及结构特点

图 6-4（a）为焊接带轮，焊接时缺少轴向定位，同时，不仅容易焊偏而且焊接区应力分布集中。此结构设计影响焊接精度及带轮的寿命。

（2）改进结构设计特点

改为图 6-4（b）后，在焊接带轮过程中可以准确定位，防止带轮焊偏。

（3）工艺性分析对比

焊接组合带轮时，应考虑焊接结构对焊缝应力的影响。

实例 6-5 铸造带轮

（1）原设计实例及结构特点

图 6-5 为一铸造带轮。图中"错误"处是直形结构、存在铸造应力，易拉断，从而使铸

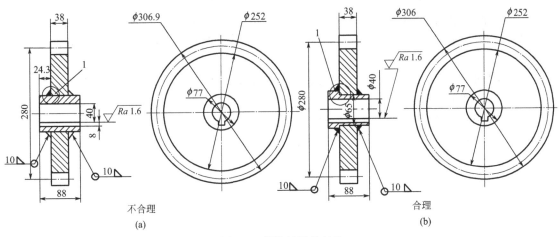

图 6-4　焊接轮子的结构

件的质量下降。

（2）改进结构设计特点

改为图 6-5 中"正确"处，即改辐条为弯曲形，当收缩时有退让余地，从而减少铸造应力。

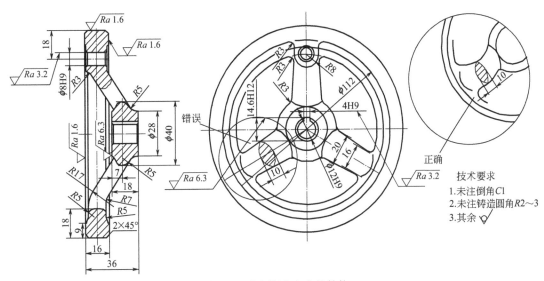

图 6-5　减少铸造应力的结构

（3）工艺性分析对比

进行铸造带轮结构设计时，应尽量避免铸造应力对带轮质量产生影响。

6.3　实例启示

1）本章列举的实例包括实体带轮、铸造带轮、焊接带轮、腹板式带轮及孔板式带轮等，均为典型的带轮结构。

带轮结构设计与工艺性分析时，涉及合理设计带轮的结构，带轮轮毂的加工以及大带轮与磨损修配等方面，进行带轮结构设计时应予以充分重视。

2）需要关注的其他事项。

① 拆卸带轮时常使用拉马（尤其是液压拉马）拉出，但总是将带轮的边缘部分拉碎。若在拉马的 3 个拉爪处垫上约 5mm 厚的长条铁片，使受力面积增加，可大大降低带轮破损的可能。

② 安装时应先用细纱布打磨一下带轮内径的毛刺，然后涂上一层薄薄的润滑脂，这样就比较容易将带轮安装到轴上。

③ 当给电动机轴伸出端安装带轮时，应将风罩卸下，将该侧轴顶在墙体上，然后再敲击带轮进入轴颈，否则很容易将电动机侧盖破坏或击碎。

第7章
轴承结构设计与工艺性

在各种机械设备或装置中，轴承均被广泛使用。轴承分为滚动轴承和滑动轴承两大类。

滚动轴承的优点：摩擦系数比滑动轴承小，功率损耗小，效率高；滚动轴承已经标准化，使用时可直接装配；滚动轴承轴向宽度比滑动轴承小，可使机器轴向机构紧凑；有些滚动轴承可同时承受轴向和径向载荷。

滚动轴承的缺点：承受冲击载荷能力差；运转不够平稳，有震动；不能剖分，只能轴向装配；径向尺寸比滑动轴承大。

滑动轴承的优点：工作可靠，平稳无噪声；可以承受较大的冲击载荷；使用周期长；适合高转速，检修方便。

滑动轴承的缺点：结构复杂；体积大；要求有较高的刮瓦、研瓦技术；检修时劳动强度大。

7.1 轴承装配结构设计要点及禁忌

7.1.1 滚动轴承

滚动轴承的基本结构通常由内圈、外圈、滚动体和保持架四部分组成；滚动轴承是标准组件，在确定了轴承的类型和型号以后，还必须正确地进行滚动轴承的组合结构设计，才能保证轴承的正常工作。

滚动轴承组合结构设计包括：

(1) 轴系支承端结构

① 为保证滚动轴承轴系能正常传递轴向力且不发生窜动，在轴上零件定位固定的基础上，必须合理地设计轴系支点的轴向固定结构。

② 当轴较长或工作温度较高时，轴的热膨胀收缩量较大，宜采用一端双向固定、一端游动的支点结构。

③ 要求能左右双向游动的轴，可采用两端游动的轴系结构。

(2) 轴承与相关零件的配合

轴承与轴或轴承座的配合目的是把内、外圈牢固地固定于轴和轴承座上，使之相互不发生有害的滑动。如配合面产生滑动，则会产生不正常的发热和磨损，以及因磨损产生粉末进入轴承内而引起早期损坏和振动等弊病，导致轴承不能充分发挥其功能。此外，轴承的配合可影响轴承的径向游隙，径向游隙不仅关系到轴承的运转精度，同时影响它的寿命。

（3）轴承座的刚度与同轴度

轴和轴承座必须有足够的刚度，以免因过大的变形使滚动体受力不均。因此轴承座孔壁应有足够的厚度，并常设置加强筋以增加刚度。此外，轴承座的悬臂应尽可能缩短。

（4）润滑与密封

滚动轴承的润滑主要是为了降低摩擦阻力和减轻磨损，同时也有吸振、冷却、防锈和密封等作用。合理的润滑对提高轴承性能，延长轴承的使用寿命有重要意义。为了充分发挥轴承的性能，要防止润滑剂中脂或油的泄漏，而且还要防止有害异物从外部侵入轴承内，因而有必要尽可能采用完全密封。

7.1.2 滑动轴承

滑动轴承的基本结构包括径向滑动轴承及止推滑动轴承。

滑动轴承是面接触的，所以接触面间要保持一定的油膜，因此设计时应注意以下几个问题。

① 要使油膜能顺利地进入摩擦表面。
② 油应从非承载面区进入轴承。
③ 不要使全环油槽开在轴承中部。
④ 油瓦、接缝处开油沟。
⑤ 要使油环给油充分可靠。
⑥ 加油孔不要被堵。
⑦ 不要形成油不流动区。
⑧ 防止出现切断油膜的锐边和棱角。

7.2 轴承装配结构设计与装配工艺性实例分析

7.2.1 滚动轴承装配结构常见错误及其改进

实例 7-1

（1）原设计实例及结构特点

图 7-1（a）所示的是用内圈定位圆锥滚子轴承，安装时压盖压紧圆锥滚子轴承的外座圈。齿轮减速器使用一段时间后，轴的温度升高，轴将受热伸长，造成圆锥滚子轴承的推力增加，减小了圆锥滚子轴承的间隙，使轴承得不到良好的润滑，轴承温升异常，阻力急剧增加，致使高速轴无法正常运行。

（2）改进后装配特点

改进后的结构如图 7-1（b）所示，是将轴承内座圈定位改为外座圈定位，在轴端用圆螺母将轴承内座圈压紧。当轴在工作一段时间后，温度升高，轴自然伸长，圆锥滚子轴承的间隙并不会因为轴的伸长而减小，反而增加了；轴承内圈座的位置可以自由调整，轴承没有附加载荷，保持高速轴的平稳运行。

（3）工艺性分析对比

当轴上使用圆锥滚子轴承时，要注意保持圆锥滚子轴承的间隙，这个间隙是用来进入润滑剂的，保持间隙就是保持轴承的润滑。

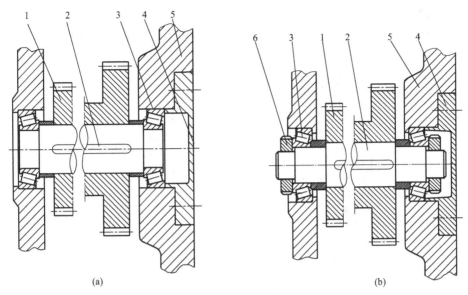

图 7-1　轴承定位结构

1—齿轮；2—高速轴；3—圆锥滚子轴承；4—压盖；5—机壳；6—圆螺母

实例 7-2

（1）原设计实例及装配结构特点

如图 7-2（a）所示，轴承受轴向和径向的双向载荷且都比较大，轴向力会使一个圆锥轴承轴向窜动而不能承受径向力。图示的轴向力会使左端的圆锥轴承窜动，而不能承受径向力，使右端的圆锥轴承发生承载超重，发生磨损。

（2）改进后装配特点

改为如图 7-2（b）所示结构，将左端的圆锥轴承换成圆柱滚子轴承，轴的结构尺寸也相应变化。此时轴向力压紧右端的圆锥轴承，同时左端的圆柱滚子轴承也不会发生窜动，轴向力和径向力都得到了很好的分布载荷。

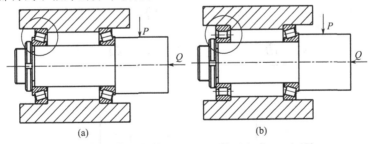

图 7-2　轴上圆锥轴承的安装

（3）工艺性分析对比

圆锥轴承因其结构特点，装配时常用于有轴向和径向双向载荷的轴上，但当径向载荷较大时，就不能使用一对圆锥轴承了，这是因为一对圆锥轴承不能承受较大的径向载荷。

实例 7-3

（1）原设计实例及装配结构特点

如图 7-3（a）所示，有法兰、螺母和轴肩等，结构设计过于复杂，不利于操作。

（2）改进后装配特点

若将其改为图 7-3（b），用弹性挡圈代替法兰、螺母和轴肩，则可简化零件的结构设计。

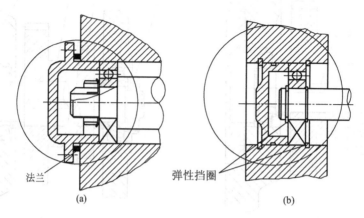

图 7-3　弹性挡圈代替法兰的结构

（3）工艺性分析对比

用弹性挡圈代替法兰与轴承关联，结构简化、操作方便。

实例 7-4

（1）原设计实例及装配结构特点

图 7-4（a）中的端盖不方便拆卸，费时费力，操作麻烦。

（2）改进后装配特点

可改为图 7-4（b）所示的结构，在端盖上设置两个拆卸螺孔。

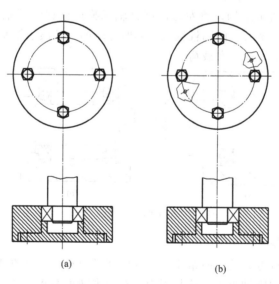

图 7-4　端盖的拆卸结构

（3）工艺性分析对比

轴承装配结构设计时应考虑结构上拆卸方便，省时省力，操作简单。

实例 7-5

（1）原设计实例及装配结构特点

如图 7-5（a）所示，轴承端盖为铸件，其螺钉孔的位置距离零件的边缘太近；没有拔模斜度，不利于安装和拆卸。

（2）改进后装配特点

改为图 7-5（b）则较为合理，螺钉孔的位置距离零件的边缘有一定的距离；在轴承端盖的透盖上设计密封圈；设计有一定的拔模斜度。

（3）工艺性分析对比

轴承端盖的主要作用并不是支撑，而是：①轴承外圈的轴向定位；②防尘和密封，除它本身可以防尘和密封外，还经常和密封件配合以达到密封的作用。

实例 7-6

（1）原设计实例及装配结构特点

如图 7-6（a）所示，轴承与轴配合处，轴肩过高，挡住了轴承内圈，不便于轴承的拆卸。

（2）改进后装配特点

改为图 7-6（b），降低了轴肩的高度，使外力能够通过敲击轴承内圈而将轴承拆卸下来。

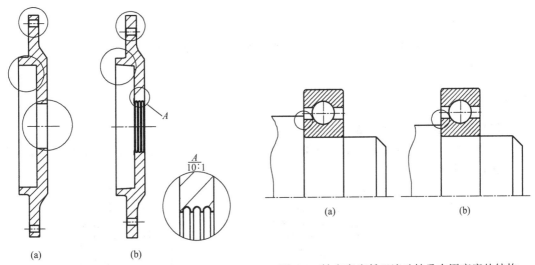

图 7-5　端盖的固定与密封结构　　　　　图 7-6　轴肩高度低于滚动轴承内圈高度的结构

（3）工艺性分析对比

滚动轴承在安装时轴承内圈通常需要和轴的表面采用过盈配合，因此在安装时轴承内圈和轴表面之间就有了很大的力，在拆卸的时候需要很大的外力才能拆下来，因此，轴肩高度应低于滚动轴承内圈的高度，应留有足够的拆卸空间。

实例 7-7

（1）原设计实例及装配结构特点

如图 7-7（a）所示，轴承润滑采用了迷宫密封，而迷宫密封的泄漏不可能为零。若变速箱采用迷宫密封，停止时轴处会有泄漏。

（2）改进后装配特点

改进后如图 7-7（b）所示，以挡油垫代替原来的迷宫环，并在垫的下面开油槽，箱体上加开回油孔，这样就会有效地阻止泄漏。

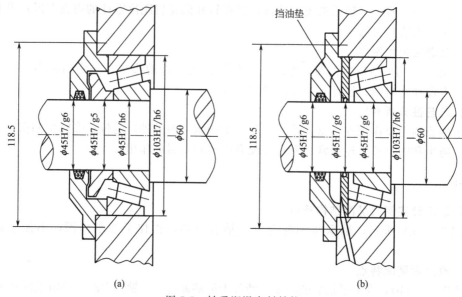

图 7-7　轴承润滑密封结构

（3）工艺性分析对比

轴承装配时最重要的一项就是考虑润滑问题，而润滑的选择与其润滑结构、密封性有密切的关系。

实例 7-8

（1）原设计实例及装配结构特点

如图 7-8（a）所示，轴承端盖受轴向力，轴承箱体与端盖结合面间出现间隙，并且螺纹为通孔，产生泄漏。

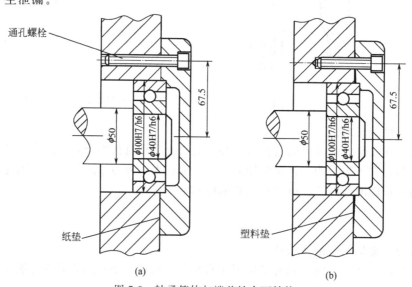

图 7-8　轴承箱体与端盖结合面结构

（2）改进后装配特点

改为图 7-8（b），螺纹孔为不通孔，纸垫改为塑料垫，端盖结合端面作为内锥面，保证了密封的可靠性。

（3）工艺性分析对比

轴承密封盖上有轴向作用力时，要注意密封的可靠性。

实例 7-9

（1）原设计实例及装配结构特点

轴承密封结构如图 7-9（a）所示，采用油沟镶入毛毡油封，密封效果不好，漏油严重，造成浪费，给生产带来很多不便。

（2）改进后滚动轴承装配特点

改进后如图 7-9（b）所示，采用骨架油封，密封效果较好。密封的装配工艺性也较为合理。

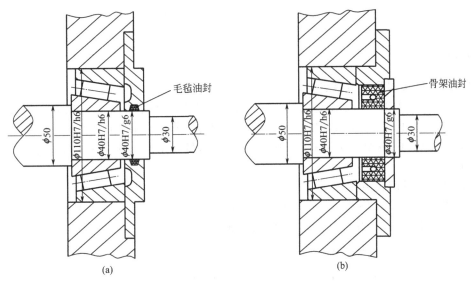

图 7-9　密封结构

（3）工艺性分析对比

采用油沟镶入毛毡油封，工作中漏油严重；采用骨架油封，密封效果较好。

实例 7-10

（1）原设计实例及装配结构特点

游艺机中设在垂直回转轴下部的滚动轴承，为了防止脱落采用了弹性挡圈固定，如图 7-10（a）所示。因轴承受的轴向力超过了挡圈所能承受的力，因而会变形脱落。

（2）改进后装配特点

改为如图 7-10（b）所示结构，即将弹性挡圈固定改为轴承盖固定，提高了承载力，可防止轴承脱落。

（3）工艺性分析对比

游艺机中设在垂直回转轴下部的滚动轴承采用轴承盖固定后，能承受较大的轴向力，且装配方便。

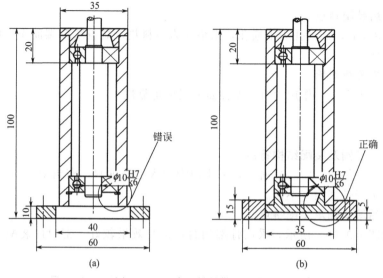

图 7-10 垂直回转轴承固定

实例 7-11

(1) 原设计实例及结构特点

图 7-11（a）为轴承与轴配合的结构，由于轴上与轴承配合的配合轴段和非配合轴段径向尺寸一致，又由于配合轴段和轴承配合是过盈配合，所以在轴装进轴承孔的时候，轴上非配合面会和轴承内孔接触，并且在拆卸的时候非配合轴段依然和轴承孔接触。这种情况会擦伤轴表面。

(2) 改进后装配特点

改为图 7-11（b），将轴的右端非配合轴段的径向尺寸设计为稍小于轴承配合面的尺寸，这样在安装和拆卸轴承的时候就不会擦伤轴表面。

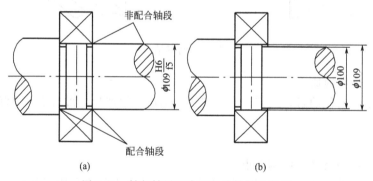

图 7-11 轴与轴承配合时过盈轴段的设计

(3) 工艺性分析对比

轴与轴承配合时应便于拆卸，如过盈轴段与非过盈轴段径向尺寸应有区别，以便于装卸。

实例 7-12

(1) 原设计实例及结构特点

图 7-12（a）为轴承、轴、端盖及箱体间的配合结构，可以看出，$\phi A > \phi B$，轴的轴肩

过高，不便于轴承的拆卸。

(2) 改进后装配特点

改为图 7-12 (b)，降低轴肩，使得 $\phi A < \phi B$，这样就解决了轴承不易拆卸的问题。

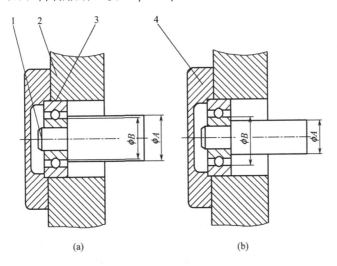

图 7-12　轴和轴承配合时轴肩的结构设计

(3) 工艺性分析对比

轴与轴承配合时，轴肩高度要小于轴承内环高度，以使轴承便于拆卸。

实例 7-13

(1) 原设计实例及结构特点

图 7-13 (a) 为滚动轴承、轴、端盖及箱体间的配合。轴承安装不产生干涉的条件是轴承的圆角半径必须要大于轴的圆角半径，以保证轴承的安装精度和工作质量；当轴承圆角比较小时，则相应减小轴部圆角，此时应力集中会增大。

(2) 改进后装配特点

改为图 7-13 (b)，在轴肩圆角位置安装间隔环 [局部视图如图 7-13 (b) 中放大图 B]，这样就解决了应力集中问题。

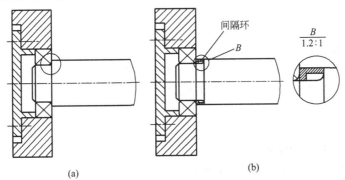

图 7-13　避免装配时产生应力集中的结构

(3) 工艺性分析对比

滚动轴承与轴配合时，轴承的安装不应产生干涉，以保证轴承的安装精度和工作质量；

当轴承圆角比较小时，为了避免装配时的应力集中，可以在轴肩圆角位置安装间隔环，以解决应力集中问题。

实例 7-14

（1）原设计实例及结构特点

图 7-14（a）为轴承、轴、轴套间的配合，配合部分尺寸过长，使装配的接触面过长；另外，装配时容易损坏轴，影响传动。

（2）改进后装配特点

若改为图 7-14（b），轴与轴套配合，配合的部分做成非配合面，这样就减小了配合的长度，装配和运转时轴不易被损坏。

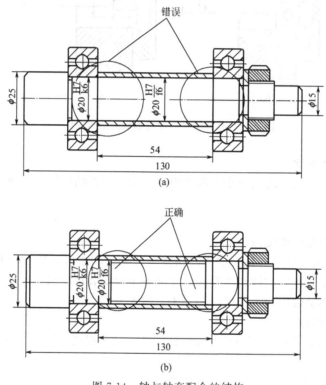

图 7-14　轴与轴套配合的结构

（3）工艺性分析对比

轴与轴套配合部分应适当。如装配过程中为了减少不必要的配合、方便轴承的安装和拆卸，可以将轴做成非配合面，减少不必要的配合长度。

实例 7-15

（1）原设计实例及结构特点

图 7-15（a）为轻型传动带托辊，滚珠轴承 2 装配在其中，支撑架安装在两端机架的圆孔内，并用开口销轴向定位；但是仅采用开口销定位，不能有效地防止轴沿轴向窜动。由于传动带上的载荷常有变化，甚至偏载，在运行中传动带经常对托辊施加交变的轴向力，使托辊在绕轴旋转的同时有左右窜动，造成轴承工况条件恶劣，轴衬迅速损坏。该组件的定位不好，容易致使轴承损坏。

（2）改进后装配特点

改为图 7-15（b），即在轴两端分别加工出平面，与托辊组装好后，嵌入两端架的开口槽中将轴卡住。改进后托辊轴不再窜动，轴承的损坏大大减小。

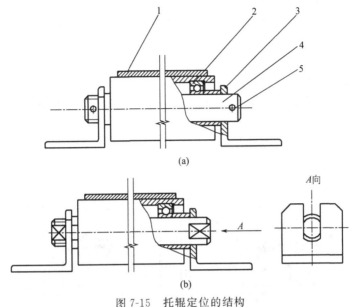

图 7-15 托辊定位的结构

1—传动带；2—滚珠轴承；3—机架；4—托辊轴；5—开口销

（3）工艺性分析对比

传动带上的载荷常有变化，甚至偏载，在运行中传动带经常对托辊施加交变的轴向力，使托辊在绕轴旋转的同时产生左右窜动，开口销轴向定位不能有效地防止轴沿轴向窜动。为了避免轴承工况条件恶劣，在轴两端分别加工出平面，与托辊组装好后，嵌入两端架的开口槽中将轴卡住。这样，托辊轴不再窜动，避免轴承的损坏，组件定位合理。

7.2.2 滑动轴承装配结构常见错误及其改进

实例 7-16

（1）原设计实例及装配结构特点

滑动轴承中螺栓连接轴承座和轴承盖，如图 7-16（a）所示，因螺栓太靠近箱体，装拆不便。

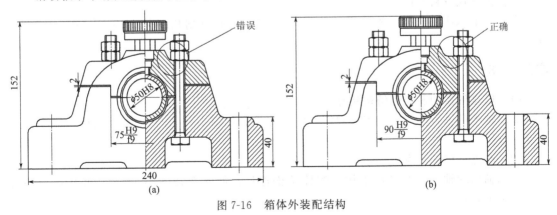

图 7-16 箱体外装配结构

（2）改进后装配特点

滑动轴承中螺栓连接轴承座和轴承盖，如图 7-16（b）所示，螺栓离中心稍远、留出扳手的空间。

（3）工艺性分析对比

当扳手活动空间不足时，螺母的拧紧和松动会很困难，且影响轴承的装拆。

实例 7-17

（1）原设计实例及装配结构特点

滑动轴承座的底座安装孔是圆孔，如图 7-17（a）所示，安装后轴承不能有微小的移动。

（2）改进后装配特点

改为图 7-17（b），将圆孔改成圆头长孔。

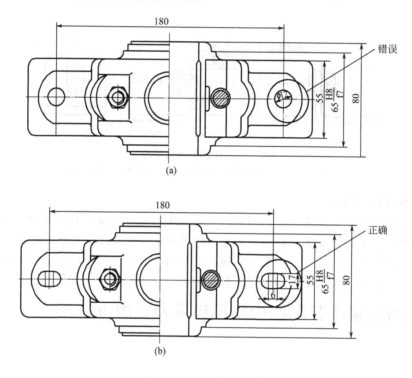

图 7-17 滑动轴承座安装孔

（3）工艺性分析对比

当滑动轴承座的底座安装孔是圆头长孔时，螺栓可以在扁孔内有微小的移动空间，调整方便。

实例 7-18

（1）原设计实例及装配结构特点

滑动轴承的轴承座与轴承盖用双螺栓防松连接，如图 7-18（a）所示，上面一个采用扁螺母，防松效果不好。

（2）改进后装配特点

滑动轴承的轴承座与轴承盖用双螺栓防松连接，如图 7-18（b）所示，使用两个厚螺母，改善了防松效果。

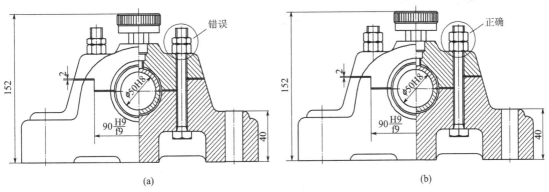

图 7-18　双螺母防松结构

(3) 工艺性分析对比

采用双螺母防松时，扁螺母不及厚螺母结构防松效果好。

实例 7-19

(1) 原设计实例及装配结构特点

滑动轴承的轴承盖与轴承座安装结构如图 7-19（a）所示，轴承座与轴承盖安装面水平贴在一起，结构不稳。

(2) 改进后装配特点

滑动轴承的轴承盖与轴承座安装结构如图 7-19（b）所示，轴承盖与轴承座连接部分错开，不在一个水平面内，结构稳定。

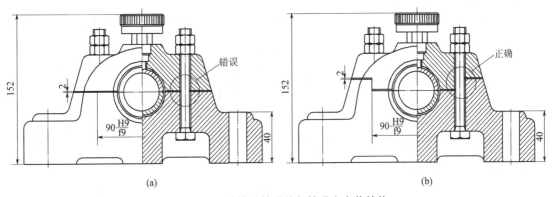

图 7-19　滑动轴承轴承盖与轴承座安装结构

(3) 工艺性分析对比

滑动轴承的轴承盖与轴承座安装，当水平面贴在一起时螺栓容易产生微小的移动，造成轴承座与轴承盖的安装不固定或发生移动，容易损坏螺栓和箱体内的零件；当轴承盖与轴承座连接部分错开，即不在一个水平面内时，装配结构稳定。

实例 7-20

(1) 原设计实例及结构特点

图 7-20（a）为滑动轴承轴瓦的轴向固定，为了防止轴瓦的转动，在轴承座和轴瓦的接触面上安装了定位销，这种结构不合理，会使轴瓦的取出变得困难。

（2）改进后装配特点

改为图 7-20（b），在轴承座的上盖上安装定位螺栓，这样既能定位轴瓦的周向转动，又可以在轴不移动的情况下方便地从轴下面取出轴瓦。

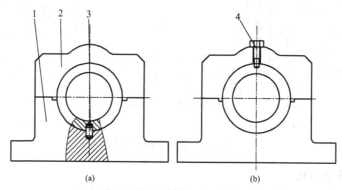

图 7-20　滑动轴承轴瓦的轴向固定结构

1—轴承座；2—轴承座上盖；3—定位销；4—定位螺钉

（3）工艺性分析对比

若在轴承座和轴瓦的接触面下方安装定位销，将会使轴瓦的取出变得困难；当在轴承座的上盖上安装定位螺栓时，既能定位轴瓦的周向转动，又可以在轴不移动的情况下方便地从轴下面取出轴瓦。

实例 7-21

（1）原设计实例及结构特点

如图 7-21（a）所示的滑动轴承，轴瓦上的油孔，安装时如反转 180°装上轴瓦，则油孔

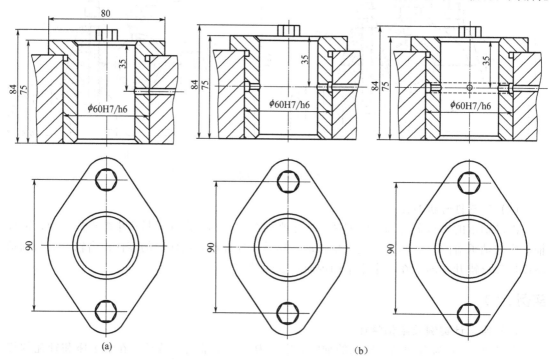

图 7-21　避免轴瓦安装时油孔不通的结构

不通，会造成事故。

（2）改进后装配特点

改为图 7-21（b），在对称位置再开一个油孔或再加一个油槽，则可避免由错误安装引起的事故，工艺性也更好。

（3）工艺性分析对比

滑动轴承应合理设计轴瓦结构，以避免安装时产生油路不通。如为了避免错误安装而引起的事故，可以在对称位置设置两个油孔或油槽。

7.3 实例启示

1）通过对常用的滚动轴承和滑动轴承组合结构设计进行分析可以发现其装配与工艺性诸多问题。

① 轴承是常见的可拆卸连接与装配件。轴承与轴的配合是机械产品最常用的连接方式，当轴与轴承配合时其结构应便于拆卸。

② 轴承安装在轴上作为支承部件时，相应轴的部位是主要表面。此时，轴表面粗糙度数值要求较低，加工精度要求较高，除直径精度要求外还有圆度、圆柱度、同轴度及垂直度等方面的要求。

③ 轴承与箱体配合时，箱体上有精度要求较高的孔和平面。这些孔大都是轴承的支承孔，平面大都是装配的基准面，它们在尺寸精度、表面粗糙度、形状和位置精度等方面都有较高要求，其加工精度将直接影响箱体的装配精度及使用性能。

④ 轴承端部装配时，其组合结构、形式也应便于装配与调整，如轴承端盖应该有合理的设计。

⑤ 当滚动轴承与轴配合时，轴肩的高度应低于滚动轴承内圈的高度；当滑动轴承定位时，贴合处应有合理的装配结构。

2）需要关注的其他事项：

① 安装过程应尽可能在干净无尘的空间中进行。灰尘和碎屑会影响轴承的内部游隙和对轴或轴承精确的配合。微小的灰尘可以影响外圈外径，甚至会使紧密的配合产生缝隙。这将导致轴承的外圈可以在一个不圆的空间转动。轴上的灰尘会造成轴与密封元件接触部位的磨损而导致润滑剂泄漏。灰尘混合润滑剂，会形成一个研磨混合物，导致轴承磨损。

② 新的轴承不到安装的时候，不要把它原有的包装拆掉。新的轴承彻底涂上了化合物防锈涂层，隔绝了空气和水分。当使用合成油和合成润滑脂时，保护层化合物必须被清除；然而，随着合成烃类油和油脂的使用，复合涂层没有必要被清除。

③ 应注意紧握轴承不要让轴承掉落。轴承不应该暴露在可能导致冷凝的易变的温度环境下。

通过前面实例的分析可知，为了使轴承正常工作，其组合件的结构设计与装配至关重要。

第8章
箱体结构设计与工艺性

箱体的主要功能包括：①支承并包容各种传动零件，如齿轮、轴、轴承等，使它们能够保持正常的运动关系和运动精度。箱体还可以储存润滑剂，实现各种运动零件的润滑。②安全保护和密封作用使箱体内的零件不受外界环境的影响，保护机器操作者的人身安全，并有一定的隔振、隔热和隔音作用。③改善机器造型，协调机器各部分比例，使整机造型美观。

8.1 箱体结构设计要点及禁忌

选择箱体毛坯时，应考虑在满足零件使用性能的前提下易于制造，使零件的加工时间最短，生产成本最低。

按照毛坯的制造方法不同，箱体分为铸造箱体和焊接箱体两大类，大多数箱体选用铸造方法，个别情况采用焊接方法。

箱体零件具有以下结构特点：

① 形状复杂。箱体作为装配的基础件，其上安装的零件或部件愈多其箱体的形状愈复杂，因为安装时要有定位面、定位孔，还要有固定用的螺栓（钉）孔等；为了支撑零部件需要有足够的刚度，采用较复杂的截面形状和加强筋等；为了储存润滑油需要具有一定形状的空腔，还要有观察孔、放油孔等；考虑吊装、搬运还必须做出吊钩、凸耳等。

② 体积较大。箱体内要安装和容纳有关的零部件，因此必然要求箱体有足够大的体积。

③ 壁薄容易变形。箱体体积大、形状复杂、又要求减少质量，所以大都设计成腔形薄壁结构。但是在铸造、焊接和切削加工过程中往往会产生较大内应力而引起箱体变形。即使在搬运过程中，由于方法不当也容易引起箱体变形。

④ 有精度要求较高的孔和平面。这些孔大都是轴承的支承孔，平面大都是装配的基准面，它们在尺寸精度、表面粗糙度、形状和位置精度等方面都有较高要求；其加工精度将直接影响箱体的装配精度及使用性能。

箱体结构设计时要重视以下技术要求，避免出现质量问题：

1）孔径精度。孔径的尺寸误差和几何形状误差会造成轴承与孔的配合不良。孔径过大、配合过松时，主轴回转轴线不稳定并降低支承刚度、易产生振动和噪声；孔径过小、配合过紧时，轴承将因外圈变形而不能正常运转、缩短寿命。安装轴承的孔不圆时，也使轴承外圈变形而引起主轴径向跳动。

2）孔与孔的位置精度。同一轴线上各孔的同轴度误差和孔端面对轴线垂直度误差，会使轴和轴承装配到箱体内出现歪斜，从而造成主轴径向跳动和轴向窜动，也加剧了轴承磨损。孔系之间的平行度误差会影响齿轮的啮合质量。

3）孔和平面的位置精度。一般都要规定主要孔和主轴箱安装基面的平行度要求，它们决定了主轴和床身导轨的相互位置关系。该项精度是在总装配时通过刮研来达到的，为了减少刮研工作量一般都要规定主轴轴线对安装基面的平行度公差。

4）表面粗糙度。重要孔和主要平面的粗糙度会影响连接面的配合性质或接触刚度。

8.2 箱体结构设计与工艺性实例分析

箱体类零件是机器或箱体部件的基础件，它将机器或箱体部件中的轴、轴承、套和齿轮等零件按一定的相互位置关系装配在一起。

箱体可以按照功能或结构分为传动箱体、泵体和阀体、支架箱体等。

① 传动箱体，如减速器、汽车变速箱及机床主轴箱等的箱体，主要功能是包容和支承各传动件及其支承零件，这类箱体要求有密封性、强度和刚度。

② 泵体和阀体，如齿轮泵的泵体，各种液压阀的阀体，主要功能是改变液体流动方向、流量大小或改变液体压力。这类箱体除有对前一类箱体的要求外，还要求能承受箱体内液体的压力。

③ 支架箱体，如机床的支座、立柱等箱体零件，要求有一定的强度、刚度和精度，这类箱体设计时要特别注意刚度和外观造型。

箱体类零件的加工质量，不但直接影响箱体的装配精度和运动精度，而且还会影响机器的工作精度、使用性能和寿命。

8.2.1 铸造箱体结构常见错误及其改进

常见铸造箱体为铸铁件，有时也用铸钢、铸铝、铸铝合金和铸铜等。铸铁件能够满足大多数箱体类零件的使用性能且具有经济性。铸铁具有较高的抗压强度，良好的减振作用，能够很好地满足箱体零件的使用要求；而且铸铁还具有良好的切削加工性、成本低等特点，又满足了零件的经济性要求。所以箱体类零件首选铸铁件，如汽车、拖拉机制造工业中的变速箱、气缸及气缸盖，及通用机械工业中的泵体、机座及缸座等；对于某些要求重量轻、导热性能好的箱体类零件可以选择铸铝合金，如飞机发动机箱体、摩托车气缸体等；对于某些受力复杂而振动不是主要矛盾的重型机器箱体选用铸钢件。

实例 8-1

(1) **原设计实例及结构特点**

图 8-1 （a）是一个泵体的零件图，局部壁厚太小；转弯处是直角。

(2) **改进结构设计特点**

改为图 8-1 （b），壁厚合理，转弯处是圆角。

(3) **工艺性分析对比**

按使用要求设计的箱体，其壁厚是不可能完全相同的，但要求相差不要太大，若壁厚相差太大，在壁较厚处会形成金属积聚的热节，凝固收缩时易形成缩孔缩松等缺陷，此外由于冷却速度不一样，箱体各部分不能同时凝固，将产生热应力，有可能使箱体厚壁与薄壁连接处产生裂纹。为消除这些缺陷，设计箱体结构时，应使壁厚尽可能均匀。为保证壁厚均匀，可考虑采用增减加工余量的大小加以调整，有些铸造箱体为保证同时凝固，还可以在某些部位适当加厚。

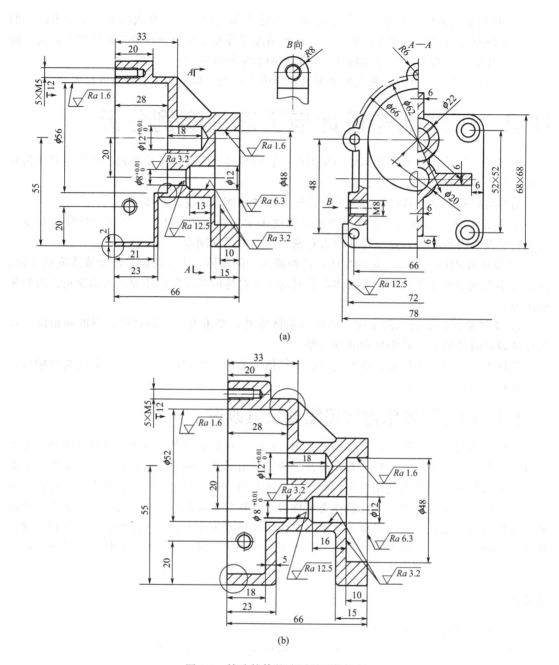

图 8-1　铸造箱体的壁厚尽可能均匀

实例 8-2

（1）原设计实例及结构特点

如图 8-2（a）所示箱体的箱盖，箱盖由于壁厚不均匀而会产生缩孔和裂纹；箱盖边缘与地面连接处的铸造斜度，会导致其与连接螺栓接触时有一定角度，不利于安装的稳定性。

（2）改进结构设计特点

若改为图 8-2（b），将孔径中部适当加大；将孔的边缘增设沉台。

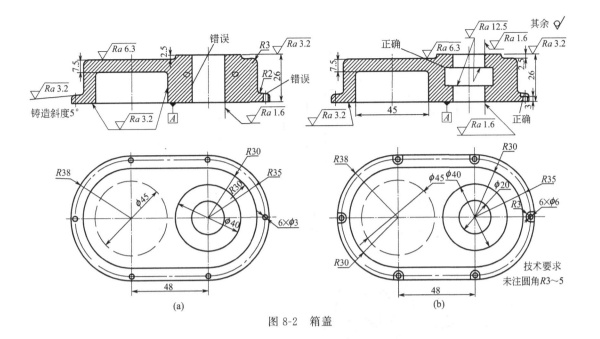

图 8-2 箱盖

（3）工艺性分析对比

将孔径中部适当加大后壁厚较为均匀，可避免产生缩孔和裂纹等缺陷；将孔的边缘增设沉台后避免了安装的不稳定。

实例 8-3

（1）原设计实例及结构特点

图 8-3（a）是某阀体的零件图，其螺纹公称尺寸为非标准值；在箱体底板上钻孔时孔与

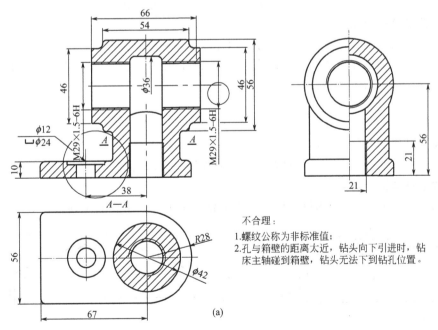

不合理：
1. 螺纹公称为非标准值；
2. 孔与箱壁的距离太近，钻头向下引进时，钻床主轴碰到箱壁，钻头无法下到钻孔位置。

图 8-3

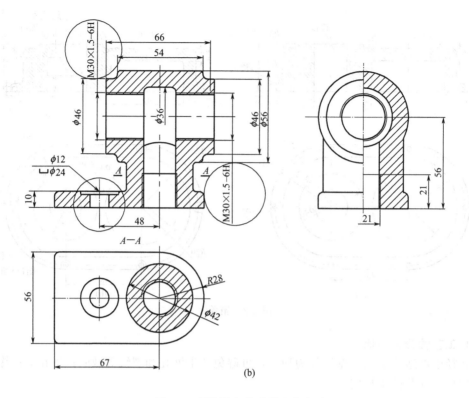

图 8-3　阀体孔与箱壁距离的表示

箱壁的距离太近。

（2）改进结构设计特点

若改为图 8-3（b），螺纹公称尺寸为标准值，增大了孔与箱壁的距离。

（3）工艺性分析对比

箱体上螺孔的公称直径和螺距应取标准值才能使用标准丝锥和板牙加工，也利于标准螺纹量规进行检验。如果在箱体底板上钻孔时孔与箱壁的距离太近，钻头向下引进时钻床主轴会碰到箱壁、钻头无法下到钻孔位置。

实例 8-4

（1）原设计实例及结构特点

如图 8-4（a）所示铸造箱体的箱盖，上平面为水平面，面积较大。

（2）改进结构设计特点

改为图 8-4（b），上平面为圆锥面，减小了较大水平面；采用斜平面，便于金属中夹杂

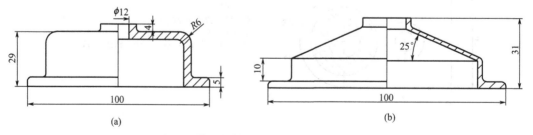

图 8-4　铸造箱体应避免过大的水平面（1）

物和气体上浮排除，并可减少内应力。

（3）工艺性分析对比

箱体应避免过大的水平面。浇注时，若箱体上有过大的水平面，则不利于金属液充填而产生浇不到、夹砂等缺陷。过大的水平面也容易使金属液所夹带的杂质和气体滞留而造成夹渣、气孔和砂眼。

实例 8-5

（1）原设计实例及结构特点

如图 8-5（a）所示铸造箱体的箱盖，水平面过大；壁厚相差太大。箱体应避免过大的浇铸水平面。

（2）改进结构设计特点

改为如图 8-5（b）所示结构，即将水平面改为倾斜的；孔径中部适当加大。

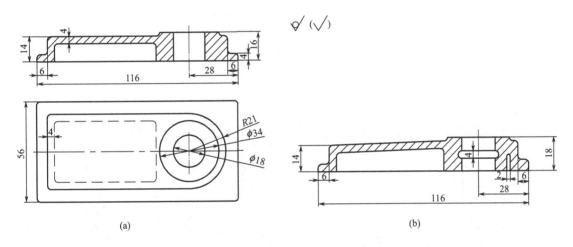

(a)   (b)

图 8-5　铸造箱体应避免过大的水平面（2）

（3）工艺性分析对比

将水平面改为倾斜、孔径中部适当加大后会使壁厚较均匀，故可以避免产生缩孔、裂纹等缺陷。

实例 8-6

（1）原设计实例及结构特点

如图 8-6（a）所示箱式铸造座体，对于座体零件，其中孔的两端装有轴承，与轴承接触的圆面粗糙度要求较高。座体孔设计成等径通孔，底平面处加大了加工面积；其零件结构刚性较差，加工时易产生振动和变形，缺少加强筋。

（2）改进结构设计特点

改为如图 8-6（b）所示结构，将孔中部孔径加大、底平面中部呈凹状的平面、增设加强筋。

（3）工艺性分析对比

座体孔的中部孔径加大后，可以提高轴承接触圆面的加工精度；座体的底平面设计成中部呈凹状的平面，既可以减少加工面积又保证工作时的可靠接触。

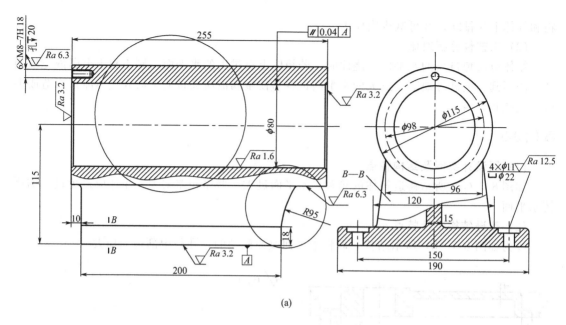

(a)

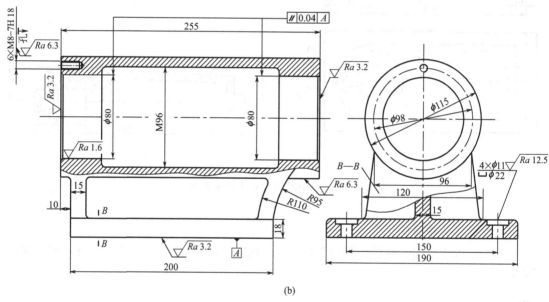

(b)

图 8-6　铸造座体应避免过大的底面

实例 8-7

（1）原设计实例及结构特点

如图 8-7（a）所示铸造箱体，铸造箱体的内部设筋，具有框架形内腔和结构，冷却时不能自由收缩，容易产生裂纹。

（2）改进结构设计特点

若改为图 8-7（b），内部无筋，可避免产生过大拉应力和热裂纹。

（3）工艺性分析对比

铸造箱体在冷却时应能自由收缩。铸造箱体在冷凝时有一定量的收缩，如果最后的部分不能自由收缩，则会在该处产生拉应力，导致变形和热裂缺陷。

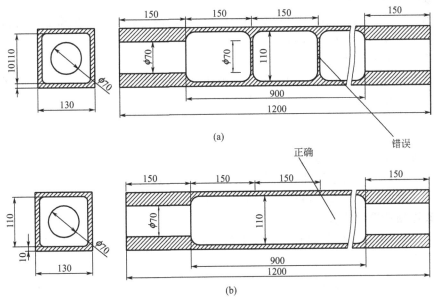

图 8-7　内部有筋、具有框架形内腔的结构

实例 8-8

（1）原设计实例及结构特点

如图 8-8（a）所示铸造箱体，内腔的边缘在箱体内部，铸造时需要使用型芯，而且加工箱体内的孔比较复杂。

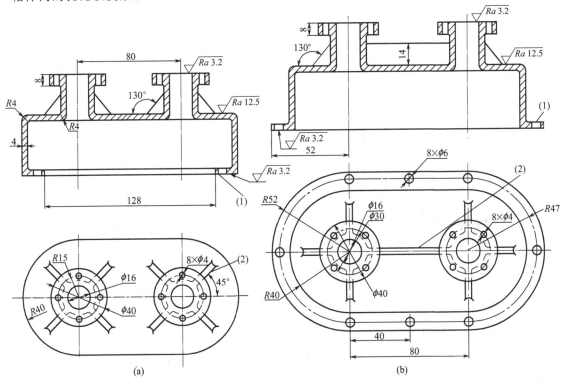

图 8-8　采用型芯的箱体

（2）改进结构设计特点

改为图8-8（b），将内腔的边缘改为箱体外边缘，铸造时不再采用型芯，铸造方便，在加工孔时，不需要多次更换装夹位置。

（3）工艺性分析对比

在箱体上合理地设置筋板有利于分型，否则会对箱体铸造的分型造成一定困难，不利于保证铸件质量。箱体铸造时应尽量不使用型芯。

实例 8-9

（1）原设计实例及结构特点

如图8-9（a）所示铸造箱体，凸台分开布置，在铸造时对造模拔模带来不便，凸台分开不利于造型；壁厚相差太大，铸造时不利于金属液流动。

（2）改进结构设计特点

改为图8-9（b），两凸台连在一起便于造模拔模，可以采用简单的模型造型；尽量使壁厚均匀，便于铸造和冷凝。

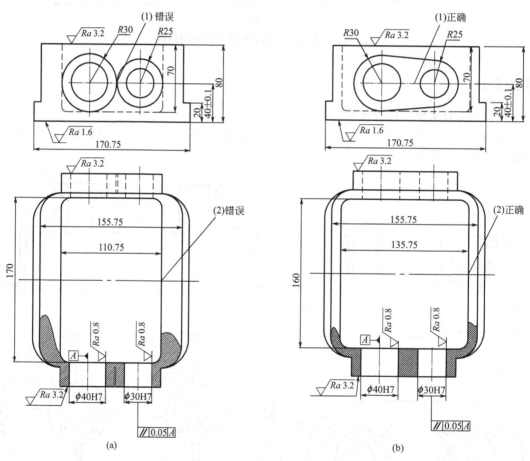

图 8-9　凸台设置利于造型的结构

（3）工艺性分析对比

凸台设置应利于造型。两凸台连在一起，便于采用简单的模型造型；壁厚均匀，便于铸造和冷凝。

实例 8-10

(1) 原设计实例及结构特点

如图 8-10 所示铸造箱体，局部放大图（a）的突出部分没有与上端面壁的边缘成一体，不利于造型，容易掉砂。

(2) 改进结构设计特点

改为图 8-10（b），将突出圆台与壁的边缘设计成一体，便于造型。

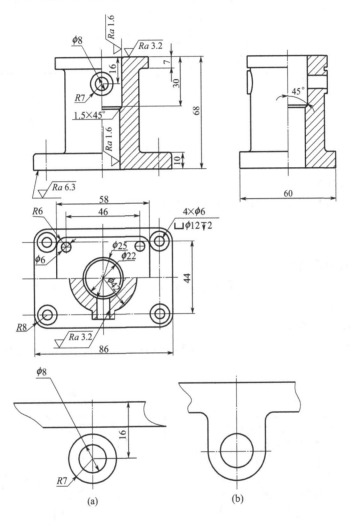

图 8-10　凸台设置利于造型的结构

(3) 工艺性分析对比

将突出部分与壁的边缘设计成一体后，便于造型、有利于提高铸造箱体质量。

实例 8-11

(1) 原设计实例及结构特点

如图 8-11（a）所示铸造箱体的上盖，右边为一圆斜面，上面孔是倾斜孔，加工不易定位，加工时需要二次装夹。

（2）改进结构设计特点

将箱体上盖圆面改为平面，同时上表面的倾斜孔改为平面，如图 8-11（b）所示，一次装夹即可完成加工。

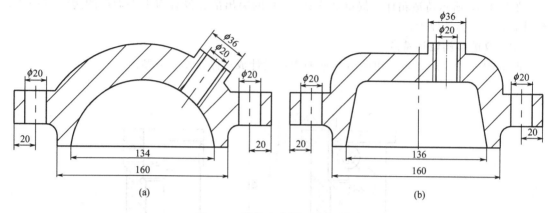

图 8-11　箱体上盖圆面改为平面

（3）工艺性分析对比

箱体加工时，应尽量减少定位不便及切削行程。

实例 8-12

（1）原设计实例及结构特点

如图 8-12（a）所示箱体，箱体右上斜面孔需要精车，在加工其他面之后需要再次装夹、完成斜面定位、车削。

（2）改进结构设计特点

改进后的结构如图 8-12（b）所示，即将箱体右上斜面改为平面，这样不用二次装夹即可完成。

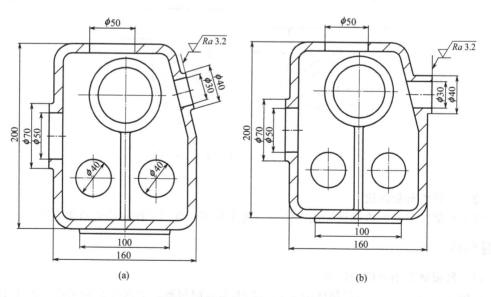

图 8-12　箱体右上斜面改为平面

机械零部件结构设计实例与
装配工艺性（第二版）

（3）工艺性分析对比

箱体加工时，应尽量减少定位不便及切削行程。

实例 8-13

（1）原设计实例及结构特点

如图 8-13（a）所示箱体，结构中的斜面加工时定位不便，需要二次装夹。

（2）改进结构设计特点

如果将该斜面改为平面，即如图 8-13（b）所示，这样一次装夹即可完成。

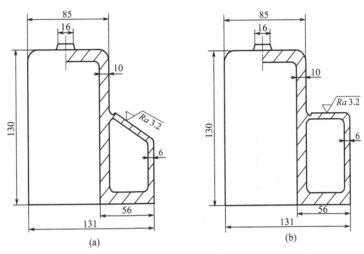

图 8-13　斜面改为平面

（3）工艺性分析对比

为了装夹方便，尽可能地将斜面改为平面加工。

实例 8-14

（1）原设计实例及结构特点

如图 8-14（a）所示的箱体，结构中同一方向的加工面，高度尺寸相差不大，高低不同，加工不便。

（2）改进结构设计特点

改为图 8-14（b）所示的结构，将同一方向高度尺寸相差不大、高低不同的加工面设计

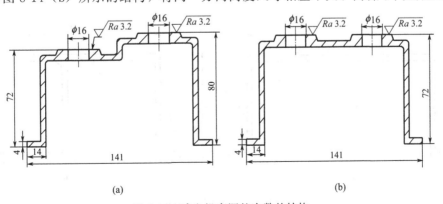

图 8-14　减少机床调整次数的结构

为同一平面，这样可以减少机床调整次数。

（3）工艺性分析对比

尽量采用减少机床调整次数的结构，如将同一方向高度尺寸相差不大、高低不同的加工面设计为同一平面。

实例 8-15

（1）原设计实例及结构特点

如图 8-15（a）所示箱体，箱体的底面要安装在机座上，需加工底面，但由于需要加工的底面较长，加工量大且浪费材料。

（2）改进结构设计特点

改为图 8-15（b）所示的结构，即将箱体底面（即大平面）的中间部分结构改为不加工，则可以减少加工量，节约材料。

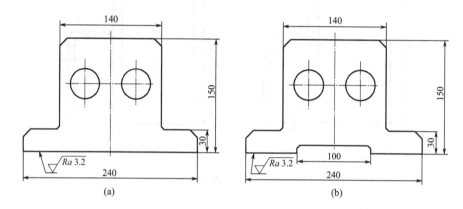

图 8-15　减少加工量的箱体底面

（3）工艺性分析对比

对于安装在机座上的箱体底面，应尽量减少加工量，既节约材料又提高加工效率。

实例 8-16

（1）原设计实例及结构特点

如图 8-16（a）所示箱体，箱体的上表面需要精车，但由于零件壁较薄，在切削力的作用下，易造成工件变形。

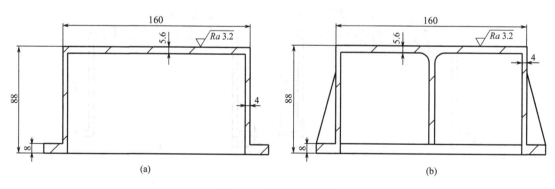

图 8-16　单薄件的结构

（2）改进结构设计特点

改为图 8-16（b）所示结构，即通过增加肋板提高其刚度，便可以采用较大切深和进给量加工，提高生产率。

（3）工艺性分析对比

对于单薄箱体的设计，应考虑其结构及切削力对刚度的影响，如适当地增加肋板提高其刚度。

实例 8-17

（1）原设计实例及结构特点

如图 8-17（a）所示箱体，刨削薄壁箱体时无固定肋，切削力或者夹紧力过大时，容易产生变形。

（2）改进结构设计特点

改为如图 8-17（b）所示结构，设置加强肋板，则可以增加零件的刚度，保证零件的可靠性。

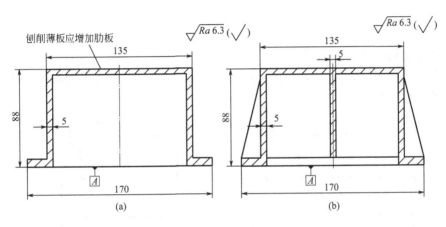

图 8-17 薄壁箱体的结构

（3）工艺性分析对比

对于薄壁箱体，应考虑切削力（如刨削力）或者夹紧力过大时零件可能产生的变形。

实例 8-18

（1）原设计实例及结构特点

如图 8-18（a）所示箱体，加工面为上平面，刨削加工时不便于装夹。

（2）改进结构设计特点

改为如图 8-18（b）所示结构，在两侧铸造出工艺凸台，则容易装夹，便于加工。

（3）工艺性分析对比

对于刨削加工装夹不便的情况，可以考虑先设计出工艺凸台再进行加工。

实例 8-19

（1）原设计实例及结构特点

如图 8-19（a）所示箱体，加工表面与不加工表面没有明显界限，尤其是距离小于加工误差时，磨削加工难度大。

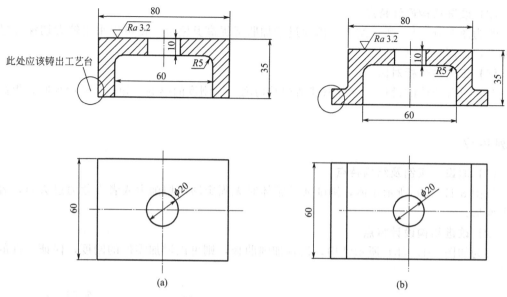

图 8-18　加工上平面的结构

（2）改进结构设计特点

改为图 8-19（b）所示结构，将加工表面与非加工表面设计出明显界限，且距离大于加工误差，此时便于磨削加工。

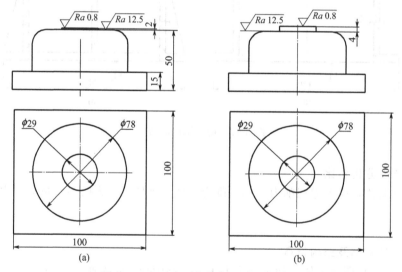

图 8-19　加工表面与非加工表面的结构

（3）工艺性分析对比

需要磨削加工时，加工面与非加工面之间应有明显界限；并且，它们之间的距离应大于加工误差。

实例 8-20

（1）原设计实例及结构特点

如图 8-20（a）所示箱体，零件的磨削加工面积过大，不宜对大端面零件进行加工；大零件在进行内表面磨削时加工难度大。

（2）改进结构设计特点

改为图 8-20（b）所示结构，在端面铸出凸台，则可以避免大端面的加工，减少加工面积；另外，将内表面加工处设计成组合结构，用外表面加工取代内表面加工，则可以降低加工难度。

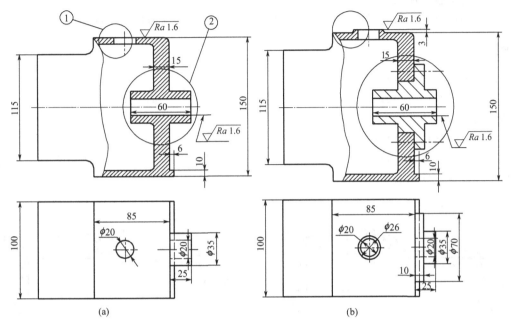

图 8-20　避免大端面及内表面加工的结构

（3）工艺性分析对比

为了避免大端面及内表面的磨削加工，对于大平面磨削可以考虑设置凸台结构，对于内表面可以考虑用外表面加工取代。

实例 8-21

（1）原设计实例及结构特点

如图 8-21（a）所示箱体，底面磨削面积过大，加工效率降低；不能顺利进行锥面磨削。

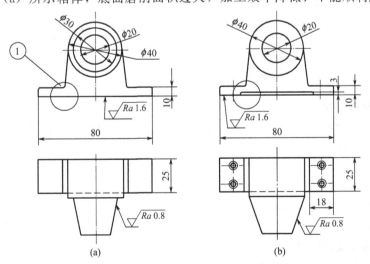

图 8-21　底面改成台阶面的结构

（2）改进结构设计特点

改为图 8-21（b），即改成台阶面后，则可以减少加工面积；加工锥面不受其他面影响，利于加工。

（3）工艺性分析对比

当底面磨削面积过大时，不仅加工效率降低而且不能顺利地进行锥面磨削。

实例 8-22

（1）原设计实例及结构特点

如图 8-22（a）所示箱体，在浇注时因金属液的烘烤，平面的砂型易"起皮"而产生夹砂缺陷。

（2）改进结构设计特点

改为图 8-22（b），则比较合理，增设肋后不易"起皮"，不易产生夹砂缺陷，这种肋也有利于合金液充满平面。

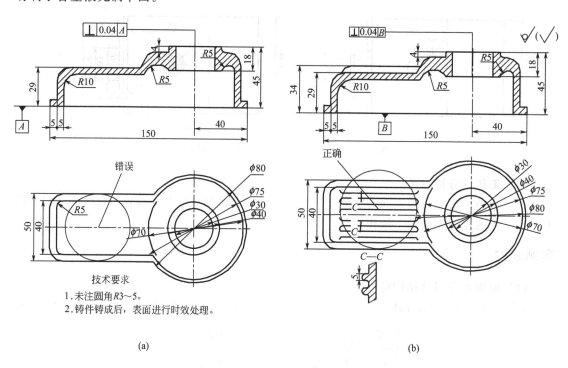

图 8-22　肋的结构

（3）工艺性分析对比

平面的砂型易"起皮"产生夹砂缺陷；增设肋后不易"起皮"，有利于合金液充满平面。可以应用肋提高铸件质量。

实例 8-23

（1）原设计实例及结构特点

图 8-23（a）所示箱体，结构中的加强筋设计不合理，不利于起模，铸件的质量不高。

（2）改进结构设计特点

若将其改为图 8-23（b），则加强筋设计合理，有利于提高铸件的质量。

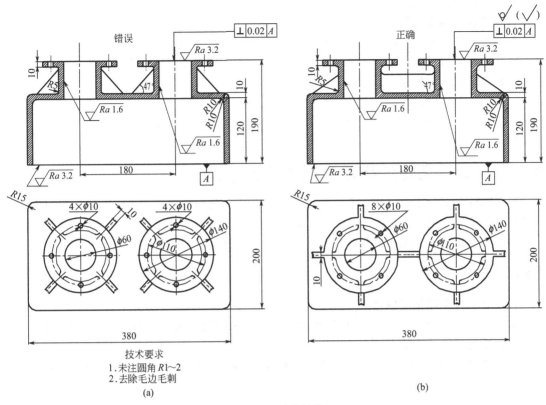

图 8-23 肋的结构

（3）工艺性分析对比

设计加强筋时应首先考虑铸件加工的可能性，如是否便于起模，还应保证铸件的质量。

实例 8-24

（1）原设计实例及结构特点

如图 8-24（a）所示两表面配合时的配合面应精确加工，图示所需的精加工长度太长，

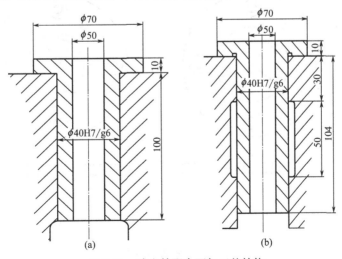

图 8-24 减少精配合面加工的结构

加工难度大，装配也较困难。

（2）改进结构设计特点

改为图 8-24（b）所示结构，减小了配合面的长度和加工长度，使加工与装配工艺性更好。这样，不仅减少了加工难度和工作量，还能保证配合件稳定、可靠，配合效果更好。

（3）工艺性分析对比

机械加工中精度越高加工越困难，装配也是如此，装配精度要求越高，装配工作也就越困难。所以在不影响装配精度以及工作要求的前提下，应尽量减少精配合面的加工长度，减少精配合面的装配长度。

8.2.2　焊接箱体结构常见错误及其改进

对于单件小批量生产的箱体类零件常用焊接结构，其材料常选用焊接性能好的钢板、角钢及槽钢等低碳钢材；尺寸大、无复杂曲面的箱体类零件也常选用焊接方法加工。在不影响使用性能的前提下，若采用以焊接代替铸造则能节省材料、减轻自重。

实例 8-25

（1）原设计实例及结构特点

如图 8-25（a）所示箱体，其中底板冲下的圆板为废料，废料过多，造成经济浪费。

（2）改进结构设计特点

改为如图 8-25（b）所示结构，利用底板冲下的圆板制造顶部的圆板，废料即可大为减少。

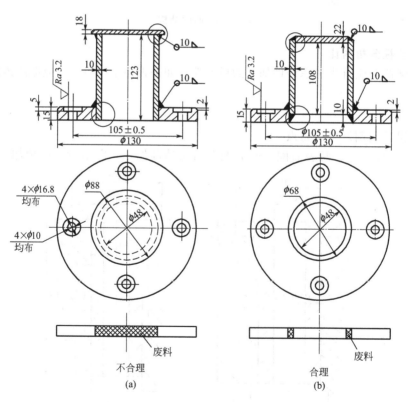

图 8-25　底板的结构

（3）工艺性分析对比

在满足产品技术要求的前提下，结构设计时应考虑材料消耗、降低成本。

实例 8-26

（1）原设计实例及结构特点

如图 8-26（a）所示箱式卷筒，其焊接件的结构设计没有考虑到钢绳水平分力的作用，卷筒的焊接强度不够。

（2）改进结构设计特点

改为如图 8-26（b）所示结构，考虑焊接结构对强度的影响后，在端板外侧加放射状肋板；在两轮毂之间增加一段圆钢管。

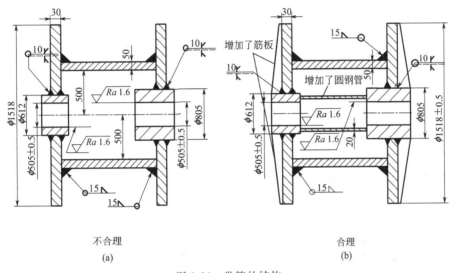

图 8-26 卷筒的结构

（3）工艺性分析对比

①在端板外侧加放射状肋板，考虑到了钢绳的水平分力作用。②在两轮毂之间增加一段圆钢管，既增加了刚性，又有利于轮毂的定位与加工。

实例 8-27

（1）原设计实例及结构特点

图 8-27（a）是焊接箱体，该结构存在如下两个问题：①该焊接结构的焊接处承受拉伸应力，应力较大时容易使焊缝断裂；②焊接封闭箱体时散热困难。

（2）改进结构设计特点

改为图 8-27（b）所示结构，则具有以下特点：①将焊接结构改为横向，拉伸应力较小，结构工作可靠；②设计散热孔，防止焊接过热影响箱体变形。

（3）工艺性分析对比

在焊接结构设计时应防止应力和变形过大。

实例 8-28

（1）原设计实例及结构特点

图 8-28（a）所示为一密闭容器，若采用这种结构，液体容易从螺孔流出。

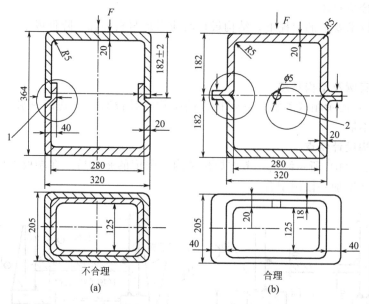

图 8-27　焊接箱体的结构

（2）改进结构设计特点

改为如图 8-28（b）所示结构，通过改变结构将螺孔所在的零件直接焊接，容器密闭性好，不存在溶液从螺孔流出现象。

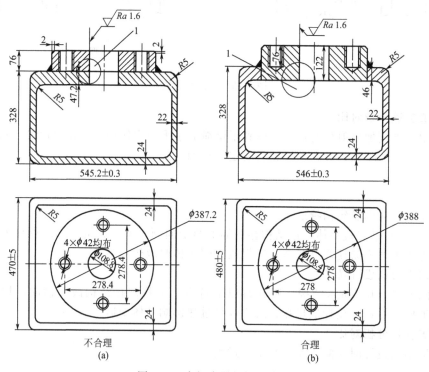

图 8-28　密闭容器的焊接结构

（3）工艺性分析对比

在设计密闭容器焊接结构时，应考虑螺孔的位置，防止液体流出。

实例 8-29

（1）原设计实例及结构特点

图 8-29（a）所示为一焊接箱体，"1"处焊缝布置在折弯处，受力较大，焊接时操作要求较高；"2"处机械加工后焊缝被切掉一部分，降低了焊接强度。

（2）改进结构设计特点

改为如图 8-29（b）所示结构后，"1"处焊缝避开折弯处，焊接操作要求低；"2"处不需要对焊缝进行机械加工，不影响焊接强度。

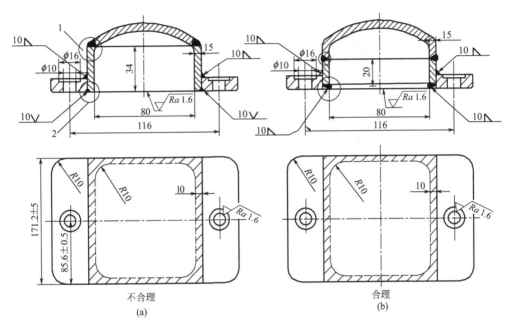

图 8-29　焊接箱体的结构

（3）工艺性分析对比

避免在箱体折弯处焊接。

实例 8-30

（1）原设计实例及结构特点

图 8-30（a）所示为一丝杠座组件结构，由焊缝承担剪切和拉伸的全部载荷，容易造成焊缝断裂或出现裂纹，从而影响焊接结构稳定性。

（2）改进结构设计特点

改为如图 8-30（b）所示结构，设计成台阶用来承担剪切和拉伸的全部载荷，增强了焊接结构承受载荷的能力。

（3）工艺性分析对比

焊接结构设计时，应综合考虑焊缝位置、应力及载荷对组件的影响。

实例 8-31

（1）原设计实例及结构特点

图 8-31（a）所示为一液压机底座组件结构，"1"处的下平板被竖板隔断，在 P 处有较

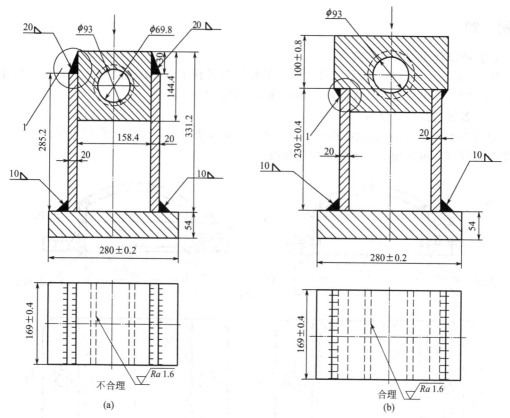

图 8-30　丝杠座组件的结构

大的应力集中，且有层状撕裂可能，结构不合理。

（2）改进结构设计特点

将其改为图 8-31（b）所示结构后，"1"处的下平板未被隔断，在 P 处应力集中减小，结构合理。

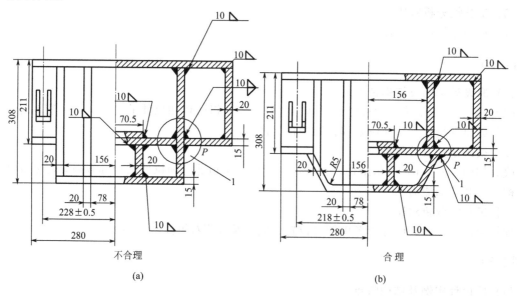

图 8-31　液压机底座组件的结构

（3）工艺性分析对比

焊接组件时，应避免应力集中对焊接位置的影响。

实例 8-32

（1）原设计实例及结构特点

图 8-32（a）所示为一容器组件结构，但"1"处存在封口，用热轧普通槽钢焊接困难。

（2）改进结构设计特点

改为如图 8-32（b）所示的箱式容器，即改为两条角钢焊接，有利于焊接。

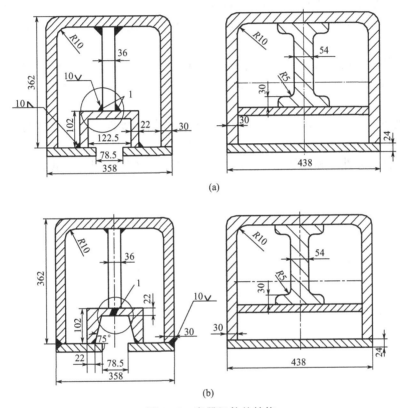

图 8-32　容器组件的结构

（3）工艺性分析对比

焊接件接口应方便加工。

8.3　实例启示

1）针对箱体结构设计与工艺性进行分析时，其实例涉及的问题主要包括合理设计箱体的结构、箱体的装配、箱体的技术要求及箱体的切削加工等方面。

① 合理设计箱体结构问题包括：铸造箱体的壁厚应尽可能均匀；铸造箱体壁与壁之间连接应合理；孔与箱壁的距离不应太近；铸造箱体应避免过大的水平面；铸造箱体在冷却时应能自由收缩；箱体铸造时尽量不使用型芯；凸台设置应利于造型。

② 箱体装配问题包括：尽量避免箱体内的加工与装配；合理设计箱体连接；方便箱体拆卸。

③ 合理技术要求问题包括：盲孔/铸造斜度应合理布置；箱体定位应准确；合理设计孔的位置精度。

④ 箱体的切削加工问题包括：合理设置退刀槽；应考虑足够的加工空间；尽量减少刀具的种类；尽量采用标准化参数；箱体零件应有足够的刚性；尽量减少加工面积；合理规定表面精度等级和粗糙度。

2）需要关注的其他事项：

① 箱体不仅需要加工的部位较多，而且加工难度也较大。

② 铸造的成型性优于其他加工方法，能够生产出形状比较复杂，特别是内腔复杂的零件，所以箱体零件大多选用铸造毛坯。铸造时将熔炉的金属浇到具有一定形状的铸型内，凝固后获得一定形状和性能的铸件；铸造方法对材质没有限制，几乎所有材质的零件都可以通过铸造获得。

③ 焊接箱体通常由钢板、型钢或铸钢件焊接而成，结构要求较简单，生产周期较短。焊接箱体适用于单件小批量生产，尤其是大件箱体或生产某些重型机械时，采用焊接件可大大降低成本。

④ 有些机座、机架、轴承座、变速箱壳及阀体等箱体零件常采用铸造与焊接组合的结构，其材质通常为铸钢。

⑤ 其他箱体，如冲压和注塑箱体，适用于大批量生产的小型、轻载和结构形状简单的箱体。

第9章
减速箱（变速箱）
结构设计与工艺性

减速箱（变速箱、减速器）是机械设备中最常见的部件之一，减速器的种类很多，按照传动类型可分为齿轮减速器、蜗杆减速器和行星减速器以及它们互相组合起来的减速器；按照传动的级数可分为单级和多级减速器；按照齿轮形状可分为圆柱齿轮减速器、圆锥齿轮减速器及圆锥-圆柱齿轮减速器；按照传动的布置形式又可分为展开式、分流式和同轴式减速器等。

9.1 减速箱（变速箱）结构设计要点及禁忌

减速箱是安装在动力源与工作机之间的部件，其本身装配时存在有很多结构上的问题。减速器（变速箱）结构设计要点及禁忌包括：

① 传动装置应力求组成一个组件；

② 一级传动的传动比不可太大或太小；

③ 传递大功率宜采用分流传动；

④ 尽量避免采用立式减速器；

⑤ 注意减速箱内外压力平衡；

⑥ 分箱面不宜用垫片；

⑦ 立式箱体应防止剖分面漏油；

⑧ 减速箱中应有足够的油并及时更换；

⑨ 行星齿轮减速箱应有均载装置；

⑩ 变速箱移动齿轮要有空挡位置；

⑪ V带无级变速器的带轮工作锥面的母线不是直线；

⑫ 摩擦轮和摩擦无级变速器应避免几何滑动；

⑬ 主动摩擦轮用软材料；

⑭ 圆锥摩擦轮传动，压紧弹簧应装在小圆锥摩擦轮上；

⑮ 设计时应设法增加传力途径，并把压紧力化作内力；

⑯ 无级变速器的机械特性应与工作机和原动机相匹配。

9.2 减速箱（变速箱）结构设计与装配工艺性实例分析

下面通过实例来介绍减速箱（变速箱）常见错误及其改进。

实例 9-1

（1）原设计实例及结构特点

如图 9-1（a）所示的减速箱中齿轮与轴的部分装配结构，当装配齿轮时轴与齿轮之间是过盈配合，活动空间小，其键槽与轴上的键对准比较困难。

（2）改进结构设计特点

改进后如图 9-1（b）所示，部分轴颈变细并加工出阶梯。

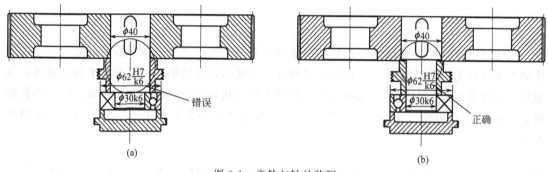

图 9-1　齿轮与轴的装配

（3）装配工艺性分析对比

阶梯轴与齿轮装配时其相对位置较容易找准。齿轮在轴上移动容易，安装极易对准。

实例 9-2

（1）原设计实例及结构特点

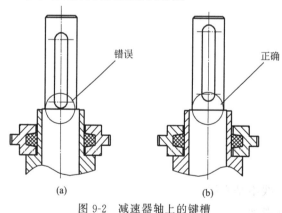

图 9-2　减速器轴上的键槽

如图 9-2（a）所示减速器轴的结构，减速器轴上的键槽用来固定旋转嵌装件，阶梯轴处的键槽贴近轴。

（2）改进结构设计特点

为了不产生应力集中，改为如图 9-2（b）所示结构，把键槽稍微远离阶梯部分。

（3）装配工艺性分析对比

阶梯处本身是轴应力集中的地方，键槽也是应力集中的地方；键槽靠近轴的阶梯部分容易损伤轴。

实例 9-3

（1）原设计实例及结构特点

如图 9-3（a）所示减速器的箱体与轴承架连接。轴承架安装于箱体内部，而且用的是螺栓连接，螺栓不易拧紧；连接松动时容易损坏与轴承架连接零件。

（2）改进结构设计特点

改为图 9-3（b），轴承架安装于箱体外部，螺栓极易拧紧，轴承架固定，不损坏其他零件。

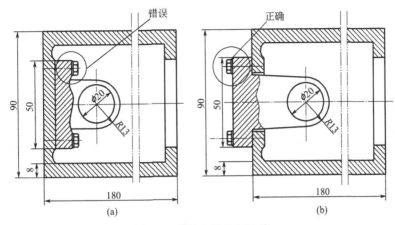

图 9-3　箱体与轴承架连接

（3）装配工艺性分析对比

结构设计时应考虑轴承架与箱体装配的可能性。

实例 9-4

（1）原设计实例及结构特点

如图 9-4（a）所示减速箱轴端的结构，减速箱的轴紧贴轴承端盖，当轴在高速旋转时与轴承端盖摩擦。该结构影响轴的转速，摩擦后会产生大量的热，容易损坏轴承。

（2）改进结构设计特点

改为图 9-4（b），将轴头尺寸缩短，使得轴与轴承端盖有一定的距离。

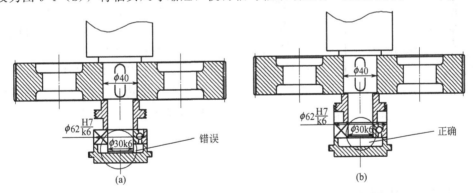

图 9-4　轴头与轴承端盖

（3）装配工艺性分析对比

减速箱的轴紧贴轴承端盖时不容易散热，容易产生轴承损坏。

实例 9-5

（1）原设计实例及结构特点

如图 9-5（a）所示减速器中齿轮与轴配合。减速器中虽然齿轮和轴之间是过盈配合，但当高速旋转时满足不了齿轮在轴上的固定要求；齿轮易活动，影响减速效果，如果轴转速过高，可能损坏轴。

（2）改进结构设计特点

改为图9-5（b），在轴和齿轮之间装配键。在轴高速转动时可以使齿轮稳固在轴上，达到齿轮和轴一起旋转的目的。

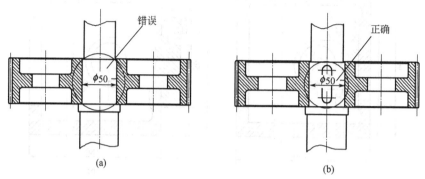

图9-5　齿轮与轴之间配合

（3）装配工艺性分析对比

当减速箱高速旋转时应考虑轴上零部件固定的需求。

实例 9-6

（1）原设计实例及结构特点

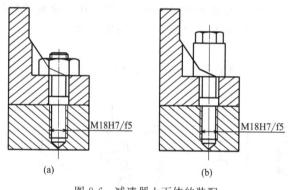

图9-6　减速器上下体的装配

如图9-6（a）所示为减速器上下体的装配，减速器上下体连接处螺母太靠近壁面，扳手空间不够，不容易拧紧。

（2）改进结构设计特点

改进后如图9-6（b）所示，提高螺头或外移螺母的位置以加大扳手空间，这样就有利于拧紧。

（3）装配工艺性分析对比

箱体的边缘连接处应考虑螺母拧紧时有足够的扳手空间，以防拧不紧而产生不必要的麻烦。

实例 9-7

（1）原设计实例及结构特点

如图9-7（a）所示减速器中高速旋转轴承，在减速箱和其他齿轮传动机构中轴和齿轮都高速旋转，用自动定心轴承。

（2）改进结构设计特点

改为图9-7（b），在减速箱和其他齿轮传动机构中，当轴、齿轮高速旋转时用圆柱滚子轴承代替自动定心轴承。

（3）装配工艺性分析对比

自动定心轴承的调心作用，会影响齿轮的正确啮合，使齿的磨损严重，减少齿轮的使用

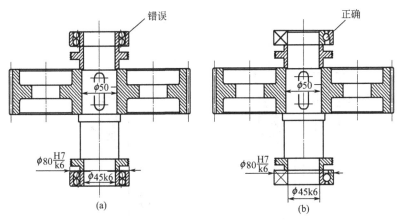

图 9-7 减速器高速旋转轴承

寿命。圆柱滚子轴承可以使齿轮正确啮合，不影响传动。

实例 9-8

（1）原设计实例及结构特点

如图 9-8（a）所示减速器上下体的定位，减速器中的定位销孔，既不易加工又不便将销子取出，而且会在盲孔内造成真空度，使销子拔出更加困难。

（2）改进结构设计特点

改为图 9-8（b），定位销孔改成通孔，可以一次加工出通孔，既节省加工时间又能保证定位精度；销容易拔出。

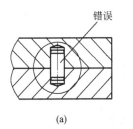
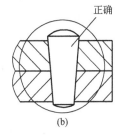

图 9-8 减速器定位销孔

（3）装配工艺性分析对比

减速器中的定位销孔原则上应两部分贯通配制加工；若分别加工定位销孔，不能保证定位精度。

实例 9-9

（1）原设计实例及结构特点

如图 9-9（a）所示减速器中轴承与轴的配合结构，减速器中轴承与轴过渡配合，轴肩过高，轴承不便拆卸。

（2）改进结构设计特点

改为图 9-9（b），加大轴径，减小轴肩高度，留出拆卸的空间，不影响轴承的拆卸。

（3）装配工艺性分析对比

当轴承与轴过渡配合时，装拆时多是砸入砸出；若轴肩过高，没有砸的空间，轴承不便拆卸。

实例 9-10

（1）原设计实例及结构特点

如图 9-10（a）所示减速器箱体的装配拆分结构，两箱体装配，箱体不好拆分；起盖螺

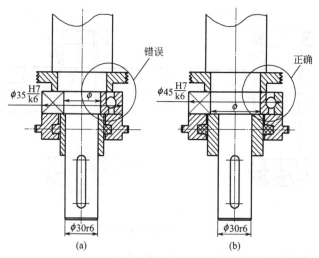

图 9-9 轴承与轴过渡配合

钉与下箱体的连接结构，起盖时不易翘起上箱体，失去了起盖的作用。

（2）改进结构设计特点

改为图 9-10（b），两箱体装配，起盖螺钉与下箱体接触，拧螺钉时上箱体翘起，方便拆分。

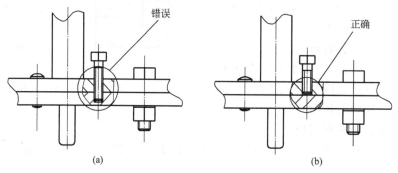

图 9-10 减速器箱体装配与拆分

（3）装配工艺性分析对比

设计箱体的装配连接结构时也应同时考虑拆分结构。

实例 9-11

（1）原设计实例及结构特点

如图 9-11（a）所示为变速箱中轴与轴承、压盖、箱体装配的结构。端盖以嵌入箱体的方式来定位轴承；当拆卸端盖时，没有拆卸端盖可操作的空间。

（2）改进结构设计特点

改为如图 9-11（b）所示结构，在端盖上设置工艺螺孔。在拆卸端盖的时候可以用螺栓拧入工艺螺孔将端盖顶出，避免采用非正常拆卸方法而损坏零件。

（3）工艺性分析对比

变速箱零件结构设计时，应考虑装拆的可操作性，避免采用非正常方法拆卸零件使零件损坏。

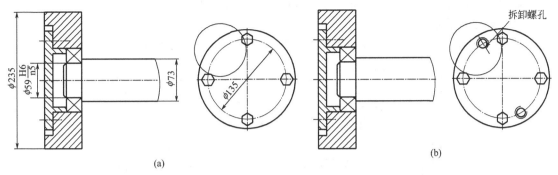

图 9-11　带有工艺螺孔的结构

实例 9-12

（1）原设计实例及结构特点

图 9-12（a）为变速箱中锥齿轮的传动结构，在拆卸垫圈 3 的时候，必须将垫圈 3 左边的零件如实心圆锥齿轮及其他轴承、轴套全部拆除，这样的拆卸不方便。

（2）改进结构设计特点

改为图 9-12（b）所示，将轴上的轴套去掉，并在轴上加工出轴环以定位两个轴承；将轴的最左端改为可以拆卸的螺栓定位结构，这样可以方便地从左边拆卸垫圈 3，而不妨碍其他零件。

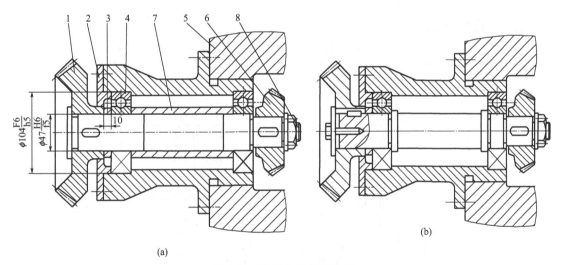

图 9-12　锥齿轮的传动结构

1—腹板式锻造结构锥齿轮；2—轴承盖；3—垫圈；4—轴承；5—箱体；6—实心圆锥齿轮；7—轴套；8—螺钉

（3）工艺性分析对比

部件在机器中配置时，应尽量做到更换其中一个零件时不会妨碍相邻的零部件；避免拆卸零件时妨碍其他零件。

实例 9-13

（1）原设计实例及结构特点

如图 9-13（a）所示为一个轴承座与箱体配合的结构，轴承座下端面固定在箱体内部，拆卸时没有扳手空间，很不容易拆卸，所以这样的结构设计不合理。

（2）改进结构设计特点

改为图 9-13（b），则可以在箱体的外部对紧固件轴承座进行拆卸，拆卸简单。

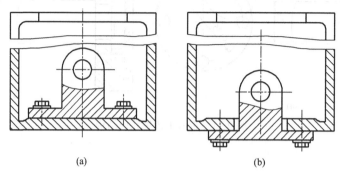

（a）   （b）

图 9-13   轴承座与箱体配合的结构

（3）工艺性分析对比

轴承座与箱体配合时，应考虑其配合结构对装拆的影响，要求便于紧固件的拆卸。

实例 9-14

（1）原设计实例及结构特点

如图 9-14（a）所示减速器上下体的装配结构，拆下轴承端盖时底座也跟着被拆下了，拆装不便且需要多次反复调整。

（2）改进结构设计特点

改为图 9-14（b），分开安装，拆轴承盖时底座不会同时被拆下，这样在调整轴承间隙时底座的位置不需要重新调整。主要零件可以单独拆装，避免多次装配中的反复调整工作。

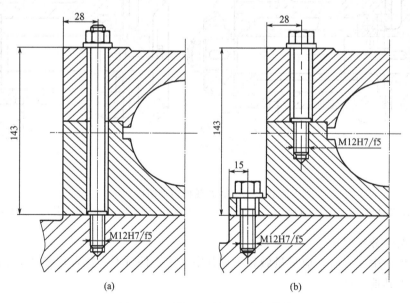

（a）   （b）

图 9-14   零件可以单独拆装的结构

（3）工艺性分析对比

组装零件时，装配完成后还应考虑其拆卸时是不是具有一定的拆卸独立性，以避免出现想要拆掉一个零部件，而拆卸时却同时拆下其他不必拆卸的多个零部件。在设计时应避免多个零件之间的装配关系相互纠缠，零件应能独立拆卸。

实例 9-15

(1) 原设计实例及结构特点

如图 9-15 （a） 所示减速器轴端结构，轴承座和轴承盖上的油孔直径比较小，油孔很难对正，因此不能保证油孔的畅通，装配起来也不方便。

(2) 改进结构设计特点

改为图 9-15 （b），在轴承盖上作出环形槽，这样油孔就容易对正、装配方便。端盖油孔的形状可设计为如图 9-15 （c） 所示。

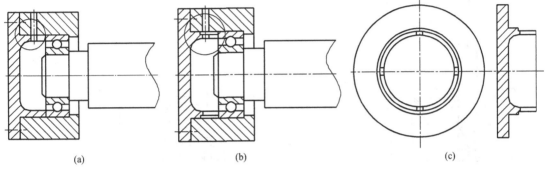

图 9-15　轴承端部的装配结构

(3) 工艺性分析对比

变速箱中轴承端部装配时，应考虑零部件结构对轴承的影响。

实例 9-16

(1) 原设计实例及结构特点

图 9-16 （a） 为一个六角机床加速行程轴的一端紧固于装在机身上的箱体 1 内，另一端紧固在拖板上的操纵箱 2 内。装配时由于轴很长，不但切削加工量大而且装配很不方便。

(2) 改进结构设计特点

若改成图 9-16 （b），将加速行程轴分拆成两段，一段为较长的带螺纹光轴 3，另一端为

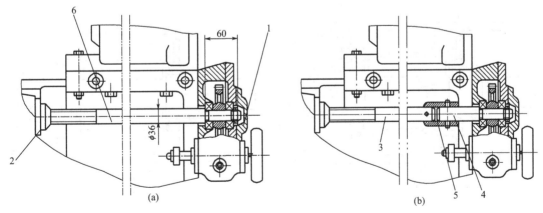

图 9-16　方便装配的轴结构

1—箱体；2—操纵箱；3—带螺纹的光轴；4—较短的阶梯轴；5—联轴器；6—六角床加速行程轴

较短的阶梯轴 4，中间用联轴器 5 连接，箱体 1 成为单独装配单元，缩短了装配周期。此外，将一根长轴改成两根短轴，切削加工也较方便。

（3）工艺性分析对比

当机身上的箱体 1 与操纵箱 2 通过长轴连接时，装配时由于轴很长，切削加工量大，装配不便。将轴分拆成两段，在不影响箱与轴功能的情况下加工与装配均方便。

实例 9-17

（1）原设计实例及结构特点

如图 9-17（a）所示减速器箱体与销连接，不通的销孔难加工，装配时密封腔内有空气不易装配、不便取出，而且会在盲孔内造成真空度、使销子的拔出更加困难。

（2）改进结构设计特点

改为图 9-17（b），定位销孔是通孔，解决了装配困难问题。

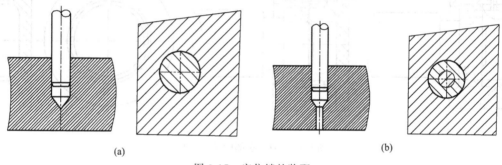

(a)　　　　　　　　　　　　　　　　(b)

图 9-17　定位销的装配

（3）工艺性分析对比

定位销的装配，除特殊需要外，装配时形成的密封腔应有排气通道。

实例 9-18

（1）原设计实例及结构特点

如图 9-18（a）所示减速器局部装配结构，其中，箱体和套杯有三个装配基面，其中两个装配基面同时进入孔中，与孔装配，但是这样对孔和轴的精度要求比较高，并且在装配过程中两个装配面会互相影响，而导致装配不便。

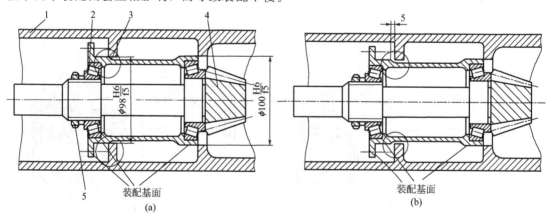

(a)　　　　　　　　　　　　　　　　(b)

图 9-18　两个表面配合时避免同时入孔装配的结构

1—箱体；2—圆锥滚子轴承；3—套杯；4—圆锥齿轮；5—圆螺母

(2) 改进结构设计特点

改为图 9-18（b）的形式，让两个配合面分先后进入装配孔，这样装配工艺性较好。

(3) 工艺性分析对比

几个表面配合时应避免同时入孔装配。装配过程中常常存在先后装入两个或是更多的装配面，这时就需要将这两个或几个面做一个较好的协调，尽量避免同时装入，可以用前一个面的装配作为后一个面的引导段。

实例 9-19

(1) 原设计实例及结构特点

如图 9-19（a）所示减速器局部装配结构，右端的装配端没有倒圆角，装配起来较困难。

(2) 改进结构设计特点

若改为图 9-19（b），设计圆角，则装配较容易。

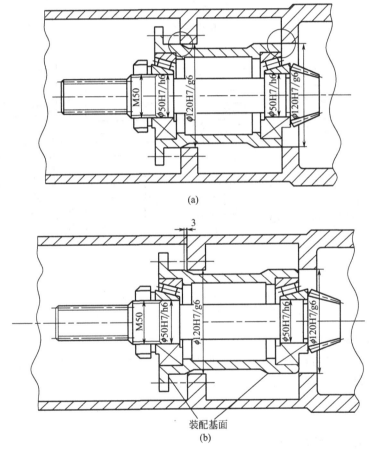

图 9-19 减速器局部装配的结构

(3) 工艺性分析对比

组件右端零件应设计成圆角结构，以便于装配。

实例 9-20

(1) 原设计实例及结构特点

图 9-20（a）所示是变速箱传动的局部图，用以实现变速齿轮的轴向定位，在齿轮 1 上

的两个定位螺钉 2 在花键轴 3 上定位时，3 的定位孔需在装配时钻出。

(2) 改进结构设计特点

改为图 9-20 (b)，花键轴上增加一个沉割槽，用两只半圆隔套 4 实现齿轮 1 的轴向定位，这样就避免了装配时的机加工配作。

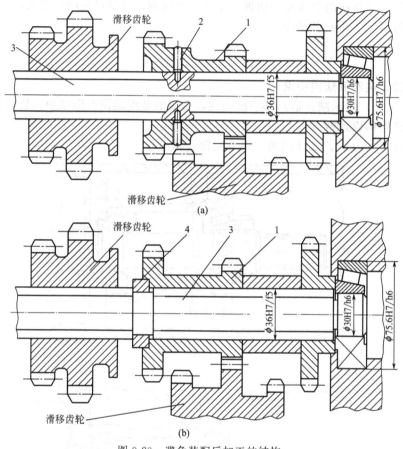

图 9-20　避免装配后加工的结构
1—齿轮；2—定位螺钉；3—花键轴；4—半圆隔套

(3) 工艺性分析对比

装配过程中常常伴随着某些机加工，但是这些机加工是非常麻烦的，对装配的效率有相当大的影响，所以要尽量避免装配过程中的机加工。

实例 9-21

(1) 原设计实例及结构特点

如图 9-21 (a) 所示为提升机减速器外伸轴与箱体结合处的密封，要求有良好的性能，采用迷宫式密封，但是迷宫式密封泄漏不可能为零，轴承处没有通往油箱的回油通路，导致长期漏油。

(2) 改进结构设计特点

改为图 9-21 (b)，在减速器下箱体轴承处开设回油孔，这样会使泄漏的油回到油箱。

(3) 工艺性分析对比

迷宫密封须有回油孔，以避免油泄漏。

机械零部件结构设计实例与
装配工艺性（第二版）

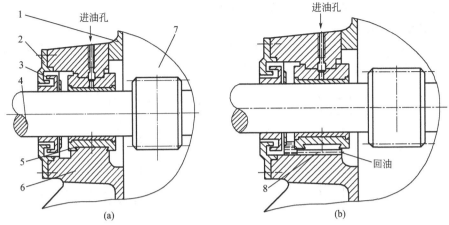

图 9-21　迷宫密封的结构

1—减速器箱盖；2—轴承透盖；3—迷宫式端盖；4—高速轴；5—下瓦轴；

6—加速器下箱体；7—减速器油箱；8—回油孔

实例 9-22

(1) 原设计实例及结构特点

如图 9-22 (a) 所示，变速箱中该端盖受到轴向力作用，使得端盖和轴承座之间易出现间隙，并且由于螺孔为通孔，易产生泄漏。

(2) 改进结构设计特点

改为图 9-22 (b)，即螺孔为不通孔，并且在端盖和配合面增设垫片，端盖结合端面作为内锥面，保证了密封的可靠性。

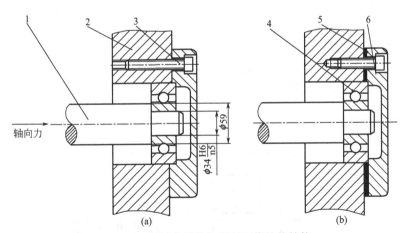

图 9-22　保证密封盖与密封可靠性的结构

1—轴；2—轴承座；3—螺栓；4—轴承；5—塑料片；6—端盖

(3) 工艺性分析对比

将通孔螺孔设置为不通孔、在配合面增设垫片等，均可以提高密封盖处连接的可靠性。

实例 9-23

(1) 原设计实例及结构特点

图 9-23 (a) 所示为变速箱中螺纹装配，装配时的螺纹旋合长度应合适，在底板或法兰

非常厚的情况下，全厚攻螺纹加工困难，也无此必要。

（2）改进结构设计特点

改为图 9-23（b），不仅减少了底板或法兰盘螺孔的加工深度和难度，同时加强了底板或法兰盘与要连接部件的结合，装配工艺性较好。

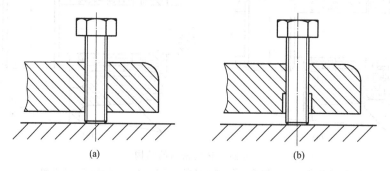

图 9-23　螺纹装配的结构

（3）工艺性分析对比

螺纹装配时其螺纹旋合长度应合适，以减少不必要的加工。

螺纹连接件在装配时，存在着螺纹孔加工的难易程度、拧紧、旋合长度等问题，应引起注意。

实例 9-24

（1）原设计实例及结构特点

如图 9-24（a）所示减速器上下体配合结构，螺栓通过螺纹连接零件 1 和零件 2，由于零件 1 和零件 2 都有螺纹且与螺栓相配合，在轴向方向上没有定位，所以很难将零件 1 和零件 2 压紧。

（2）改进结构设计特点

改为图 9-24（b），将零件 1 的螺纹孔加工成没有螺纹的通孔，并且让零件 1 孔的尺寸略大于螺栓直径，螺栓与零件 2 用螺纹连接，通过螺栓头部将零件 1 压紧，这样可以使两连接件压紧。

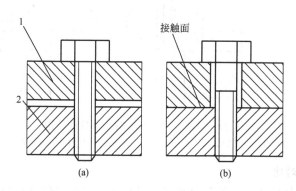

图 9-24　螺栓连接紧固的结构

（3）工艺性分析对比

螺栓连接应紧固，应考虑螺纹加工、拧紧、旋合长度等对装配的影响。

9.3 实例启示

① 减速器零部件应装拆方便；采用特殊结构避免错误安装；要为拆装零件留有必要的操作空间；零件安装部位应该有必要的倒角；尽量避免安装时轴线不对中产生的附加力。

② 一般情况下动力源转速与工作机应用所需要的转速均有差异；当动力源输出的转速很高时，工作机为了得到应用所需要的转速或转矩需要减速箱将动力源的转速降低。

③ 减速箱有改变运动方向、实现不同转速等多方面的用途。

第 10 章
粉末冶金件结构
设计与工艺性

粉末冶金是以金属或用金属粉末（或金属粉末与非金属粉末的混合物）为原料，经过成形和烧结制造金属材料、复合以及各种类型制品的工艺技术。在许多场合以粉末冶金工艺代替常规生产工艺，诸如铸造、切削加工工艺，可改进产品质量或降低生产成本；在另外一些场合，一些金属制品，诸如硬质合金、烧结金属、含油轴承以及一些新颖奇异的金属制品只能用粉末冶金工艺制作。由于粉末冶金技术的优点，它已成为解决新材料问题的钥匙，在新材料的发展中起着举足轻重的作用。

粉末冶金结构零件在汽车工业、农业机具、商业机械及电动工具等方面得到应用，粉末冶金结构零件一直在替代铸铁件、锻钢件、棒料切削加工件以及钣金冲压件，粉末冶金结构零件在高生产率与劳动成本较低的条件下，可生产出尺寸公差较精密的零件。

10.1 粉末冶金件结构设计要点及禁忌

粉末冶金结构材料又称烧结结构材料，能承受拉伸、压缩、扭曲等载荷，并能在摩擦磨损条件下工作。由于材料内部有残余孔隙存在，其延展性和冲击值比化学成分相同的铸锻件低，从而使其应用范围受限。在技术要求设计时，粉末冶金件需要考虑一些重要参数，如材料、化学成分、密度、硬度、冲击能量及零部件结构。

在进行粉末冶金件设计时，除了设定各项参数外，产品及零部件的结构也应该是重点考虑的一个因素。粉末冶金材料常用的成形方法是在刚性封闭模具中将金属压缩成形，粉末流动性差，且又受到摩擦力的影响，压坯密度一般较低且分布不均匀、强度不高、薄壁、细长形的沿压制方向呈变截面的制品难以成形，因此在设计时应注意几点问题：

① 尽量采用简单、对称的形状，避免截面变化过大以及窄槽、球面等，以利于制模和压实。

② 避免局部薄壁，便于装粉压实和防止出现裂纹。

③ 避免侧壁上的沟槽和凹孔，利于压实或减少余块。

④避免沿压制方向截面积渐增，利于压实；各壁的交接处应采用圆角或倒角过渡，避免出现尖角，以利于压实及防止模具或压坯产生应力集中。

粉末冶金件结构设计时禁忌：

① 脆弱的结构；

② 截面尺寸沿轴向变化太快；

③ 深孔；

④ 斜齿；

⑤ 简单模仿机械加工件。

10.2　粉末冶金件结构设计与工艺性实例分析

粉末冶金产品多是形状复杂不易机械加工且尺寸公差要求较高的零部件。其以少或无切削、经过烧结成形的特点，大大优于传统的机械加工生产方式。

粉末冶金件的精度主要是依靠模具的精度与压制设备的精度来保障。但粉末冶金件在脱模及烧结过程中绝大多数伴有体积膨胀，少数材质的产品在烧结过程中会出现体积收缩。这就需要工程技术人员根据经验，对模具尺寸加以收缩或放大来补偿修正。另外，装粉量的准确度、装粉是否均匀以及铁粉混合的均匀度都会产生成品件的尺寸差异。出现超差产品也不可避免，解决方法多是钳修或是精密机器磨削。由于尺寸公差小，修复量多在几道之间，操作起来十分困难。

在粉末冶金结构零件的生产中，通常采用单轴向刚性模具压制成形，即仅在轴向施加压力，零件压坯必须在轴向从模具中脱出。因此，在设计结构时零件形状会受到一些限制，下面通过实例来介绍粉末冶金件结构设计中常见错误及其改进。

实例 10-1

(1) 原设计实例及结构特点

如图 10-1 (a) 所示，样图转角处是直角。

(2) 改进后结构设计特点

改进后如图 10-1 (b) 所示，样图转角做成 $r>0.25mm$ 的圆角。

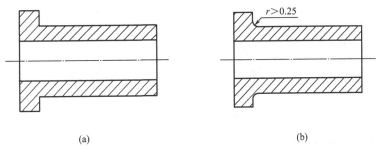

(a)　　　　　　　　　　　　　　(b)

图 10-1　结构设计中常见错误及其改进样图（1）

(3) 工艺性分析对比

把转角做成 $r>0.25mm$ 的圆角，便于粉末充填和流动；压制时可避免应力集中和开裂。

实例 10-2

(1) 原设计实例及结构特点

如图 10-2 (a) 所示，样图结构面的连接存在尖角。

(2) 改进后结构设计特点

改进后如图 10-2 (b) 或 (c) 所示，结构面连接是圆角或过渡连接。

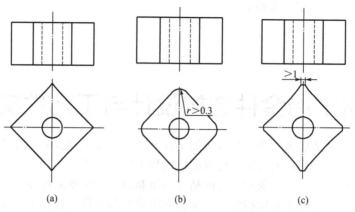

图 10-2 结构设计中常见错误及其改进样图（2）

（3）工艺性分析对比

当结构面尖角部分改为适当圆弧过渡（$r>0.3$mm），或将其端部取平（1mm 以上）后，利于粉末充填。

实例 10-3

（1）原设计实例及结构特点

如图 10-3（a）所示，斜面端部是尖角设计。

（2）改进后结构设计特点

改进后如图 10-3（b）所示，斜面端部采用取平结构进行设计。

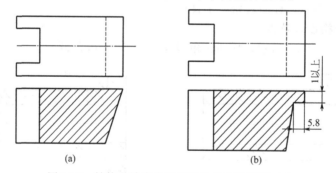

图 10-3 结构设计中常见错误及其改进样图（3）

（3）工艺性分析对比

斜面端部采用取平结构设计，利于粉末充填端部，并防止模冲与阴模刚性接触造成损坏。

实例 10-4

（1）原设计实例及结构特点

如图 10-4（a）所示，小孔外侧壁厚过小，粉末难以填充。

（2）改进后结构设计特点

改进后如图 10-4（b）所示，小孔外侧结构的壁厚适当。

（3）工艺性分析对比

小孔的外侧壁厚过小使粉末难以填充；改进设计后小孔的外侧壁厚适当。

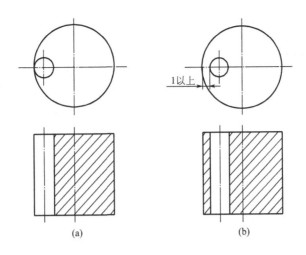

图 10-4　结构设计中常见错误及其改进样图（4）

实例 10-5

（1）原设计实例及结构特点

如图 10-5（a）所示，花键齿部太薄、齿根部是尖角。

（2）改进后结构设计特点

改进后如图 10-5（b）所示，改进后的花键齿部厚薄适当、齿根部是圆角。

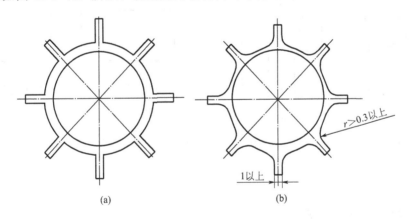

图 10-5　结构设计中常见错误及其改进样图（5）

（3）工艺性分析对比

花键齿部厚度应大于 1mm；齿根部应以 $R0.3$ 以上圆弧过渡。

实例 10-6

（1）原设计实例及结构特点

如图 10-6（a）所示，交叉区域结构较细窄。

（2）改进后结构设计特点

改进后如图 10-6（b）所示，交叉区域结构有较宽大的曲线结构。

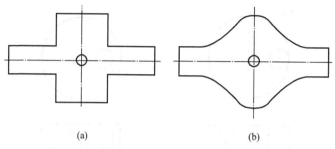

(a)   (b)

图 10-6   结构设计中常见错误及其改进样图（6）

（3）工艺性分析对比

交叉部分要尽量设计成宽大的曲线。

实例 10-7

（1）原设计实例及结构特点

如图 10-7（a）所示，零件中间的孔形状复杂。

（2）改进后结构设计特点

改进后如图 10-7（b）所示，零件的孔形状简单。

（3）工艺性分析对比

当产品要求是形状复杂的孔时，在成形、烧结前最好设计为简单形状；之后再切削加工成需要的形状。

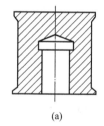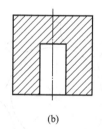

(a)   (b)

图 10-7   结构设计中常见错误及其改进样图（7）

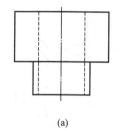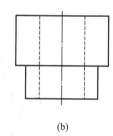

(a)   (b)

图 10-8   结构设计中常见错误及其改进样图（8）

实例 10-8

（1）原设计实例及结构特点

如图 10-8（a）所示是断面形状急剧变化的零件。

（2）改进后结构设计特点

改进后如图 10-8（b）所示，是断面变化适当的零件。

（3）工艺性分析对比

断面急剧变化的零件将引起密度变化，密度变化是烧结时零件尺寸变化不定的原因之一；容易产生缺陷，应尽量避免。

实例 10-9

（1）原设计实例及结构特点

如图 10-9（a）所示是产品零件；椭圆零件的中上部带有突起的部分。

（2）改进后结构设计特点

为了最终成为图 10-9（a）所示的产品零件，最好先成形为图 10-9（b）的结构；之后，再进行切削加工。

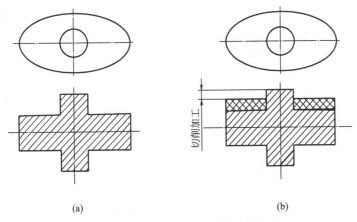

(a)   (b)

图 10-9　结构设计中常见错误及其改进样图（9）

（3）工艺性分析对比

当零件带有突起结构时，最好先成形为与产品形状接近的毛坯结构，之后再进行切削加工。

实例 10-10

（1）原设计实例及结构特点

如图 10-10（a）所示，零件倒角处是尖角。

（2）改进后结构设计特点

改进后如图 10-10（b）所示，倒角处改为平台结构。

（3）工艺性分析对比

倒角应设计成 45°以上，并有大于 0.3mm 的平台。

实例 10-11

（1）原设计实例及结构特点

如图 10-11（a）所示，零件的上部为球形。

（2）改进后结构设计特点

改进后如图 10-11（b）所示，改为零件中间带有柱面的球形。

（3）工艺性分析对比

零件成球形时应带有高度大于 1mm 的柱面，以防止上、下冲模的接触损坏。

实例 10-12

（1）原设计实例及结构特点

如图 10-12（a）所示，零件呈锐角结构。

（2）改进后结构设计特点

改进后如图 10-12（b）所示，零件呈锐角处做成圆角。

（3）工艺性分析对比

零件连接处呈锐角时压模易破坏，故要做成圆角。

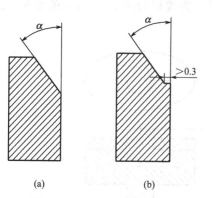

图 10-10 结构设计中常见错误及其改进样图（10）

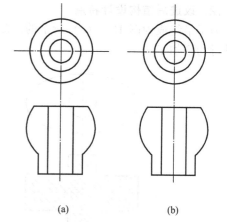

图 10-11 结构设计中常见错误及其改进样图（11）

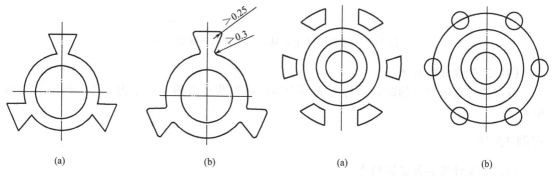

图 10-12 结构设计中常见错误及其改进样图（12）　　图 10-13 结构设计中常见错误及其改进样图（13）

实例 10-13

（1）原设计实例及结构特点

如图 10-13（a）所示，零件上带孔部分，孔的形状为梯形。

（2）改进后结构设计特点

改进后如图 10-13（b）所示，零件上带孔部分，孔的形状为圆形。

（3）工艺性分析对比

为了压模易于制作与安装，孔的形状最好为圆形；推荐制作成圆孔，可降低成本。

实例 10-14

（1）原设计实例及结构特点

如图 10-14（a）所示，沟槽深度较浅。

（2）改进后结构设计特点

改进后如图 10-14（b）所示，沟槽深度适当。

（3）工艺性分析对比

沟槽深度要大于零件总长度的 1/4，便于零件冲模压制。

实例 10-15

（1）原设计实例及结构特点

如图 10-15（a）所示，零件加压方向有垂直的沟槽。

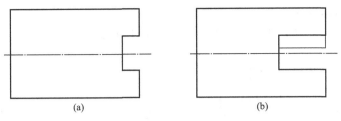

图 10-14　结构设计中常见错误及其改进样图（14）

（2）改进后结构设计特点

改进后如图 10-15（b）所示，零件加压方向无垂直的沟槽。

（3）工艺性分析对比

零件上与加压方向垂直的沟槽成形后无法脱模；所以沟槽应靠随后的切削加工完成。

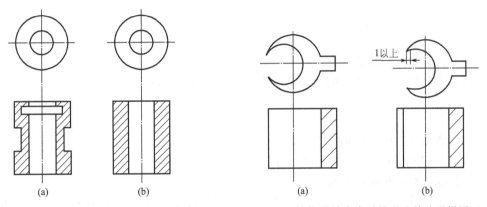

图 10-15　结构设计中常见错误及其改进样图（15）　　图 10-16　结构设计中常见错误及其改进样图（16）

实例 10-16

（1）原设计实例及结构特点

如图 10-16（a）所示，零件出现尖刀。

（2）改进后结构设计特点

改进后如图 10-16（b）所示，尖角处设计成平刃。

（3）工艺性分析对比

零件应避免出现尖刀；应设计成 1mm 以上的平刃。

实例 10-17

（1）原设计实例及结构特点

如图 10-17（a）所示，零件呈倒锥形结构。

（2）改进后结构设计特点

改进后如图 10-17（b）所示，零件设计成圆柱形结构。

（3）工艺性分析对比

当零件呈倒锥形时压坯无法脱模。

实例 10-18

（1）原设计实例及结构特点

如图 10-18（a）所示，零件上的退刀槽与压制方向垂直。

（2）改进后结构设计特点

改进后如图 10-18（b）所示，零件的退刀槽设计成与压制方向平行。

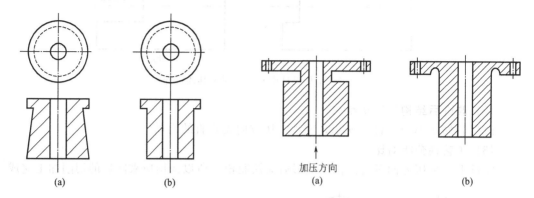

图 10-17　结构设计中常见错误及其改进样图（17）　　图 10-18　结构设计中常见错误及其改进样图（18）

（3）工艺性分析对比

零件上与压制方向垂直的退刀槽应改为与压制方向平行。

实例 10-19

（1）原设计实例及结构特点

如图 10-19（a）所示，零件中间部分要求带有螺纹结构。

（2）改进后结构设计特点

改进后如图 10-19（b）所示，对于带有螺纹结构的零件应先成形为图 10-19（b）的光滑结构。

（3）工艺性分析对比

图 10-19（a）是要求带有螺纹结构的零件，应先成形为如图 10-19（b）所示的结构，再成形为图 10-19（a）。螺纹须成形烧结后由切削加工完成。

实例 10-20

（1）原设计实例及结构特点

如图 10-20（a）所示，含油轴承的壁厚小于 0.5mm。

（2）改进后结构设计特点

改进后如图 10-20（b）所示，含油轴承的壁厚大于 0.5mm。

（3）工艺性分析对比

结构设计时含油轴承的壁厚不得小于 0.5mm。

实例 10-21

（1）原设计实例及结构特点

如图 10-21（a）所示，零件连接处呈直角结构。

（2）改进后结构设计特点

改进后如图 10-21（b）所示，零件连接处设计为半径大于 0.3mm 的圆弧结构。

（3）工艺性分析对比

零件连接处直角部分应以圆弧过渡。

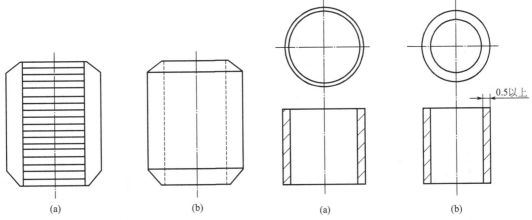

图 10-19　结构设计中常见错误及其改进样图（19）　　　图 10-20　结构设计中常见错误及其改进样图（20）

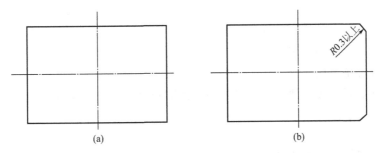

图 10-21　结构设计中常见错误及其改进样图（21）

实例 10-22

（1）**原设计实例及结构特点**

零件是非圆形齿轮（图略）。

（2）**改进后结构设计特点**

改进后零件设计成圆形齿轮（图略）。

（3）**工艺性分析对比**

当要求是非圆形齿轮结构时，其毛坯应和圆形齿轮一样制作，随后再加工成非圆形齿轮。

实例 10-23

（1）**原设计实例及结构特点**

如图 10-22（a）所示，零件外台面距上模 10mm 以上。

（2）**改进后结构设计特点**

改进后如图 10-22（b）所示，外台面距上模 10mm 以下。

（3）**工艺性分析对比**

当外台面距上模 10mm 以下时较容易脱模；或者，最好设计出脱模锥度。当上下轮毂相同时，则可简化冲模结构。

实例 10-24

（1）**原设计实例及结构特点**

如图 10-23（a）所示，套筒内部设计凹陷键槽。

(2) 改进后结构设计特点

改进后如图 10-23（b）所示，套筒内部设计凸起键。

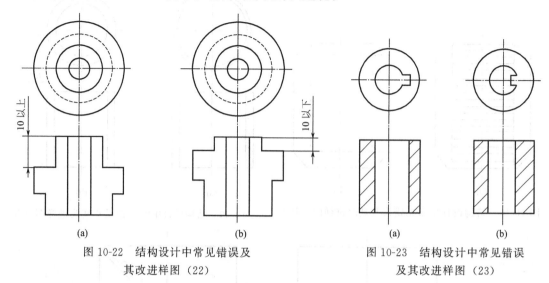

图 10-22 结构设计中常见错误及
其改进样图 (22)

图 10-23 结构设计中常见错误
及其改进样图 (23)

(3) 工艺性分析对比

当套筒内部需要连接零件时，应将凹陷键槽结构设计成凸起键结构。

实例 10-25

(1) 原设计实例及结构特点

如图 10-24 所示，齿轮啮合时齿轮零件的齿顶与齿根形状不精确。

图 10-24 结构设计中常
见错误及其改进样图（24）

(2) 改进后结构设计特点

改进后，齿轮啮合时齿轮零件的齿顶与齿根形状应符合精确要求（图略）。

(3) 工艺性分析对比

可以对齿轮齿顶与齿根的形状进行修正，以增高齿的强度、降低噪声。

实例 10-26

(1) 原设计实例及结构特点

如图 10-25（a）所示，零件的高度与直径比大。

(2) 改进后结构设计特点

改进后如图 10-25（b）所示，零件的高度与直径比适当。

(3) 工艺性分析对比

当高度与直径比大于 2.5 时，零件中部易出现低密度区。

实例 10-27

(1) 原设计实例及结构特点

如图 10-26（a）所示，零件有多台面部分，相邻各台面的厚度差太小。

(2) 改进后结构设计特点

改进后如图 10-26（b）所示，零件多台面部分，相邻各台面的厚度差适当。

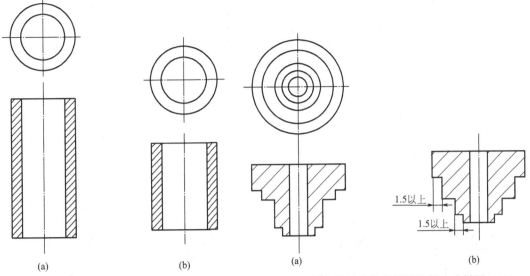

图 10-25　结构设计中常见错误及其改进样图（25）

图 10-26　结构设计中常见错误及其改进样图（26）

（3）工艺性分析对比

零件多台面部分可烧结后由切削加工完成；相邻的各台面的厚度差不应小于1.5mm。

实例 10-28

（1）原设计实例及结构特点

如图 10-27（a）所示，零件棱角部分壁厚太薄。

（2）改进后结构设计特点

改进后如图 10-27（b）所示，棱角部分壁厚适当。

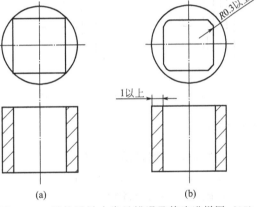

图 10-27　结构设计中常见错误及其改进样图（27）

（3）工艺性分析对比

棱角部分应以 $R0.3$ 以上的圆弧过渡，而且壁厚应大于1mm。

实例 10-29

（1）原设计实例及结构特点

如图 10-28（a）所示，零件存在直埋头孔（孔端面）。

（2）改进后结构设计特点

改进后如图 10-28（b）所示，零件设计成带倒角的埋头孔（孔端面）。

（3）工艺性分析对比

当零件有埋头孔时，埋头孔（孔端面）要带5°左右的倒角。

实例 10-30

（1）原设计实例及结构特点

如图 10-29（a）所示，零件的两圆相切。

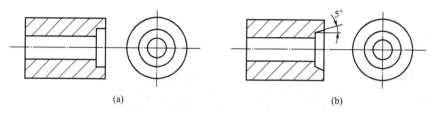

图 10-28　结构设计中常见错误及其改进样图（28）

(2) 改进后结构设计特点

改进后如图 10-29（b）所示，避免两圆相切，突起部位离圆边的距离应＞1mm。

(3) 工艺性分析对比

零件上的结构应避免两圆相切，有利于冲模加工，并提高模具强度。

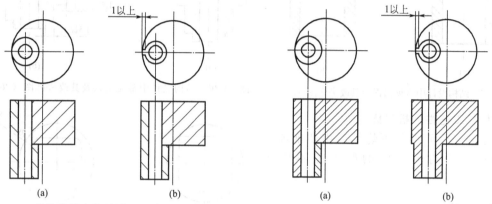

图 10-29　结构设计中常见错误及其改进样图（29）　图 10-30　结构设计中常见错误及其改进样图（30）

实例 10-31

(1) 原设计实例及结构特点

如图 10-30（a）所示，零件的两圆相切。

(2) 改进后结构设计特点

改进后如图 10-30（b）所示，避免两圆相切；凹进部位离圆边距离＞1mm。

(3) 工艺性分析对比

应避免两圆相切，有利于冲模加工，并提高模具强度。

实例 10-32

(1) 原设计实例及结构特点

如图 10-31（a）所示，零件带有与加压方向垂直的孔。

(2) 改进后结构设计特点

改进后如图 10-31（b）所示，去掉加压方向垂直的孔。

(3) 工艺性分析对比

零件上与加压方向垂直的孔成形后无法脱模，须靠烧结后的切削加工完成。

实例 10-33

(1) 原设计实例及结构特点

如图 10-32（a）所示，零件有网状滚花结构。

（2）改进后结构设计特点

改进后如图 10-32（b）所示，零件是竖条结构。

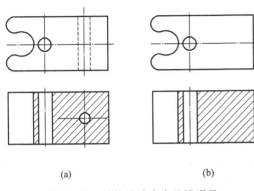

图 10-31　结构设计中常见错误及
其改进样图（31）

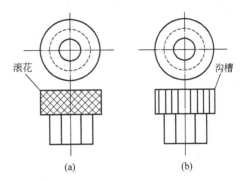

图 10-32　结构设计中常见错误及
其改进样图（32）

（3）工艺性分析对比

当零件要求滚花时，应改为和轴线平行的竖条或齿形结构。

实例 10-34

（1）原设计实例及结构特点

如图 10-33（a）所示是带台阶的齿轮。

（2）改进后结构设计特点

改进后如图 10-33（b）所示，是带台阶的倾斜齿轮端面。

（3）工艺性分析对比

带台阶的齿轮端面应有约 60°的倾斜齿轮端面。

实例 10-35

（1）原设计实例及结构特点

如图 10-34（a）所示，弧形沟槽的深度大。

（2）改进后结构设计特点

改进后如图 10-34（b）所示，弧形沟槽的深度小。

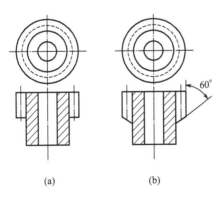

图 10-33　结构设计中常见错误
及其改进样图（33）

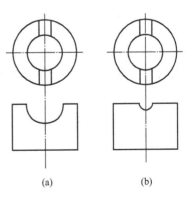

图 10-34　结构设计中常见错误
及其改进样图（34）

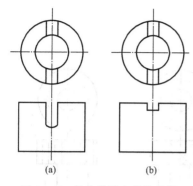

图 10-35　结构设计中常见错误
及其改进样图（35）

（3）工艺性分析对比

设计弧形沟槽时，半圆形或弧形沟槽的最大深度为压坯总高度的 30％。

实例 10-36

（1）原设计实例及结构特点

如图 10-35（a）所示，零件的矩形沟槽较深。

（2）改进后结构设计特点

改进后如图 10-35（b）所示，矩形沟槽较浅。

（3）工艺性分析对比

当矩形沟槽平行于压制方向时，矩形沟槽的最大深度约为压坯总高度的 20％。

10.3　实例启示

1）粉末冶金件的生命力在于提高产品质量并替代用其他金属成形方法制造的零件以降低生产成本，目前很多应用中不能使用粉末冶金零件的重要原因之一是其承载能力不够，无法达到重载工况的机械性能要求。例如，多数的铁基粉末冶金材料主要用于承载负荷较低的齿轮和凸轮等结构件，这主要是由于传统的压制-烧结的粉末冶金零件材料内部含有一定量的孔隙，大大制约了其强度指标和机械性能，从而限制了其应用。

近几年以来，国内外很多学者在粉末冶金零件质量和性能的提高方面做了大量研究。为了满足现代工业对其性能、寿命等各方面的高要求，粉末冶金材料正向着高致密化、高性能化、集成化和低成本等方向发展，建立以致密化为主要目标，用增强致密化过程来制造具有均匀显微组织结构的高致密合金，以满足现代工业对粉末冶金件性能、寿命等多方面的高要求。

2）通过对粉末冶金件结构设计、限制因素及常见错误进行分析，得知粉末冶金结构件的壁厚、凸台、凸缘、沟槽、孔、斜度和锥度、圆角与倒角、倒角与斜角及字母数字标志等方面是设计结构件时容易出现错误的地方。

3）在设计粉末冶金结构件时主要应该考虑以下几个方面的因素：

① 利于压坯脱模；

② 保证压模的强固性；

③ 零件形状必须易于装粉；

④ 零件形状设计要有利于压坯密度均匀等。

第11章
工程塑料件结构
设计与工艺性

工程塑料是化工新材料最重要的领域之一，是化工新材料产量最大、技术最复杂的分支。工程塑料是指可以作为结构材料，在较宽的温度范围内承受机械应力，在较为苛刻的化学物理环境中使用的高性能的高分子材料。一般指能承受一定的外力作用，并有良好的力学性能和尺寸稳定性，在高、低温下仍能保持其优良性能，可以作为工程结构件的塑料；工程塑料常被用做工业零件或外壳材料。

11.1　工程塑料件结构设计要点及禁忌

工程塑料件结构设计要点：

① 结构设计合理。所有插入式的结构均应预留间隙，装配间隙应合理；保证有足够的强度和刚度并适当设计合理的安全系数。

② 塑件的结构设计应综合考虑模具的可制造性，尽量简化模具的制造；采用组合件和嵌件。

③ 塑件的结构要考虑其可塑性，即零件注塑生产效率要高，尽量降低注塑的报废率。

④ 考虑便于装配生产（尤其与装配不能冲突）。

⑤ 塑件的结构尽可能采用标准、成熟的结构，即所谓模块化设计。

⑥ 能通用（或公用）的尽量使用已有的零件不新开模具，兼顾成本。

塑料件孔的设计需要遵守如下的原则：

① 孔间距和孔到制品边缘距离一般应大于孔径。

② 制品上的孔为受力孔时，孔的周边应以凸台加强以保证强度和刚度。

③ 盲孔的成型只能用一端固定的型芯来成型；应注意孔深不宜太深，否则型芯会弯曲或折断。

工程塑料件结构设计时禁忌：

① 翘曲变形、失稳。

② 制造困难的复杂结构。

③ 局部变形、裂纹和接缝。

④ 简单地模仿金属件的结构。

11.2 工程塑料件结构设计与工艺性实例分析

塑料加工指的是塑料制品成型后的再加工，亦称二次加工。主要工艺有塑料连接、表面处理及机械加工。工程塑料件主要是靠成型模具获得的，其质量好坏与成本高低取决于模具的结构、质量和使用寿命。

注射成型塑料件结构设计时应遵循以下设计原则：

(1) 壁厚合理

从成型质量的角度来看，塑料件的壁厚过大，在成型的过程中容易产生凹陷、缩孔等缺陷；壁厚太小，则会造成进胶困难，不易充满型腔而造成缺料。塑料件的壁厚应尽可能均匀，可采取缓和的形式过渡，也可采用局部挖空的结构，使壁厚变得均匀，避免成型过程中产生翘曲变形等缺陷。

(2) 加强筋结构设计原则

在塑料件上设置加强筋，可提高塑料件的强度和刚度，防止塑料件的翘曲变形。选择恰当的加强筋位置可改善塑料熔体的流动性。

加强筋的尺寸一般遵循以下原则：①筋的壁厚一般为主体厚度 t 的 0.4 倍，最大不超过 0.6 倍；②筋之间的间距大于 $4t$，筋的高度低于 $3t$；③螺钉柱的加强筋至少低于柱子表面 1.0mm；④加强筋应低于零件表面或分型面至少 1.0mm。

多条加强筋相交，要注意相交带来的局部材料堆积问题。其改进方法是：①将加强筋错位；②加强筋交叉部位设计成空心结构，细长的加强筋，如受力，应尽量使其承受拉力，避免承受过大的压力。因为塑料材料的弹性模量很低，容易出现失稳问题。这与金属铸件设计时所遵循的优先受压原则相反，需要特别注意。

(3) 避免应力集中

塑料件的结构设计要特别注意避免尖锐棱角的产生。棱角处几何形状的过渡不连续，此处会产生应力集中现象，从而会产生裂纹。塑料材料的强度通常很低，应力集中的地方更易损坏。避免应力集中的主要措施是改善构件尖锐棱角部位的结构形式。例如，在尖角部位增加倒角、倒圆角或以平缓的过渡段代替。当因构件功能的需要而不可直接增加倒角、倒圆角时，可通过在尖角处减小局部结构强度，向内掏出圆角的办法降低应力集中。

塑料件螺纹的牙形应优先采用圆形和梯形，避免三角形、矩形，这样可以降低缺口效应，提高螺纹的承载能力。

(4) 设计合适的拔模斜度

拔模斜度也叫脱模斜度，主要是为了避免塑料件在脱模时由于冷却收缩而对模具产生黏附、摩擦，从而导致其损伤变形，应在塑料件的脱模方向设置有利于脱模的角度。

(5) 从模具结构的角度考虑塑料件的结构设计

注射生产的工艺装备是模具，模具是塑料件形状的反映。由于塑料件结构复杂，模具不得不在结构上复杂化，甚至出现无法实现的结构，塑料件在设计时就应该充分考虑这一点，在保证外观和功能的前提下，力争使模具结构尽可能简化，从而节约时间和成本并可以提高产品质量。例如，塑料件上有很多的侧凹槽和侧孔等结构可能会阻碍产品沿顶出方向出模，一般要采取抽芯、斜顶等结构。如果在实现功能和保证外观的前提下，将凹槽和侧孔设计成与顶出方向一致或设计成碰穿结构，将大大简化模具结构。因此，在进行塑料件结构设计时应避免过多的复杂结构。

塑料件的设计应避免内切结构。塑料件上有内切的结构无法直接脱模，造成模具无法制作或必须用模芯、隐藏式结构或将模具分离，但这样做增加了模具制作的复杂性，降低了模具的可靠性，产生废品的可能性增大，增大了制造成本。因此，在进行结构设计时应尽量避免出现内切结构。

塑料件的设计有时因为外观或装配的要求必须采取侧向脱模，这要求设计时应充分考虑模具的结构及模具结构对产品本身的影响。

① 斜顶与滑块的问题　斜顶与滑块，在分模方向与垂直于分模方向上均有运动。斜顶与行位在垂直于分模的方向不能有胶位阻挡运动，要有足够的运动空间。

② 垂直面的处理　有些塑料件的外观要求不能有斜度，要保证侧壁垂直，则需要在垂直面处设计滑块或斜顶。

（6）考虑塑料的非各向同性的特点进行设计

塑料有时并非像金属具有各向同性，在这种情况下在方向上要扬长避短。例如，有些有加强材料的塑料，其胶流方向应和构件承载较大的方向一致；因为随熔融塑料流入的加强纤维，其轴线方向和流动方向相同。

（7）从装配的角度考虑塑料件的结构设计

由于塑料材料的弹性模量小，即材质较软，并且成型工艺与金属件不同，塑料件的公差精度比金属件一般来说要低很多。因此，在进行结构设计时应注意这一特性，应避免大尺寸小公差的情况出现。尺寸越大，构件累积的变形越大，对公差精度的影响也越大。

粘接是塑料件常用的装配方式之一。塑料件粘接时应避免粘接界面承受撕扯拉力，因为其抗撕扯能力差，正确的做法是使粘接界面承受剪切力。处于受正拉力状态的粘接强度不及处于受剪力状态的粘接强度，因为处于受正拉力状态的粘接界面在其根部承受撕扯拉力作用；而处于受剪力状态的粘接界面的面积一般大于受正拉力状态的粘接界面的面积，所以抗撕扯能力较强。

螺栓连接也是塑料件常用的装配方式之一。由于塑料的强度很低，通常不足以咬紧螺丝，因此在受力较大的情况下，不可将自攻螺丝直接嵌入塑料中。另外，平头螺栓连接或铆接式连接应带面积较大的衬板，以增加受力面积。

工程塑料件结构设计时一定要遵循设计原则，否则会出错、甚至导致工件制造不出来或不能实现其功能。下面以实例介绍工程塑料件常见错误及其改进。

实例 11-1

（1）原设计实例及结构特点
如图 11-1（a）所示容器，是带有侧孔的容器，该结构成型不便，且使用模具复杂。

（2）改进后结构设计特点
改进后如图 11-1（b）所示，将容器改为侧凹结构，不需要采用复杂模具。

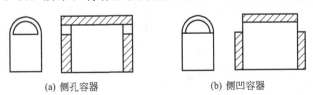

(a) 侧孔容器　　　　　　　　(b) 侧凹容器

图 11-1　侧孔容器和侧凹容器

（3）工艺性分析对比
将图 11-1（a）侧孔容器改为图 11-1（b）侧凹容器后，则不需要采用侧抽芯或瓣合分型的模具，方便制造。

实例 11-2

（1）原设计实例及结构特点

如图 11-2（a）所示连接件，连接件外部带有横向凸台，凸台阻碍脱模。

（2）改进后结构设计特点

改进后如图 11-2（b）所示，取消外部横向凸台后的连接件，该结构功能不变，方便脱模。

（3）工艺性分析对比

连接件应避免塑料表面的横向凸台，以便于脱模。

实例 11-3

（1）原设计实例及结构特点

如图 11-3（a）所示外形相贯零件，零件外侧有凹形，必须采用瓣合凹模。

（2）改进后结构设计特点

改进后如图 11-3（b）所示，将零件外侧的凹形改为凸形，可以避免使用结构复杂的模具。

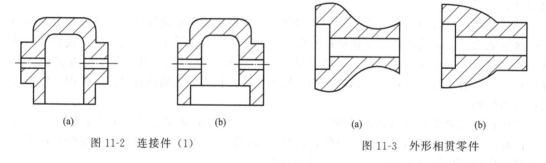

（a）　　　　　（b）　　　　　　　（a）　　　　　（b）

图 11-2　连接件（1）　　　　　图 11-3　外形相贯零件

（3）工艺性分析对比

当塑料件外侧有凹形时必须采用瓣合凹模；瓣合凹模使塑料模具结构复杂，塑件有接缝。

实例 11-4

（1）原设计实例及结构特点

如图 11-4（a）所示连接件，塑件连接件右端结构为内侧凹形。

（2）改进后结构设计特点

改进后如图 11-4（b）所示，将塑件右端结构内侧凹形改为外侧凹形，便于抽芯。

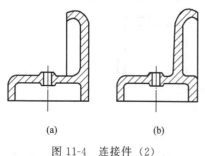

（a）　　　　　（b）

图 11-4　连接件（2）

（3）工艺性分析对比

当塑件内侧凹时，抽芯困难；而塑件外侧凹，则抽芯方便。

实例 11-5

（1）原设计实例及结构特点

如图 11-5（a）所示箱体局部结构，箱体零件右端侧孔抽型芯。

（2）改进后结构设计特点

改进后如图 11-5（b）所示，右端斜面开孔，避免侧孔抽侧型芯，使抽芯方便。

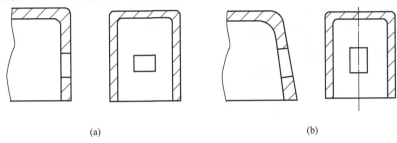

(a)   (b)

图 11-5　箱体局部结构（1）

（3）工艺性分析对比

零件结构设计时，应尽可能使零件形状简单，方便制作。

实例 11-6

（1）原设计实例及结构特点

如图 11-6（a）所示金属嵌入结构，当金属嵌件的嵌入段是直形或光形时，连接不可靠。

（2）改进后结构设计特点

改进后如图 11-6（b）所示，金属嵌件的嵌入段改为带有凸梗结构，连接可靠。

（3）工艺性分析对比

为了连接可靠，金属嵌件的嵌入段应带凸梗或钩，以防止拔脱。

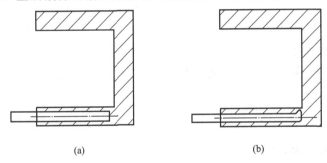

(a)   (b)

图 11-6　金属嵌入

实例 11-7

（1）原设计实例及结构特点

如图 11-7（a）所示箱体局部结构，零件包含横向侧孔，使抽芯困难。

（2）改进后结构设计特点

改进后如图 11-7（b）所示，零件改为垂直方向孔，可以避免抽芯。

（3）工艺性分析对比

将零件横向侧孔改为垂直方向孔后，可免去侧抽芯机构，方便制造。

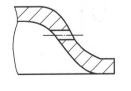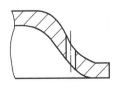

(a)   (b)

图 11-7　箱体局部结构（2）

实例 11-8

(1) 原设计实例及结构特点
如图 11-8（a）所示连接件，零件的壁厚不均，易产生成型缺陷。

(2) 改进后结构设计特点
改进后如图 11-8（b）所示，开环形槽，使零件壁厚均匀。

(3) 工艺性分析对比
当壁厚不均匀时，易产生气泡，使塑件变形；当壁厚均匀时，改善了成型工艺条件，有利于保证质量。

实例 11-9

(1) 原设计实例及结构特点
如图 11-9（a）所示零件截面图，该零件壁厚不均匀，易产生气泡及使塑件变形。

(2) 改进后结构设计特点
改进后如图 11-9（b）所示，零件左右两边开槽，使壁厚相对均匀。

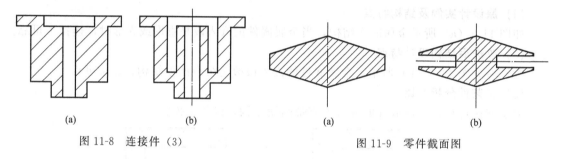

(a)　　　　　　　(b)　　　　　　　　　　　(a)　　　　　　　　(b)

图 11-8　连接件（3）　　　　　　　图 11-9　零件截面图

(3) 工艺性分析对比
当壁厚不均匀时，易产生气泡，使塑件变形；当壁厚均匀时，改善了成型工艺条件，有利于保证质量。

实例 11-10

(1) 原设计实例及结构特点
如图 11-10（a）所示零件局部结构，零件的壁厚不均匀。

(2) 改进后结构设计特点
改进后如图 11-10（b）所示，零件的左边上下开槽，使壁厚均匀。

(3) 工艺性分析对比
零件壁厚不均匀，易产生气泡及使塑件变形；零件壁厚均匀，改善了成型工艺条件，有利于保证质量。

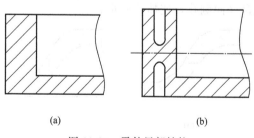

(a)　　　　　　　　　(b)

图 11-10　零件局部结构

实例 11-11

(1) 原设计实例及结构特点
图 11-11（a）所示为一平顶塑件，塑件的平顶薄、侧壁厚；当用侧浇口进料时平面上易留有熔接痕，不易保证零件质量。

（2）改进后结构设计特点

改进后的结构如图 11-11（b）所示，使塑件的平顶厚、侧壁薄；当用侧浇口进料时平面上不易留有熔接痕，易保证零件质量。

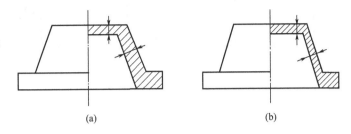

图 11-11　平顶塑件

（3）工艺性分析对比

对于平顶塑件，当用侧浇口进料时，为避免平面上留有熔接痕，必须保证平面进料通畅，故平顶厚度应大于侧壁厚度。

实例 11-12

（1）原设计实例及结构特点

如图 11-12（a）所示为一凸缘壁厚结构，塑件壁厚不均匀，易产生凹痕表面。

（2）改进后结构设计特点

改进后如图 11-12（b）所示，凸缘处开孔，使塑件壁厚相对均匀。

（3）工艺性分析对比

对于壁厚不均匀的凸缘塑件，可在易产生凹痕表面的壁厚处开设工艺孔或采用波纹形式，以掩盖凹痕。

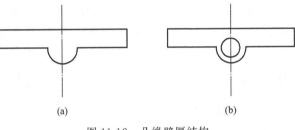

图 11-12　凸缘壁厚结构

实例 11-13

（1）原设计实例及结构特点

如图 11-13（a）所示，零件内部没有设加强肋。

（2）改进后结构设计特点

改进后如图 11-13（b）所示，零件增设加强肋。

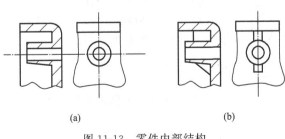

图 11-13　零件内部结构

（2）改进后结构设计特点

改进后如图 11-14（b）所示，改进零件下方壁厚不匀处，采用加强肋，并使壁厚相对

（3）工艺性分析对比

增设加强肋后，可提高塑件强度，改善料流情况。

实例 11-14

（1）原设计实例及结构特点

如图 11-14（a）所示的箱式零件，零件下方壁厚不匀，易产生缩孔。

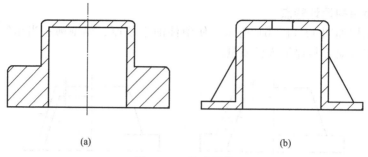

(a)   (b)

图 11-14　箱式零件

均匀。

（3）工艺性分析对比

采用加强肋后，既不影响塑件强度，也可以避免因壁厚不匀而产生的缩孔。

实例 11-15

（1）原设计实例及结构特点

如图 11-15（a）所示的平板状塑件，其加强肋与料流方向交叉，冲模阻力容易过大。

（2）改进后结构设计特点

改进后如图 11-15（b）所示，平板状塑件的加强肋与料流方向平行，冲模阻力均匀。

（3）工艺性分析对比

对于平板状塑件，加强肋设置时应与料流方向平行，以免造成冲模阻力过大、降低韧性。

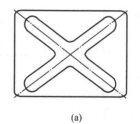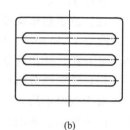

(a)   (b)

图 11-15　平板状塑件

实例 11-16

（1）原设计实例及结构特点

如图 11-16（a）所示的非平板状塑件，其加强肋平行排列；由于板厚不均易产生翘曲变形。

（2）改进后结构设计特点

改进后如图 11-16（b）所示，使非平板状塑件的加强肋交错排列，避免板厚不均产生缺陷。

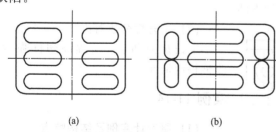

(a)   (b)

图 11-16　非平板状塑件

（3）工艺性分析对比

对于非平板状塑件，加强肋应交错排列，以免产生翘曲变形。

实例 11-17

（1）原设计实例及结构特点

如图 11-17（a）所示的箱体截面结构，中间的加强肋与支撑面在同一尺寸高度；当高度方向出现误差时，箱体会出现不稳定。

（2）改进后结构设计特点

改进后如图 11-17（b）所示，加强肋与支撑面有大于 0.5mm 的间隙，可以避免高度方向出现不稳定。

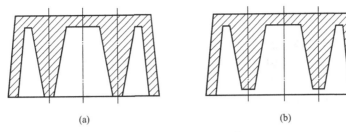

图 11-17　箱体截面结构

（3）工艺性分析对比

加强肋应设计得矮一些，例如，与支撑面应有大于 0.5mm 的间隙，以保证支持面平齐。

实例 11-18

（1）原设计实例及结构特点

如图 11-18（a）所示的底座，采用大平面作支撑面，易导致支持面的缺陷。

（2）改进后结构设计特点

改进后如图 11-18（b）所示，中间结构凹陷，即采用地脚作支撑面，可以保证支持面平齐。

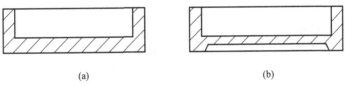

图 11-18　底座（1）

（3）工艺性分析对比

采用地脚作支撑面后，可以保证支持面平齐。

实例 11-19

（1）原设计实例及结构特点

如图 11-19（a）所示的底座，采用大平面作支撑面，易导致支持面的缺陷。

（2）改进后结构设计特点

改进后如图 11-19（b）所示，中间结构凸起，即采用凸缘作支撑面，可以保证支持面平齐。

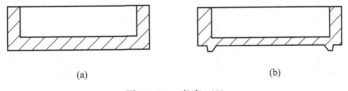

图 11-19　底座（2）

（3）工艺性分析对比

采用凸边作支撑面，例如，凸边的高度可以取 0.3～0.5mm。采用地脚作支撑面后，可以保证支持面平齐。

实例 11-20

(1) 原设计实例及结构特点

如图 11-20（a）所示的紧固螺钉结构，零件中安装紧固螺钉用的凸台或凹耳部，连接结构突然过渡，不易保证足够的强度。

(2) 改进后结构设计特点

改进后如图 11-20（b）所示，安装紧固螺钉用的凸台或凹耳，连接结构渐进过渡，易保证足够的强度。

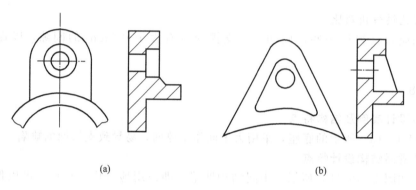

(a)   (b)

图 11-20 紧固螺钉结构

(3) 工艺性分析对比

安装紧固螺钉用的凸台或凹耳时，应有足够的强度，避免突然过渡。

实例 11-21

(1) 原设计实例及结构特点

如图 11-21（a）所示的板形零件，孔位于平板上，支持面采用较大的面积支承，成形后易产生凸凹不平。

(2) 改进后结构设计特点

改进后如图 11-21（b）所示，板形零件上设置凸台，凸台位于边角部位，支持面不存在较大的面积支承，成型后不易产生凸凹不平。

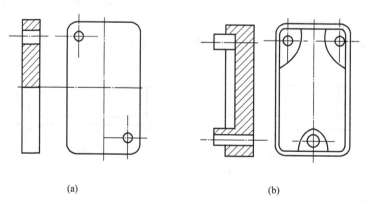

(a)   (b)

图 11-21 板形零件

(3) 工艺性分析对比

板形零件设计时，支持面不可以有较大的面积支承，以防止成型后凸凹不平。

实例 11-22

(1) 原设计实例及结构特点

如图 11-22 （a）所示的塑件与模具关系，杯形塑件留于静模，使塑件取出困难。

(2) 改进后结构设计特点

改进后如图 11-22 （b）所示，塑件留于动模，使塑件取出简单。

(3) 工艺性分析对比

因为塑件留于动模，可以使其推出机构简单，所以应该尽可能使塑件留于动模。

实例 11-23

(1) 原设计实例及结构特点

如图 11-23 （a）所示的塑件与模具关系，带凹槽塑件留于静模，使塑件取出困难。

(2) 改进后结构设计特点

改进后如图 11-23 （b）所示，塑件留于动模，使塑件取出简单。

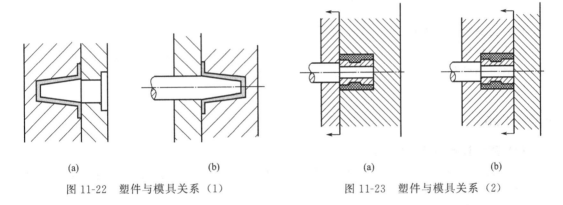

| (a) | (b) | (a) | (b) |

图 11-22 塑件与模具关系（1）　　　　图 11-23 塑件与模具关系（2）

(3) 工艺性分析对比

因为塑件留于动模，可以使其推出机构简单，所以应该尽可能使塑件留于动模。

实例 11-24

(1) 原设计实例及结构特点

如图 11-24 （a）所示是直形嵌件，该结构易拔脱。

(2) 改进后结构设计特点

改进后如图 11-24 （b）所示，是凹梗形嵌件，凹梗阻止拔脱。

(a)　　　　　　　　(b)

图 11-24 嵌件

(3) 工艺性分析对比

直形嵌件易拔脱；嵌件设置凹梗后，可以防止拔脱。

实例 11-25

（1）原设计实例及结构特点

如图 11-25（a）所示的塑件与模具关系，带有侧孔的塑件置于静模，使塑件取出困难。

（2）改进后结构设计特点

改进后如图 11-25（b）所示，塑件留于动模，使塑件取出简单。

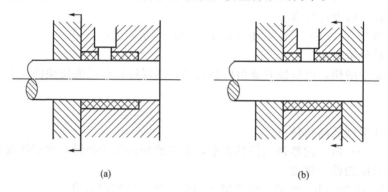

(a)   (b)

图 11-25　塑件与模具关系（3）

（3）工艺性分析对比

因为塑件留于动模，可以使其推出机构简单，所以应该尽可能使塑件留于动模。

或者，当塑件上有侧孔、侧凹等结构时，应该考虑将侧孔、侧凹优先置于动模，以便于塑件脱模。

实例 11-26

（1）原设计实例及结构特点

如图 11-26（a）所示的塑件与侧抽芯结构，塑件带有较长的侧锥孔，塑件结构使得侧抽芯距离较长。

（2）改进后结构设计特点

改进后如图 11-26（b）所示，塑件带有凹孔，塑件结构使得侧抽芯距离较短。

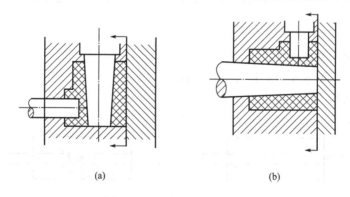

(a)   (b)

图 11-26　塑件与侧抽芯结构

（3）工艺性分析对比

塑件结构设计时，应使侧抽芯距离尽量短。

实例 11-27

（1）原设计实例及结构特点

如图 11-27（a）所示的凸缘塑件，带有相贯结构，不易保证塑件外观质量。

（2）改进后结构设计特点

改进后如图 11-27（b）所示，相贯结构改为简单结构，易保证塑件外观质量。

（3）工艺性分析对比

塑件外观尽量简单，有利于保证塑件质量及塑件外观。

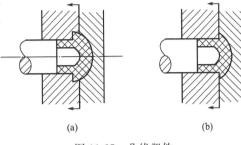

(a)   (b)

图 11-27　凸缘塑件

实例 11-28

（1）原设计实例及结构特点

如图 11-28（a）所示的塑件与模具关系，脱模困难，不易保证塑件外观。

（2）改进后结构设计特点

改进后如图 11-28（b）所示，易于脱模，易保证塑件外观。

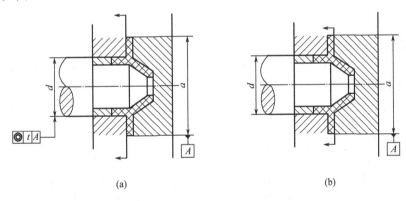

(a)   (b)

图 11-28　塑件与模具关系（4）

（3）工艺性分析对比

合理设计塑件在模具中的位置，使其有利于保证塑件质量及塑件外观。

实例 11-29

（1）原设计实例及结构特点

如图 11-29（a）所示的塑件与分型面结构，其结构不利于排气，影响塑件质量。

（2）改进后结构设计特点

改进后如图 11-29（b）所示，其结构排气顺畅，有利于塑件质量。

（3）工艺性分析对比

改进后的结构利于排气、保证塑件质量。

实例 11-30

（1）原设计实例及结构特点

如图 11-30（a）所示的塑件与模具结构，使塑件模具的结构复杂、加工困难。

（2）改进后结构设计特点

改进后如图 11-30（b）所示，通过改进模具分型面，使塑件模具的结构简单、加工较容易。

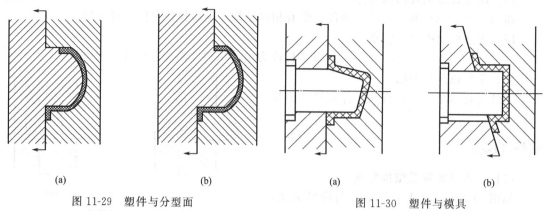

图 11-29 塑件与分型面

图 11-30 塑件与模具

（3）工艺性分析对比

改进后的结构使塑件模具的结构简单，便于加工。

实例 11-31

（1）原设计实例及结构特点

如图 11-31（a）所示的塑件内腔嵌件，内腔与嵌件连接是直形结构，金属嵌件易拔脱。

（2）改进后结构设计特点

改进后如图 11-31（b）所示，内腔与嵌件连接设计成凸、凹连接结构，中间的金属嵌件不易拔脱。

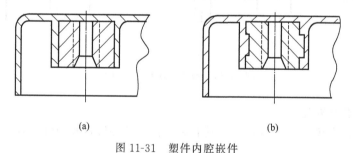

(a)   (b)

图 11-31 塑件内腔嵌件

（3）工艺性分析对比

金属嵌件应在中间设置成凸或凹结构，防止拔脱。

实例 11-32

（1）原设计实例及结构特点

如图 11-32（a）所示的塑件与金属嵌件，塑件与嵌件连接处是光孔，使得金属嵌件易拔脱。

（2）改进后结构设计特点

改进后如图 11-32（b）所示，塑件与嵌件连接处是阶梯孔，使得金属嵌件不易拔脱。

（3）工艺性分析对比

金属嵌件应在中间车环形槽或形成阶梯孔，防止拔脱。

机械零部件结构设计实例与
装配工艺性（第二版）

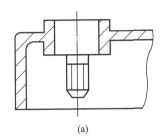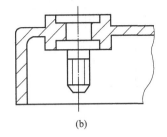

图 11-32　塑件与金属嵌件（1）

实例 11-33

（1）原设计实例及结构特点

如图 11-33（a）所示的塑件与金属嵌件，塑件与金属嵌件连接处是光环，使得金属嵌件易拔脱。

（2）改进后结构设计特点

改进后如图 11-33（b）所示，塑件与金属嵌件连接处设计成环形槽，使得金属嵌件不易拔脱。

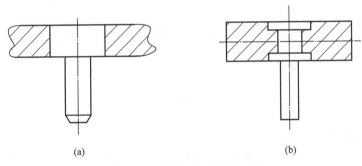

图 11-33　塑件与金属嵌件（2）

（3）工艺性分析对比

金属嵌件应在中间车环形槽，防止拔脱。

实例 11-34

（1）原设计实例及结构特点

如图 11-34（a）所示的塑件与金属嵌件，塑件与金属嵌件连接处是等直径面，使得金属嵌件易拔脱。

（2）改进后结构设计特点

改进后如图 11-34（b）所示，塑件与金属嵌件连接处是变直径面，使得金属嵌件不易拔脱。

（3）工艺性分析对比

塑件与金属嵌件连接处应设计变直径面、环形槽，防止拔脱。

实例 11-35

（1）原设计实例及结构特点

如图 11-35（a）所示的塑件与金属嵌件，嵌入部分是圆柱形螺纹面，金属嵌件易拔脱。

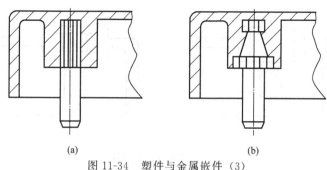

图 11-34　塑件与金属嵌件（3）

(2) 改进后结构设计特点

改进后如图 11-35（b）所示，嵌入部分设计成方形，金属嵌件不易拔脱。

(3) 工艺性分析对比

塑件与金属嵌件连接处应设计成方形，防止拔脱。

实例 11-36

(1) 原设计实例及结构特点

如图 11-36（a）所示的塑件与金属嵌件，是分离式金属嵌件，金属嵌件易拔脱。

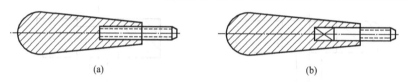

图 11-35　塑件与金属嵌件（4）

(2) 改进后结构设计特点

改进后如图 11-36（b）所示，设计成整体式金属嵌件，金属嵌件不易拔脱。

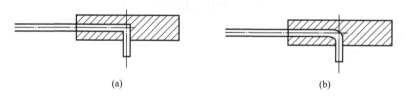

图 11-36　塑件与金属嵌件（5）

(3) 工艺性分析对比

整体式金属嵌件不易拔脱。

实例 11-37

(1) 原设计实例及结构特点

如图 11-37（a）所示的塑件与金属嵌件，是直形嵌件，金属嵌件易拔脱。

(2) 改进后结构设计特点

改进后如图 11-37（b）所示，是凸梗形嵌件，金属嵌件不易拔脱。

(3) 工艺性分析对比

直形嵌件中间应设置凸梗，防止拔脱。

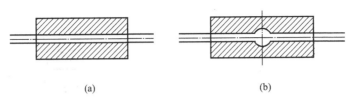

(a)   (b)

图 11-37　塑件与金属嵌件（6）

11.3　实例启示

　　塑料零件成型后大多可直接装配使用。但对尺寸精度要求高、难以一次成型的零件，可利用各种型材加工小批量零件；对于加工配件，当采用注射成型法制造零件时，难以注射出的部位，例如小深孔、螺纹等也须进行机械加工。采用机械加工的方法去除模压制品的飞边、毛刺，以及装配过程中的修配等。

　　塑料零件机械加工工艺与金属切削工艺大致相同，可进行任何形式的切削加工。但是由于塑料的切削性能与金属不同，因此塑料加工方法与金属切削有所不同，主要表现如下：

　　① 塑料的热容量小，导热性能差。在机械加工过程中，由于金属刀具和塑料摩擦产生热量，极易使塑料产生局部过热，引起塑料变色甚至燃烧，或使塑料加工件变形。所以加工塑料制品时一般应在室温状态下进行。

　　② 塑料的线胀系数比金属大得多，一般为金属的 1.5～20 倍，即使温度的变化不大，也会使尺寸产生相当大的变化，这对制件尺寸精度的控制是不利的，会影响表面质量。

　　③ 由于塑料的弹性模量较小，一般只有金属的 1/20～1/40，因而机械加工时，若夹具和刀具对其施加的压力过大，其所引起的扭变和偏差就比金属大得多，这会影响到制件的公差。在压紧力一定时，切削刀具的刃口要锋利。

　　④ 从切削过程来看，当塑料件高速切削时，切屑呈胶熔状态的塑料碎屑，遇冷即硬化。

　　塑料品种繁多、加工设备及工艺多变，塑料加工前必须合理设计塑料件结构，并选择刀具、配制加工工艺。

第12章
矿用离心通风机

离心通风机作为矿井通风设备，已经得到了广泛的应用。在煤矿地下开采时，不但煤层中所含的有毒气体（如甲烷、一氧化碳、硫化氢、二氧化碳等）会大量涌出，而且伴随着采煤过程还会产生大量易燃、易爆的煤尘；同时，由于地热和机电设备散发的热量，使井下空气温度和湿度也随之增高。有毒的气体、过高的温度以及容易爆炸的煤尘和瓦斯，不但严重影响井下工作人员的身体健康，而且对矿井的安全也产生很大威胁。所以需要通风机向井下输送新鲜空气、供人员呼吸，并使有害气体的浓度降低到对人体安全、无害的程度；同时，调节温度和湿度，改善井下工作环境，保证煤矿安全生产。

12.1 矿用离心通风机装配结构设计要点及禁忌

矿用离心式通风机主要由叶轮、机壳、传动组、集流器及前导器等部件装配组成。

装配结构设计应注意以下要点：

1）在进行风机结构设计时，首先应确保其流量、风压及效率等性能参数符合规范要求。

2）虽然风机发生故障的原因很多，但零部件本身结构、尺寸的影响不可忽视。由于零部件本身结构、尺寸不合理会造成零件强度、刚度不够，或在固有频率下工作时引起零部件变形与损坏。

3）叶轮是传送能量的关键部件，应考虑其平衡性。叶轮的故障主要出现在叶片，而叶片故障主要发生在根部，主要特征表现为磨损、裂纹及断裂等，这些损坏可能是受外部恶劣的工作环境影响，例如生产中所产生的大量粉尘、颗粒，这些物质落到叶片上使叶片表面出现麻点，或击打叶片使叶片重心偏移、重力加大。

4）传动组中传动轴、轴承是发生故障的主要零部件。其中传动轴主要故障特征表现是磨损及扭转变形，传动轴若受载荷过大，环境温度过高等都会造成弯曲变形。

装配时还应避免或禁忌下面情况出现：

1）风机振动剧烈。

产生原因：①风机轴与电机轴不平行、带轮错位；②机壳或进风口与叶轮摩擦；③基础的铆钉松动或叶轮变形；④叶轮铆钉松动或叶轮变形；⑤叶轮轴盘孔与轴配合松动；⑥叶片有积灰、污垢、磨蚀或轴弯曲使转子失衡；⑦风机进、出口管道安装不良、产生共振；⑧机壳与支架、轴承座与支架、轴承座与轴承盖等连接螺栓松动。

2）轴承温升过高。

产生原因：①轴承座振动剧烈；②润滑剂黏度不对、变质或含有异物，润滑剂填充不足或过多；③滚动轴承损坏或轴承弯曲，轴承内环或外环配合公差过松或过紧。

3）电机电流过大或温升过高。

产生原因：①开车时进风口管道未关严；②被送气体中含有黏性物质；③主轴转速超过额定值；④轴承箱振动剧烈；⑤电机输入电压过低或电流缺相。

4）皮带跳动或滑下。

产生原因：皮带磨损、拉长使皮带过松或两带轮槽彼此不在同一中心线上。

12.2　风机及零部件的结构设计与装配工艺性设计

离心式通风机是由叶轮产生离心力来输送气体的蜗轮机械，广泛应用于国民经济的各个部门，对离心式通风机的技术要求是运转可靠安全、效率高、噪声低及调节性能好。高压离心式通风机多用于隧道、矿井等气力输送系统的送风或引风设备，低压通风机用于空气调节及通风换气系统。

离心式通风机的结构简单，制造方便。叶轮和机壳一般都由钢板制成，通常采用焊接，有时用铆接；其主要部件有叶轮、蜗壳（机壳）、进出气部件（包括集流器、进气箱、前导器、扩散器）、主轴、底座及电机等。

(1) 叶轮

叶轮是通风机的心脏，它由原动机驱动。叶轮旋转时便将原动机的机械能传递给气体，使气体的压力升高。离心通风机的叶轮一般由轮盖、轮盘、叶片和轴盘组成，其结构有焊接和铆接两种形式。叶片有后弯、前弯和径向三种。

(2) 蜗壳

蜗壳是由蜗板和左右两块侧板焊接或咬口而成，用于收集从叶轮出来的气体，并引导到蜗壳的出口把气体输送到管道中或排到大气中去，通风机蜗壳将气体的部分动能转变为压力能。为了制作方便，蜗壳一般制作成等宽度截面。

(3) 进出气部件

集流器用于将气体导向叶轮，集流器的形状要精心设计和制作，以保证叶轮入口气流的良好状态。进气箱只用在大型的或双吸通风机上，使轴承装在通风机机壳的外面，便于安装和检修，进气箱的出口与集流器的入口相连接。

有的风机安装前导器，前导器由可调节的叶片制成，其作用是通过改变叶片的角度方向获得不同的性能曲线以及扩大风机的使用范围。轴向前导器装在集流器通道内，径向前导器则装在进气箱内。

有的通风机出口装有扩散器，其作用是将出口气流的部分动能转变为压力能，以减少出口的动压损失。扩散器紧接蜗壳的出口，其截面一般为方形或圆形。

(4) 主轴

主轴是电机与风机能量传递的媒介，它通过联轴器、键将电机的电能以扭矩的形式传递给风机并变成叶轮的机械能。

(5) 底座

底座主要用于支撑、固定传动轴。

根据离心式通风机的型号、用途不同，其传动方式也各种各样。若通风机转速与电机转速相同，大型号通风机可采用联轴器直接传动，这样可以使机组结构简化、尺寸减小、提高传动效率；小型号的通风机可将叶轮直接装在电机轴上，则结构更为紧凑；若二者转速不同，则可用皮带轮变速传动的方式。

通风机的性能参数主要有流量（Q）、风压（H）、转速（n）、功率（N）、效率（η）等。

1）风机的流量是指在单位时间内流过风机的气体容积。

2）风机用风压（单位为 Pa）来表征介质通过其所获得的能量大小。风机全压即为风机出口截面上的总压与进口截面上的总压之差。风机风压又可分为全压（H）、静压（H_s）和动压（H_d），分别指单位体积气体从风机获得的全部能量、势能和动能。三者关系为

$$H = H_s + H_d$$

3）风机的功率分为轴功率（N）和有效功率（N_e）。

风机轴功率即风机轴将动力（电机功率）传给部件叶轮的功率，其功率值小于电机额定功率。

风机的有效功率指风机所输送的气体，在单位时间内从风机所获得的有效能量。有效功率也称通风机的输出功率。

4）风机效率分全压效率（η）和静压效率（η_s）。

风机全压效率是通风机的有效功率与风机的轴功率之比。风机全压效率也是对环流效率、容积效率和机械效率等综合后得出的总效率。

风机静压效率等于风机效率乘以风机静压与全压之比。

5）离心通风机的损失。通风机工作时存在着各种损失，并且叶轮叶片是有限的，因此实际特性及相应曲线与上述理论特性曲线是有差别的。按损失产生的原因不同，离心通风机的损失分为叶轮有限叶片产生的环流损失、容积损失和机械损失。

① 环流损失。通风机叶轮的叶片数是有限的，因而在叶轮的流道中产生了环流，导致流道中气流相对运动速度的分布不均匀，降低了叶片出口气流的切向分速度，使有限叶片数叶轮的理论全压比无限叶片数叶轮的理论全压低。

② 容积损失。风机工作时，其内部总存在着压力较高和压力较低的区域，而且相互运动的部件间都留有一定的间隙，因此，部分气体就会从高压区通过间隙泄漏到低压区或大气，使风机出口的流量小于入口吸入的流量，形成了漏损，称为容积损失。

③ 机械损失。通风机的轴与轴承、轴与轴封以及叶轮前后盖板与流体的圆盘摩擦损失总和称为机械损失。

由于影响流动的因素是极为复杂的，用解析法精确确定风机的各种损失也是极为困难的，所以在实际应用中，风机在某一转速下的实际流量、实际压力、实际功率只能通过试验方法求出。

12.2.1 机壳（组）

(1) 机壳（组）结构设计

离心式机壳由截面逐渐扩大的螺旋流道或扩压器组成，用来收集叶轮来的气流，并引导至风机出口，以扩大离心通风机的使用范围和改善调节性能。由于风机或风机的传动方式不同，机壳的结构形式也不相同，例如可以是喇叭口型机壳（组）、直板型机壳（组）等。

喇叭口型机壳（组）如图 12-1 所示，直板型机壳（组）如图 12-2 所示。

机壳组结构特点与要求：

1）图 12-1 中 A 向视图表示了蜗板（蜗壳）的连接与装配关系。

2）图 12-1 中 B 向旋转、C 向视图表示了支脚与侧板的连接与装配关系，支脚按图纸所示分别焊在两个侧板上。

3）机壳组的装配与技术要求：①机壳各切割后不加工的边缘，不得有较大的波纹状、交错不齐、缺陷等，表面应平整，不得有明显的锤痕以及过大的凸起和凹坑等缺陷；②机壳焊接质量应符合相关标准的规定；③侧板、蜗壳板拼接应符合相关标准的规定；④组焊后，

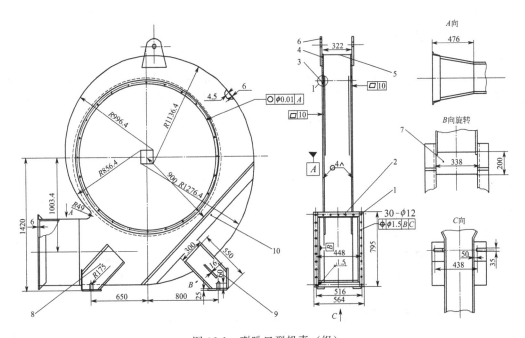

图 12-1　喇叭口型机壳（组）

1,2—风口角钢；3—补强圈；4—侧板（机壳板）；5—蜗板（蜗壳）；6—吊板；

7—补强板；8,9—支脚；10—加强角钢

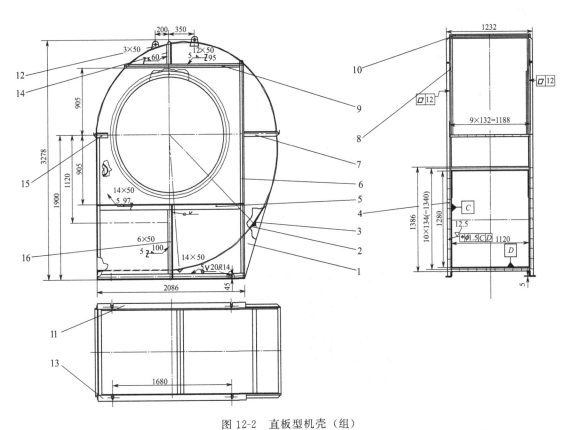

图 12-2　直板型机壳（组）

1—前后侧板；2—蜗壳板；3,5～7,9～11,14～16—补强角钢；4—出风口法兰；

8—补强圈；12—起吊板；13—地基角钢

经检验合格应即涂底漆入库。

（2）装配工艺性设计

装配要点：

① 机壳（组）主要用于收集从叶轮出来的气体，并将其引导到机壳的出口，然后再把气体输送到管道中或排放到大气中去，通过风机的机壳将气体的部分动能转变为压力。为了制作方便，机壳一般制作成等宽度截面，是由蜗壳板和前后侧板焊接或咬口而成。

② 机壳（组）中蜗板的型线会严重影响风机性能，装配时蜗板上的口舌是关键部位。

③ 补强圈（扁钢圈）与侧板的焊接装配中，需要借助专用工装及样板。

④ 某出风口法兰的样图如图 12-3 所示，主要包括出风口角钢，是将四块角钢分别焊接成框架。出风口法兰装配在机壳侧板的外面；装配到机壳成形后的出口端面上。

专用工装、模具及样板：

机壳装配包括口舌装配、侧板装配、出风口装配及其他零部件装配等。

机壳装配工艺的实现需要借助于口舌型线样板、口舌压型模、侧板下料样板及出风口拼粘模等。

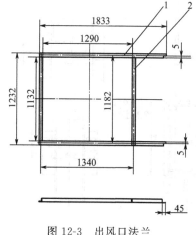

图 12-3　出风口法兰
1,2—出风口角钢

1）机壳口舌的装配

① 口舌压型模定位板　口舌压型模定位板装配图如图 12-4 所示。主要包括上模、下模

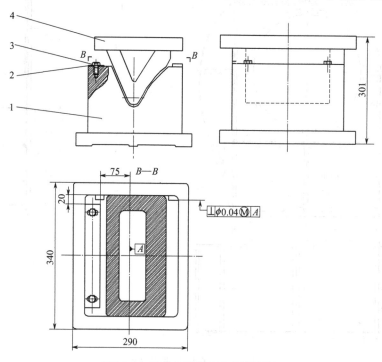

图 12-4　口舌压型模定位板装配图
1—下模；2—固定板；3—固定螺钉；4—上模

及固定板等。

口舌压型模定位板的装配与技术要求：

a. 主要连接处应加有密封垫圈；

b. 铸件完成后做简易的表面处理；

c. 外表面各板均涂防护漆；

d. 留有各处连接间隙（如均为 0.1mm）。

另外，机壳组的口舌装配时同样需要专用工装、模具及样板，如口舌型线样板、口舌压型模定位板、口舌压型模上模及口舌压型模下模等。

② 口舌型线样板　口舌型线样板如图 12-5 所示。图 12-5 中"Ⅰ"处为样板制造的关键尺寸。

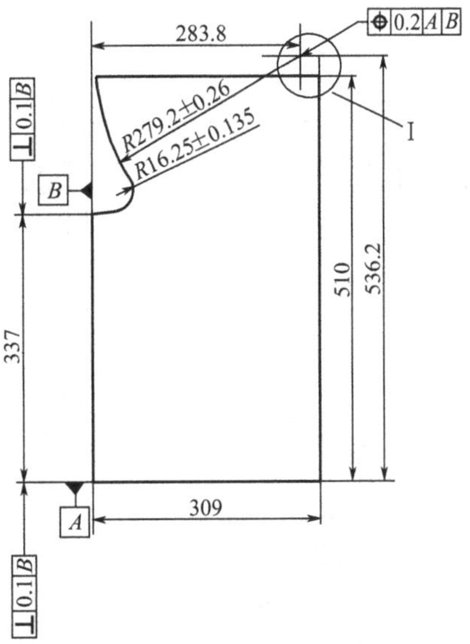

装配与技术要求：

a. 样板定位及型线部分要光滑平直无毛刺；

b. 口舌型线系外圈；

c. 检查合格后打标记；

d. 下料及装配时均应注意Ⅰ处"□"形成的尺寸。

图 12-5　口舌压型线样板

③ 口舌压型模上模　口舌压型模上模如图 12-6 所示。图 12-6 中带有公差的尺寸为上模制造的关键尺寸。

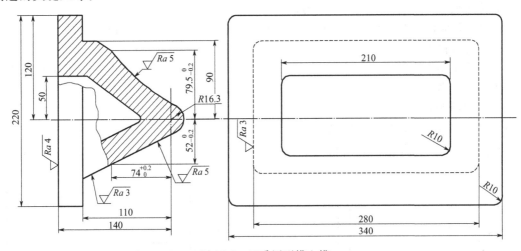

图 12-6　口舌压型模上模

口舌压型模上模的装配与技术要求：

a. 铸件不得有气孔、砂眼、夹渣、疏松等缺陷；

b. 铸件必须经退火处理，消除内应力；

c. 应留有模具型线与样板的间隙（如不大于 0.1mm）；

d. 模具型线加工后须经修锉、磨；

e. 不得有凹凸不平现象。

④ 口舌压型模下模　口舌压型模下模如图 12-7 所示。图 12-7 中带有公差的尺寸为下模制造的关键尺寸。

装配与技术要求：

a. 铸件不得有砂眼、夹渣、疏松等缺陷；

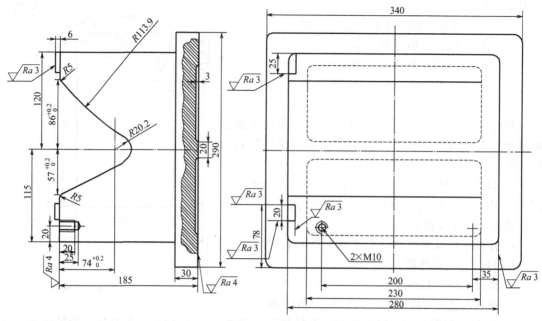

图 12-7　口舌压型模下模

b. 铸件须经退火处理，消除内应力；

c. 加工后应留有型线与样板的间隙（如不大于 0.1mm），型线部分要光滑；

d. 合格后打上标记。

⑤ 口舌压型模定位板　口舌压型模定位板（如图 12-4 口舌压型模定位板装配图中的"2—固定板"）如图 12-8 所示。

板的平面厚度不大于 1mm。

⑥ 口舌型线检查样板　某风机的口舌型线检查样板如图 12-9 所示。图 12-9 中带有公差的尺寸为检查样板制造的关键尺寸。

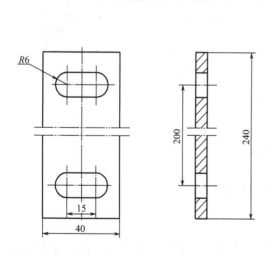

图 12-8　口舌压型模定位板

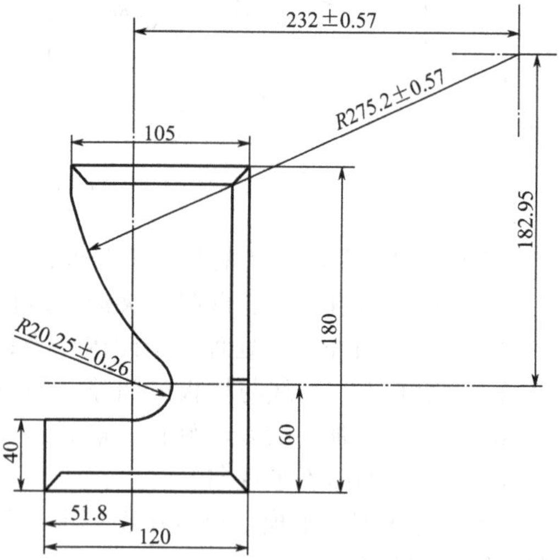

图 12-9　口舌型线检查样板

装配与技术要求：

a. 型线部分要光滑均匀无毛刺；

b. 边框弯折；

c. 检验合格后打标记。

2) 侧板的焊接和装配

补强圈（扁钢圈）与侧板的焊接和装配中，同样需要专用工装及样板，如补强圈割口样板、扁钢圈（补强圈）整形胎，等等。

① 侧板下料样板　侧板下料样板如图 12-10 所示。图 12-10 中正交方向 a、b、c、d 各点处的尺寸为检查样板制造的关键尺寸；图 12-10 中的中间定位点为侧板各圆弧段型线光滑连接的关键点。

下料及装配时应分别注意工艺口标记 a、b、c 及 d。

② 补强圈（扁钢圈）割口样板　补强圈（扁钢圈）割口样板如图 12-11 所示。图 12-11 中"Ⅰ"处为割口。

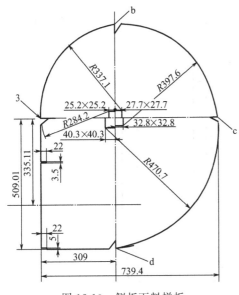

图 12-10　侧板下料样板

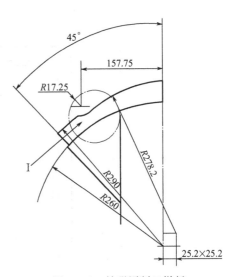

图 12-11　补强圈割口样板

装配前应检查该处的位置尺寸是否正确，避免装配时割口"Ⅰ"处装配不当。

③ 补强圈（加强圈）整形胎　补强圈（加强圈）整形胎如图 12-12 所示。整形的主要作用是使补强圈（加强圈）平整，焊接方便。

整形之后，将两个补强圈（扁钢圈）分别装配到两个侧板上，焊接好；参考图 12-1 中"Ⅰ"，即图 12-1 中"Ⅰ"的放大图如图 12-13 所示。

3) 出风口装配

某出风口装配用的出风口拼粘模如图 12-14 所示。主要结构是带有凸缘的矩形框架。

出风口拼粘模的装配与技术要求：

① 铸件不得有气孔、裂纹等缺陷。

② 人工时效。

③ 锐角倒钝。

④ 出风口的焊接和装配中，需要借助工装，如出风口拼粘模，以保证出风口与外接件的连接尺寸。

其他零部件装配：

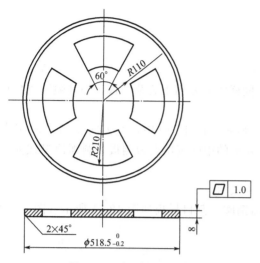

$2\times45°$

$\phi518.5_{-0.2}^{\ 0}$

8

□ 1.0

图 12-12　加强圈整形胎

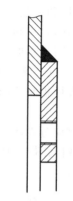

图 12-13　图 12-1 中 "Ⅰ" 放大图

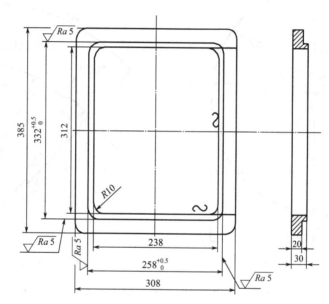

385

$332_{0}^{+0.5}$

312

Ra 5

R10

Ra 5

Ra 5

238

$258_{0}^{+0.5}$

308

20

30

Ra 5

图 12-14　出风口拼粘模

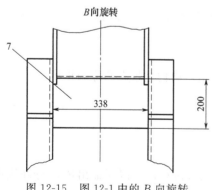

B向旋转

7

338

200

图 12-15　图 12-1 中的 B 向旋转
7—补强板

1）支脚的焊接

图 12-1 喇叭口型机壳（组）中，将两对支脚（左右两侧）用补强板（序号 7）焊接在一起；如图 12-15 所示，即图 12-1 中的 B 向旋转。

在图 12-2 直板型机壳（组）设计中，地基角钢（13）及补强角钢（11）被焊接在机壳侧板的外面，地基角钢的样图如图 12-16 所示。

2）机壳与支脚组件的装配

首先，焊接支脚组件；随后，将焊接好的支脚组件再装配到机壳上指定的位置。

如图 12-17 所示，喇叭口型机壳（组）中机壳支脚、出风口角度分别与地基、风道设计有关。机壳支脚取决于地基；配置风机时出风口角度取决于风道。

3）起吊板（吊耳）的焊接

起吊板（吊耳）的结构如图 12-18 所示。主要用于大中型风机的装配与运输。

装配时两个起吊板的位置与出风口的角度有关系；两个起吊板分别装配在两个侧板上。

（3）有待改进的地方或建议

机壳（组）装配时应注意补强角钢的焊接及侧板、蜗壳板的焊接或拼接，例如：

① 按照工艺要求做出"下料样板"，按照"下料样板"进行下料。将侧板和扁钢圈（补强圈）组件焊接到一起，形成侧板组件；将另一侧板和扁钢圈（补强圈）组件按同样的方法焊接到一起；分别将两个侧板组件焊接到蜗板上。

② 侧板（补强圈）组件与蜗板要焊接好，边缘留出一定的宽度。侧板与蜗板焊接时，将一侧侧板与蜗板焊接好，边缘留出适当宽度（如 6cm）。焊接质量要符合标准规定。扁钢卷与侧板的装配和焊接时，将两扁钢卷分别装配到两侧板上，并焊接好。如图 12-19 所示。

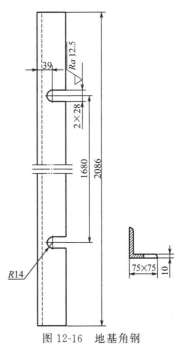

图 12-16　地基角钢

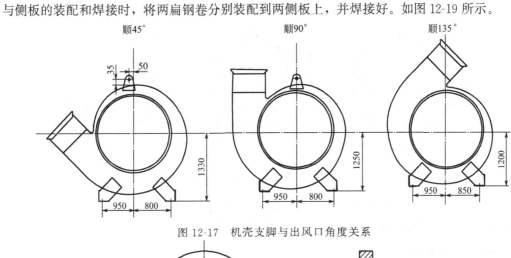

图 12-17　机壳支脚与出风口角度关系

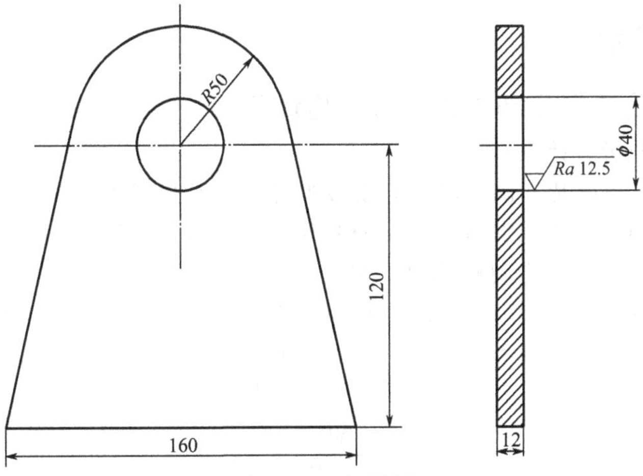

图 12-18　起吊板

③ 出风口与角钢装配。将四块角钢或型钢分别装配到出风口端面上。

④ 机壳的焊接。将另一侧侧板和扁钢卷组件焊接到蜗板的另一端。

⑤ 支脚的焊接。将两对支脚用补强板焊接在一起，如图 12-20 所示。

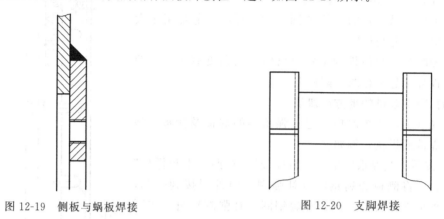

图 12-19　侧板与蜗板焊接　　　　　　　　图 12-20　支脚焊接

⑥ 机壳与支脚的焊接。将焊接好的支脚组焊接到机壳指定位置。不同角度的机壳与支脚的焊接如图 12-21 所示。

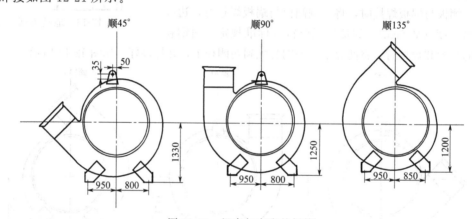

图 12-21　机壳与支脚的焊接

⑦ 吊板的焊接。一对吊板分别焊在两个侧板上，位置如图 12-21 所示。

⑧ 加强角钢的焊接。将两个加强角钢按图纸分别焊在两个侧板上。

12.2.2　叶轮组

12.2.2.1　叶轮组主要零部件强度分析与计算

(1) 叶片强度分析与计算

叶片形状有平板直叶片、圆弧叶片和机翼型叶片，叶片受力情况比较复杂。除本身离心力外，还有气动力和轮盖的牵引力而引起的叶片附加应力，但是这些力与叶片本身的离心力比较，相对来说小很多，经常忽略不计。叶片与轮盖的连接方法不一样，受力情况也不一样。对铆接结构，可假设叶片为承受均布载荷的固定梁，对焊接结构，可假定为承受均布载荷的固定梁。叶片主要受本身离心力所产生的弯曲应力和拉力。叶片的强度计算是根据不同的叶型求出叶片的最大应力 σ_{max}，然后进行强度校核，即

$$\sigma_{max} = \frac{M_{max}}{W} \leqslant [\sigma]$$

式中 M_{max}——叶片的最大弯矩，N·m；

$\quad\quad$ W——叶片的抗弯截面模量，m³；

$\quad\quad$ $[\sigma]$——材料的许用应力，Pa。

例如，9-26No.14D 离心风机叶片为圆弧形。圆弧形叶片的特点是叶片的曲率较大，既要考虑法向切应力引起的弯曲，又不能忽视切向力引起的弯曲。

单个叶片产生的离心力为：

$$F = \rho \times 2\alpha R_b \delta b R_c \omega^2$$

式中 R_b——叶片圆弧的半径，mm；

$\quad\quad$ 2α——叶片圆弧所对的中心角，rad；

$\quad\quad$ δ——叶片的厚度，mm；

$\quad\quad$ b——叶片的宽度，mm；

$\quad\quad$ ω——角速度，rad/s；

$\quad\quad$ R_c——叶片质心至叶轮中心的距离，mm。

将离心力分解为法向和切向两个分力

$$F_1 = F\cos\beta$$
$$F_2 = F\sin\beta$$

F_1 和 F_2 产生的最大弯矩分别为

$$M_{1max} = \frac{F_1 b}{12} = \frac{bF}{12}\cos\beta$$

$$M_{2max} = \frac{F_2 b}{12} = \frac{bF}{12}\sin\beta$$

叶片的抗弯截面模量分别为

$$W_1 = \frac{1}{6}(2\alpha R_b)\delta^2$$

$$W_2 = \frac{1}{6}\delta(2\alpha R_b)^2$$

沿叶片法线方向和切线方向的弯曲应力分别为

$$\sigma_1 = \frac{M_{1max}}{W_1} = \frac{Fb}{2(2\alpha R_b)\delta^2}\cos\beta$$

$$\sigma_2 = \frac{M_{2max}}{W_2} = \frac{Fb}{2(2\alpha R_b)^2\delta}\sin\beta$$

叶片的弯曲应力为

$$\sigma = \sigma_1 + \sigma_2 = \frac{Fb\cos\beta}{2(2\alpha R_b)\delta^2}\left(1 + \frac{\delta}{2\alpha R_b}\tan\beta\right)$$

上式可写成

$$\sigma = \sigma_1\left(1 + \frac{\delta}{2\alpha R_b}\tan\beta\right)$$

式中的 σ_1 为

$$\sigma_1 = \frac{Fb}{2(2\alpha R_b)\delta^2}\cos\beta = \frac{1}{2}\rho\frac{b^2}{\delta}R_c\omega^2\cos\beta$$

（2）叶轮主轴受力分析与计算

通风机在运转过程中，叶轮主轴同时承受弯矩和扭矩。

主轴承受的径向力分析：

① 叶轮重量与其不平衡力之和　叶轮经过静平衡与动平衡以后，仍有允许的剩余不平衡质量，造成叶轮质心与主轴旋转中心有一定距离，此距离一般控制为 0.01～0.015mm。为了安全，计算时取 0.02mm。当叶轮的质量为 m_1（kg）时，则由于叶轮质心与主轴旋转中心不平衡力为

$$F_u = e\omega^2 m_1$$

以 $\omega = \pi n/30$ 代入，得

$$F_u = 1.1 \times 10^{-2} en^2 m_1 \qquad (N)$$

式中　ω——叶轮旋转角速度，rad/s；

　　　e——偏心距，mm；

　　　n——叶轮转速，r/min；

　　　m_1——叶轮质量，kg。

叶轮重量与不平衡力之和为

$$G_1 = (g + 0.22 \times 10^{-6} n^2) m_1 \qquad (N)$$

式中　g——重力加速度，m/s²。

② 轴承重量

$$G_2 = m_2 g \qquad (N)$$

式中　m_2——轴承质量，kg。

③ 联轴器质量　采用联轴器传动时，在能满足传递的转矩和轴孔直径的条件下，尽量选用较小型号的联轴器。当联轴器的质量为 m_3（kg）时，其重量为

$$G_3 = m_3 g \qquad (N)$$

④ 主轴本身的质量　当主轴的质量为 m_4（kg）时

$$G_4 = m_4 g \qquad (N)$$

主轴承受的轴向力分析：当离心风机旋转时，主轴还承受指向叶轮进口侧的轴向力，它是由于叶轮两边承受的力不等而产生的。由于此轴向力不大，一般由向心滚珠轴承或向心推力滚珠来承受，其对主轴产生的应力可以忽略不计。

(3) 轮盘受力分析与强度

离心式通风机的叶轮主要由前盘、后盘、轴盘和叶片组成。

轮盘所受的最大应力是内孔边缘处的切向应力 σ_t。为了保证轮盘工作安全可靠，必须满足

$$\sigma_t = \frac{\sigma_s}{k} \leqslant [\sigma] \qquad (Pa)$$

式中　σ_s——材料的屈服极限，Pa；

　　　k——安全系数，取 $k \geqslant 2$；

　　　$[\sigma]$——材料的许用应力，Pa。

计算轮盘应力，先不考虑相互影响，不论前、后盘形状如何，均按自由旋转等厚度圆盘处理。

1）不考虑叶片的影响时。

轮盘内径处的切向应力 σ_{t1} 按自由旋转的等厚圆盘处理，若不考虑叶片的影响，轮盘内径处的切向应力为

$$\sigma_{t1} = 6500 u_2^2 [1 + 0.212 (D_1/D_2)^2] \qquad (Pa)$$

式中　u_2——轮盘外径处圆周速度，m/s；

D_1/D_2——轮盘内外径的比值。

2）由叶片产生的附加应力 σ_{t2}。

当考虑叶片影响时，在轮盘上将存在由于叶片而产生的附加应力 σ_{t2}。

$$\sigma_{t2}=\sigma_{t1}\frac{P_2'}{P_1} \quad (\text{Pa})$$

式中　P_2'——叶片的离心力，N；

　　　P_1——轮盘自身质量的离心力，N。

$$P_1=\frac{b\rho\omega^2}{12}(D_2^3-D_1^3)$$

或

$$P_1=\frac{4b\rho u_2^2 D_2[1-(D_1/D_2)^3]}{12}$$

式中　ρ——轮盘材料的密度，kg/m^3；

　　　b——轮盘厚度，m；

　　　ω——叶轮旋转角速度，rad/s。

叶片的离心力 P_2' 是 1/2 叶片个数的单个叶片离心力在法线方向的投影之和，即

$$P_2'=\frac{P_2 zk}{\pi}$$

式中　z——叶片数，对双吸入通风机，取单侧叶片数；

　　　k——分配系数，对于前盘取 0.5，对于后盘取 1；

　　　P_2——一个叶片产生的离心力，N。

$$P_2=mR\omega^2$$

式中　m——一个叶片的质量，kg；

　　　R——每个叶片重心到叶轮中心的距离，m；

　　　ω——叶轮旋转角速度，rad/s。

轮盘内径处的切应力 σ_t 为不考虑叶片影响时轮盘内径处的切应力 σ_{t1} 和由于叶片产生的附加应力 σ_{t2} 之和，即

$$\sigma_t=\sigma_{t1}+\sigma_{t2}$$

进行叶轮结构设计时，不可忽略的是装配过程中对间隙及平衡的要求。

① 对间隙的要求　集流器与叶轮入口之间一般采用径向间隙的形式。集流器与叶轮的轴向重叠段，一般等于或大于直径的 1%，径向间隙不大于叶轮直径的 0.5%～1%。径向间隙越大，泄漏损失越大，高压小流量通风机尤其明显。通风机安装时，在保证集流器与叶轮不发生摩擦的条件下应尽可能减小此间隙。

② 对平衡的要求　叶轮是通风机的主要部件，如果安装不好，会产生叶轮运动不平衡，产生振动、噪声和通风机的性能降低。

为了保证叶轮的正常运转，叶轮的径向跳动一般不应超过表 12-1 的规定值。

表 12-1　叶轮径向和轴向跳动的允许值　　　　　　　　　　　　mm

叶轮直径	≥200～600	600～1000	1000～1400	1400～2000	2000～2600	2600～3200
轮盘、轮盖径向圆跳动	1.5	2.0	13.0	3.5	4.0	5.0
轮盘轴向跳动	1.5	2.5	3.5	4.0	5.0	6.0
轮盖轴向跳动	2.0	3.0	4.0	5.0	6.0	7.0

12.2.2.2 叶轮结构设计

离心式风机叶轮（组）主要由以下部分组成：前盘（盖盘）、后盘（轮盘）、轴盘及叶片等。

在运行过程中主轴通过轴盘向叶轮传递足够的扭矩使叶轮做功；叶轮的受力包括叶轮重量、主轴重量及输入扭矩等。

某叶轮结构如图 12-22 所示，叶轮叶片是机翼型。

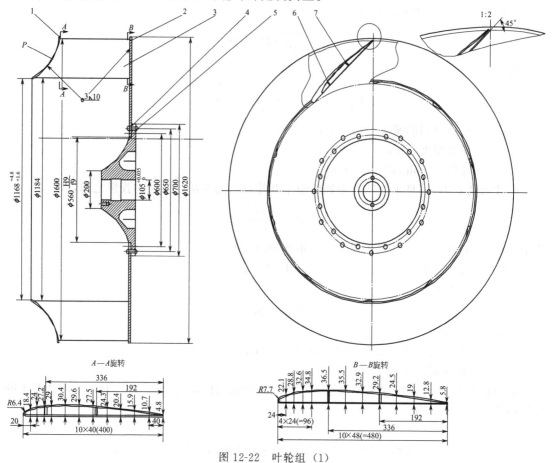

图 12-22　叶轮组（1）

1—轮盖；2—轮盘；3—叶片；4—轴盘；5—铆钉；6,7—肋

另一叶轮的结构如图 12-23 所示，叶轮叶片是弯板型。

从工艺性考虑，机翼型叶片复杂，弯板型叶片相对简单；而叶轮组结构与装配具有较多的相似性。

叶轮结构特点与要求：

① 焊接叶轮用焊条，应保证焊缝强度不低于母材强度。

② 叶轮的焊接应由按《通风机的焊工考核标准》考试合格者操作，焊接质量应符合相应标准的规定。

③ 叶轮材料不得采用 B 级以下的锈蚀材料。

④ 任意三个相邻叶片、出口端的两弦长之差应小于要求值（如 7.2mm）。

⑤ 铆钉件间隙在两倍铆钉直径范围内不得大于要求值（如 0.1mm），其余部分也不得大于要求值（如 0.3mm），铆钉严禁松动，其头部应光滑平整，局部划痕不得大于要求值（如 0.3mm）。

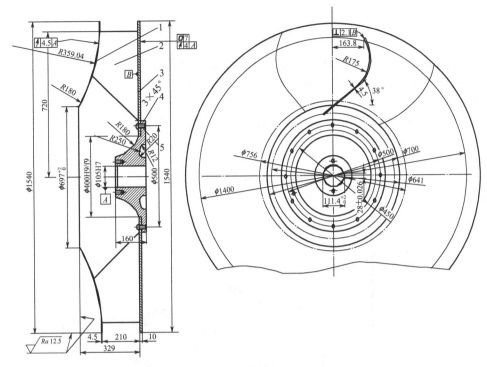

图 12-23 叶轮组（2）

1—轮盖；2—叶片；3—轮盘；4—轴盘；5—铆钉

（1）轴盘

某轴盘的结构如图 12-24 所示。轴盘材料本身的质量要求较高；轴盘与叶轮装配后需要做平衡试验。

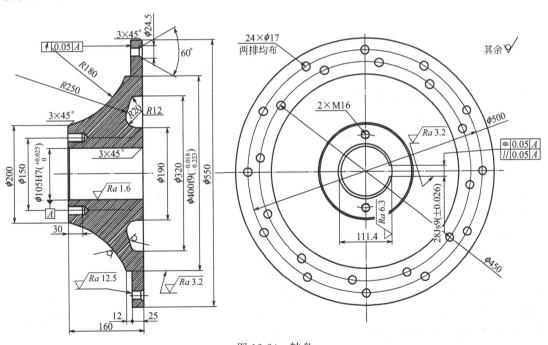

图 12-24 轴盘

装配与技术要求：

① 铸件机加工前应消除内应力。

② 风机铸件质量应符合标准的有关规定。

③ 将轴盘清扫干净，将轴盘与轮盘接触，轴盘利用其肩部确定了其在轮盘上的位置。在保证其接触良好的前提下将其铆接在轮盘上（轴盘轴肩的定位，简化为对轴向位移的限制；使叶轮在正常运行条件下，不会产生转动和轴向滑动）。

④ 轮盘和轴盘之间通过铆钉连接，铆钉件间隙要有严格的要求，如某叶轮，铆钉件间隙在两倍铆钉直径范围内不得大于 0.1mm，其余部分不得大于 0.3mm。

(2) 轮盘

某轮盘的样图如图 12-25 所示。图 12-25 中带有配作的尺寸为关键尺寸；大型风机应严格控制平面度指标。

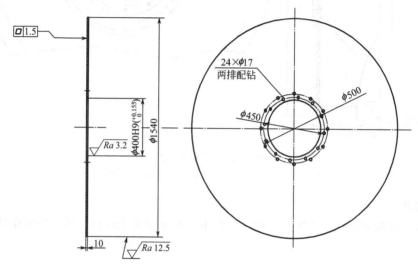

图 12-25　轮盘

装配与技术要求：

小型风机的轮盘可以直接下料；大型风机的轮盘需要拼接结构。

12.2.2.3　装配工艺性设计

当叶轮用在一些大流量机型上时，由于轮毂轴向长度也随之加大，造成装配过程中受热膨胀的轮毂在冷却过程中，由于轴盘结构的不均匀性导致收缩应力不平衡，使主轴发生弯曲的可能性增加。对此，可以有限元法为基础，利用非线性接触理论，分析叶轮结构在装配过程结束达到稳态后，轮毂与轴接触处的应力大小与分布情况，并根据分析结果适当缩小接触面积，进行叶轮结构优化。使接触应力分布更合理，优化结构的装配工艺性，以降低弯轴事故的发生率。

装配要点：

① 叶轮装配结构为基孔制过盈装配。叶轮轮毂通常与轴（或轴盘）过盈连接，并要求在任何状态下保持一定的过盈量。如果初始过盈量太小，在高速转动时动叶轮内圈的径向变形量大于转子的径向变形量，当二者的差值大于初始过盈量时，两者会发生相对滑动而发生破坏。但如果过盈量太大，装配产生的预应力会造成动叶轮开裂。因此，设计合理的装配过盈量，对于保证结构的可靠运行具有十分重要的意义。

② 当叶轮轮毂与轴盘过盈连接时，叶轮组的最大应力出现在叶轮轮毂首部和尾部的区

域；接触压力最大位置位于叶轮尾部。这时，可以通过计算叶轮及连接轴转动时的径向变形，根据其径向变形量的差异设计装配过盈量，并计算在该过盈量下结构的初始应力状态和转动应力状态，保证叶轮和轴强度足够并且连接可靠。

③ 叶轮组装配后，轮盘和轴盘之间通过铆钉连接，铆钉件间隙在两倍铆钉直径范围内不得大于给定值（如0.1mm），其余部分也不得大于给定值（如0.3mm）。前盖（轮盖）、轮盘通过焊接连接，组装后焊接质量应符合标准规定并且应当保证任意三个相邻叶片中出口端的两弦长之差不大于给定值（如7.2mm）；同时需要保证叶轮出口端面轮盖与轮盘的距离。

④ 叶轮组的装配关系包括自身零部件的装配及与其他功能组件的装配等，当叶轮组的自身零部件装配时可以借助于专用工装、模具及样板等。

专用工装、模具及样板：

叶片加工时需要叶片下料样板、叶片型线检查样板、叶片压型模及粘叶片定位盘等。

(1) 叶片下料样板

叶片下料样板的结构形式如图12-26所示。

下料时注意对应叶片的展开尺寸。

(2) 叶片型线检查样板

叶片型线检查样板的结构形式如图12-27所示。该样板具有较多的型线要求。

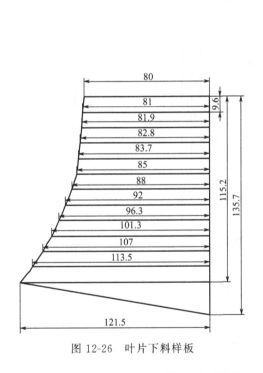

图12-26　叶片下料样板

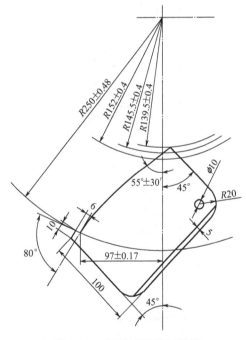

图12-27　叶片型线检查样板

叶片是保证风机性能的另一重要零件，叶片型线是叶轮的关键要素，可以通过"叶片型线检查样板"检查叶片的型线。

装配与技术要求：

① 型线部分要光滑均匀无毛刺。

② 折边按企业标准。

③ 检验合格后打标记。

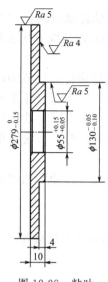

图 12-28 粘叶
片定位盘

（3）粘叶片定位盘

如图 12-28 所示的粘叶片定位盘，为了保证叶片进、出口的正确位置，焊接叶片时，可以采用固定式的叶片组织形式，减少在装配过程中由于移动造成的位置的错动，影响装配结果。

加工轮盖时需要轮盖压型模上模、轮盖压型模下模、轮盖型线检查样板、扣轮盖后盘定位盘及扣轮盖中心盘等的配合。

（4）轮盖压型模上模

轮盖压型模上模的结构形式如图 12-29 所示，一般采用铸造方式。图 12-29 中外圆弧处为制造的关键尺寸。

装配与技术要求：

① 铸件不得有气孔、砂眼、疏松、裂纹等缺陷。

② 铸件需经退火处理。

③ 型线与样板间隙不大于给定值（如 0.1mm）。

④ 模具检查合格后打上标记。

⑤ 型线部分要圆滑过渡。

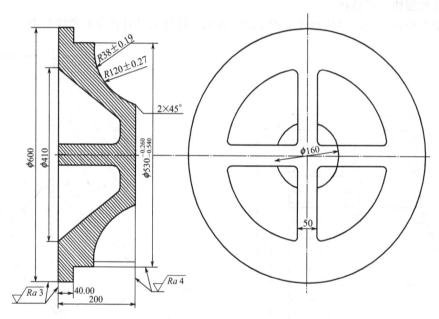

图 12-29　轮盖压型模上模

（5）轮盖压型模下模

轮盖压型模下模的结构形式如图 12-30 所示，一般采用铸造方式。图 12-30 中与轮盖接触面为制造的关键尺寸。

其装配与技术要求和轮盖压型模上模相似（略）。

（6）轮盖型线检查样板

轮盖型线检查样板的结构如图 12-31 所示。图 12-31 中与轮盖接触面为制造的关键尺寸，制作时应保证"Ⅰ"图中的尺寸。

装配与技术要求：

① 型线部分要光滑；

机械零部件结构设计实例与
装配工艺性（第二版）

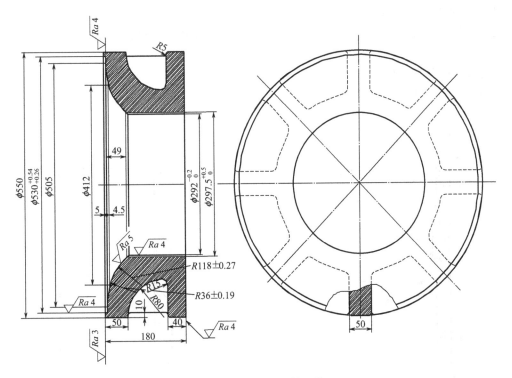

图 12-30　轮盖压型模下模

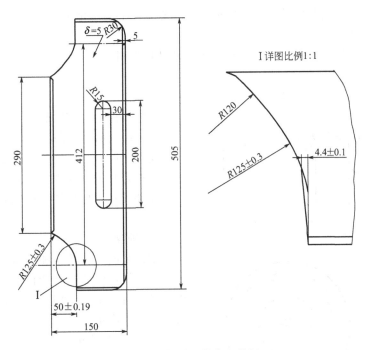

图 12-31　轮盖型线检查样板

② 边框弯折按企业标准；

③ 检验合格后打标记。

（7）扣轮盖后盘用定位盘

扣轮盖后盘定位盘的结构如图 12-32 所示。图 12-32 中凸缘外圈为制造的关键尺寸，制作时应保证同轴度要求。

（8）扣轮盖中心盘

扣轮盖中心盘的结构如图 12-33 所示。

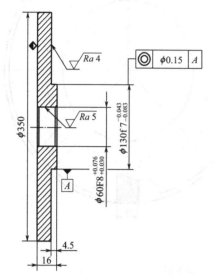

图 12-32　扣轮盖后盘定位盘

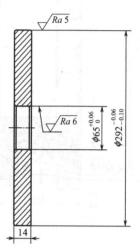

图 12-33　扣轮盖中心盘

为了保证轮盖口的装配精度，可以通过"扣轮盖中心盘"辅助进行装配。

（9）铆钉凹子

轴盘加工时需要铆钉工装，如铆钉凹子，其结构如图 12-34 所示。铆钉凹子制作时应保证位置度要求。

装配与技术要求：检查合格后再打标记。

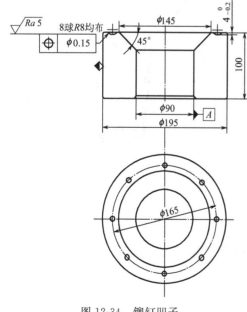

图 12-34　铆钉凹子

（10）叶轮组的装配

1）叶片与轮盘焊接。

轮盘和叶片之间通过焊接进行装配，焊接质量应符合相关标准规定，并且应当保证任意三个相邻叶片中出口端的两弦长之差不大于给定值。

2）轴盘装配。

轴盘装配时若轮盘和轴盘之间通过铆钉连接，其铆钉件间隙要有严格的要求。在装配过程中铆钉连接部分和叶轮的焊接位置要求较高，应重点满足。

3）平衡与矫正。

叶轮装配后一般要进行平衡试验。

叶轮旋转体的平衡包括静平衡和动平衡，究竟需要进行静平衡还是动平衡，主要根据转子的工作条件、重量、形状、转速、支座条件及用途等而定。

12.2.2.4 有待改进的地方或建议

1）叶轮组结构设计时，在满足约束及载荷条件下对叶轮组结构进行了合理简化，因此叶轮实际工况与理论计算稍有差别。

2）叶片形状有平板直叶片、圆弧叶片和机翼型叶片，叶片受力情况比较复杂。除本身离心力外，还有气动力及轮盖牵引而引起的叶片附加力，但这些力与叶片本身的离心力比较相对来说小很多，经常忽略不计。

3）轮盘所受的最大应力是内孔边缘处的切向应力。初期计算轮盘应力时可先不考虑相互影响，不论前、后盘形状如何均按自由旋转等厚度圆盘处理，不考虑叶片的影响时，轮盘内径处的切向应力可以按自由旋转的等厚圆盘处理。

4）在运转过程中，叶轮主轴同时承受弯矩和扭矩的作用。

主轴承受的径向力分析：①叶轮重量与其不平衡力。叶轮经过静平衡与动平衡以后，仍有允许的剩余不平衡质量产生不平衡力，造成叶轮质心与主轴旋转中心有一定距离，此距离一般控制为 0.01～0.015mm。②轴承质量。③联轴器质量。当采用联轴器传动时在能满足传递的转矩和轴孔直径的条件下，尽量选用较小型号的联轴器。④主轴本身的质量。

主轴承受的轴向力分析：当离心风机旋转时，主轴还承受指向叶轮进口侧的轴向力，它是由于叶轮两边承受的力不等而产生的。由于此轴向力不大，一般由向心滚珠轴承或向心推力滚珠轴承来承受，其对主轴产生的应力可以忽略不计。

当考虑叶片影响时，轮盘上将存在由叶片而产生的附加应力。

5）叶轮装配结构的改进。

接触面的过盈量分配对于叶轮部装结构的功能性影响最大。通常，叶轮部装结构的接触面参数在保持结构功能性方面存在一定的冗余度。故叶轮装配结构的优化方案可以通过适当缩小接触面积，达到减少装配后内应力的不均匀性，并保证正常工作状态下输出扭矩要求的目的。例如，某轮毂与轴接触面积的初始值定为 55.6%。

6）三维建模应用。

可以通过三维模型的建立以改进结构的装配性能。通过模型可以得到在过盈量保持不变的前提下，适当减小接触面积可以重新分配轮毂与轴接触处的应力。虽然由于接触面积的减小造成接触应力值增大，但应力分布方式由原来的首尾集中转变为只集中于轮毂尾部，接触面首端一定区域的接触应力可以为零（如某风机接触面首端 22% 区域的接触应力为零），应力集中端最大应力仍没有超过材料的屈服极限。这一改变使得叶轮部装结构在热装结束后的遇冷收缩过程中，产生的接触面轴向摩擦力减小，有效降低了弯轴事故的发生率，大幅度改善了叶轮部装结构的装配性能。

12.2.3 进风口组

离心式通风机的空气动力特性除了取决于叶轮内部的结构之外，还与通风机的进口形状密切相关，进风口又称为集风器，其形状对风机的性能有很大的影响。

传统上多是依据经验公式设计其尺寸，对设计者的经验要求很高。若设计效果不理想，则不能满足日益提高的节能和环保要求。现在，多通过使用优化软件平台、集成计算流体力学软件等先进手段进行数值模拟及设计流体机械。离心通风机的进口气流为轴向，出口为径向，气流为稳定流，由于气流流动的最大马赫数小于 0.3，可按不可压缩流体处理。

(1) 进风口结构设计

进风口多为整体结构，装在风机的侧面；进风口沿轴向截面的投影为曲线状，能将气流平稳地引入叶轮,减少损失。

进风口主要由以下部分组成:进风口筒、法兰圈、整流筒及挡圈等。

进风口装配结构如图 12-35 所示。图 12-35 中尺寸 ϕd、ϕD 及 b 为制造的关键尺寸;制作时应保证位置度要求。

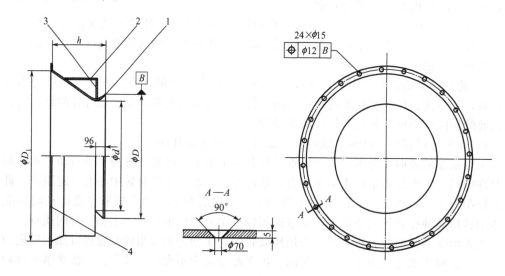

图 12-35　进风口组

1—进风口筒;2—整流筒;3—挡圈;4—法兰圈

进风口结构特点与要求:

① 表面型线与样板间隙允许差不得大于给定值(如 4mm);

② 焊接质量应符合相应标准的要求;

③ 拼接应符合相应标准的规定;

④ 切割边缘不应有明显的波纹状及交错不齐缺陷,表面应平整,不应有明显的垂度及过大的凸凹坑等缺陷。

(2) 装配工艺性设计

装配要点:

① 装配前进风口筒、整流筒、挡圈及法兰圈等须做清扫、防腐处理。

② 图 12-35 形式的进风口要求简单,应保证足够的通风管道长度,如上端面至下端面垂直距离 h;保证流体接触处的孔径,如孔径 ϕd、ϕD 及 ϕD_1。

③ 进风口筒与法兰圈装配时,为减少装配过程中零部件之间产生的相对错动,对法兰进行位置布置后再将锥形筒(进风口筒)套入法兰圈内,将法兰和锥形筒装配在一起;在保证其与装配良好接合的前提下用铰制孔螺栓将其固定在进风口组前端。

④ 进风口组装配后,由于进风口组与叶轮的相对位置不易移动,故可以采用进风口组件先预固定—调整—紧定的方式,从而减少在装配过程中造成的位置错动,影响装配效果。

⑤ 进风口组零部件加工时需要借助于专用工艺装备。

专用工装、模具及样板:

进风口组零部件加工时需要进风口坯子下料样板、进风口 R 压型模及进风口型线检查样板等的配合。

1)进风口坯子下料样板。

进风口坯子下料样板的结构形式如图 12-36 所示。

为了节省材料，设计时进风口坯子可以由两块或多块拼合而成。

2）进风口 R 压型模。

进风口 R 压型模的结构形式如图 12-37 所示。为了简化工艺，并保证进风口的型线，工艺设计时多采用进风口 R、进风口坯子等分别制造的工艺。

在进风口 R 压型模的装配中应保证 R 尺寸的正确性。

3）进风口型线检查样板。

进风口型线检查样板的结构形式如图 12-38 所示。应特别注意标记处的尺寸。

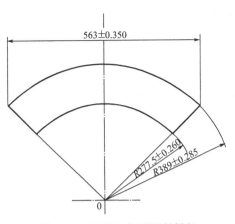

图 12-36　进风口坯子下料样板

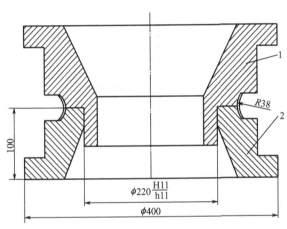

图 12-37　进风口 R 压型模
1—上模；2—下模

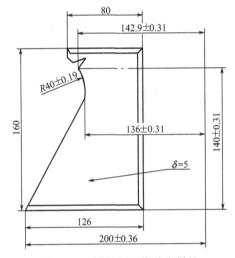

图 12-38　进风口型线检查样板

装配与技术要求：

① 型线部分要光滑均匀无毛刺；

② 边框弯折剪口处按照标准进行；

③ 检验合格后打标记。

(3) 有待改进的地方或建议

某些进风口上可以设置折流板。当带有粉尘颗粒的废气进入进风口后，气流冲击在折流板上，然后分散到导流板上，通过导流板对气流的分散进入风机内。带尘气流不仅从板的孔中通过，还从板两侧及并排钢板之间的空间通过，这样就很好地分散了气流的方向，减小了气流的冲击力，延长了设备的使用寿命。通过折流板减少了含尘气体对风机壁板的冲击磨损，大大减少了气体对风机整体壁板的磨损，起到了非常好的保护效果，可以改变风机进风口管壁和墙板经常磨损磨烂的状况。

12.2.4　盖板组

(1) 盖板结构设计

装配时由于前、后盖板均与机壳组连接，因此进行盖板结构设计时应协调考虑相关联结构。

1）后盖板。

后盖板组主要由以下部分组成：后盖板、补强角钢等。

后盖板装配结构如图12-39所示。从工艺及节约材料方面考虑，对于大中型号的风机，后盖板多采用两体或多体连接结构；对于小型号的风机，后盖板可以采用整体结构。

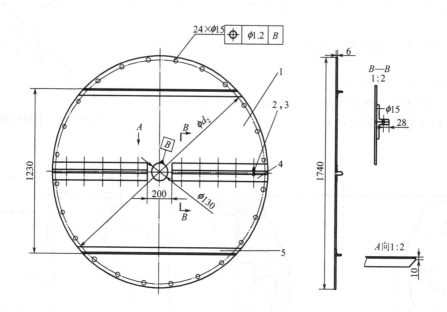

图12-39 后盖板组
1—后盖板；2,3—六角头螺杆带孔螺栓；4,5—补强角钢

对于大中型号的风机，当后盖板采用两体或多体连接结构时，应特别注意装配后其位置度是否符合要求。

2）前盖板

前盖板组主要由以下部分组成：进口筒、前盖板及进口法兰等。

前盖板如图12-40所示。从工艺及节约材料方面考虑，对于小型号的风机，前盖板可以采用整体结构；对于大中型号的风机，前盖板多采用两体或多体连接结构。

对于大中型号的风机，当前盖板采用两体或多体连接结构时，应特别注意装配后其位置度是否符合要求。

盖板（包括前盖板、后盖板）结构特点与要求：

① 焊接质量应符合标准的规定。

② 切割边缘不应有明显的波纹状及交错不齐缺陷，表面应平整，不得有明显的痕迹、过大的凸凹坑等缺陷。

③ 表面型线与样板的间隙在允许误差内（如0.4mm）。

(2) 装配工艺性设计

装配要点：

① 图12-39后盖板组，上、下两块盖板分别焊接成形。

② 图12-39后盖板（上、下两块盖板）通过序号2、3（六角头螺杆带孔螺栓）进行螺栓连接，如图12-39中 $B—B$。

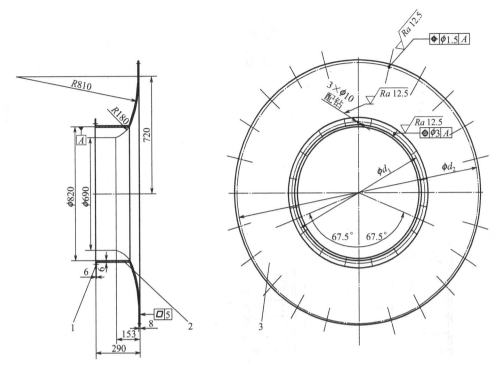

图 12-40　前盖板组
1—进口法兰；2—进口筒；3—前盖板

③ 要求连接孔（如图 12-39 中 d_2、图 12-40 中 d_1、d_2）的位置精度在误差范围内。

④ 要求连接孔（如图 12-40 中 d_1）配作。

⑤ 其他装配可参考图中所示进行。

（3）有待改进的地方或建议

对于小型号风机，其前、后盖板可以与机壳侧板设计为整体结构，成本低、装配方便。

12.2.5　支架

（1）支架结构设计

某矿用风机电机的支架结构如图 12-41 所示，该支架为铸造结构。

支架结构特点与要求：

1）图 12-41 中的支架是用来支撑风机电机的支撑件，用来调整电机轴与叶轮组轴心的距离。

2）该支架在工作过程中要求较低的变形量，故采用铸件以提高强度、硬度，降低塑性、韧性。

3）综合考虑加工顺序，拟订以下工艺路线加工支架零件：

① 粗铣上端面和上端面上的凹槽。

② 半精铣上端面和上端面上的凹槽。

③ 钻削和攻螺纹孔 M24。

④ 钻削—粗铰—精铰 $4 \times \phi12$ 的锥销孔。

⑤ 钻削 $4 \times \phi35$ 的底座通孔。

⑥ 下端面和左端面进行去毛刺处理。

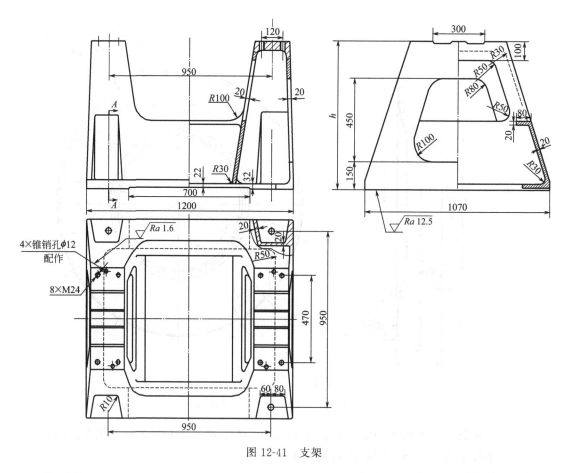

图 12-41　支架

⑦ 时效处理。

另外，支架也可以采用焊接结构。

（2）装配工艺性设计

装配要点：

① 图 12-41 中支架的上端面是与电机的连接面，并影响电机轴线的水平高度，应当重点予以保证。

② 支架技术要求简单，但须保证上端面至下端面垂直距离 h（如 800mm），以保证风机电机轴水平位置。

③ 注意 8 个用于连接的螺纹孔（M24）和底座上孔（$4 \times \phi 35$）的安装。

（3）有待改进的地方或建议

该支架属于箱体类零件，在电机工作状态下应具有较强的强度、刚度等综合性能，一定环境中还应该具备如耐高温、耐低温及耐腐蚀等性能。

12.2.6　传动组

（1）传动组的受力分析与计算

离心式通风机传动组的主要受力件为主轴，主轴主要承受叶轮重力、自身重力及通过联轴器输入的扭矩等。下面以"14D 离心式通风机传动组的受力分析与计算"为例。

1）叶轮重量。叶轮重量与不平衡力之和为：

$$G_1 = (g + 0.22 \times 10^{-6} n^2)m = gm + 0.22 \times 10^{-6} n^2 m = G_0 + 0.22 \times 10^{-6} n^2 m$$
$$= 335 + 0.22 \times 10^{-6} \times 1450^2 \approx 335 \quad \text{(N)}$$

式中　g——重力加速度，$g = 9.8 \text{m/s}^2$；

$\quad$ n——叶轮转速，$n = 1450 \text{r/min}$；

$\quad$ m——叶轮质量，kg；

$\quad$ G_0——叶轮重量，$G_0 = 335 \text{N}$。

2）传动组主轴重量。设本实例主轴重量为 195N。

3）输入扭矩。传动组的电机功率为 250kW，转速为 1450r/min，其输入扭矩可以按如下公式进行计算：

$$T = 9500 \frac{P_0}{n_0}$$

式中　P_0——电机的额定功率，kW；

$\quad$ n_0——电机的额定转速，r/min。

可计算出电机输入扭矩：

$$T = 9500 \frac{P_0}{n_0} \approx 1647 \quad \text{(N · m)}$$

4）键的受力。电机的扭矩是由联轴器的键连接输入的，再由叶轮端的键连接将扭矩传递给叶轮组，从而驱动风机运转。键与键槽是扭矩传输的关键环节。

下面介绍的离心式通风机是通过普通平键连接来传递扭矩的。普通平键的结构如图 12-42 所示。

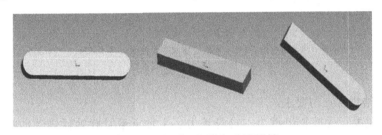

图 12-42　A 型、B 型和 C 型平键

由图 12-42 可以看出，平键有许多种结构：A 型、B 型和 C 型。A 型键两端是圆形；B 型键两端是方形；C 型键一端为圆形，一端为方形。下面以 A 型平键为例介绍。

键的材料采用 45 钢、强度极限不小于 600MPa 的碳素钢。当平键是静连接时失效的主要形式是压溃，动连接时主要失效形式是磨损。以下为采用平键静连接，其尺寸见表 12-2。

表 12-2　平键静连接的剖面和键槽尺寸　　　　　　　　　　　　mm

轴的公称直径 d	键的公称尺寸 $b \times h$	键槽的公称尺寸 b	键的长度 L
95	25×14	25	140

键的受挤压强度：

$$\sigma_p = \frac{4000T}{dhl} \quad \text{(MPa)}$$

式中　T——传递的扭矩，N · m；

$\quad$ d——轴的直径，mm；

$\quad$ h——键的高度，mm；

$\quad$ l——键的工作长度，mm；

L——键的总长度，mm。

其中 *T*、*d*、*h*、*l* 分别为 1647N·m、95mm、14mm、115mm，则键的挤压强度为：

$$\sigma_{\text{p}} = \frac{4000T}{dhl} = \frac{4000 \times 1647}{95 \times 14 \times 115} = 43.07 \quad \text{(MPa)}$$

当平键受挤压时，键槽也同样受挤压，其受压大小约与平键的受压大小一致，都为 σ_{p}。

（2）传动组结构设计

某矿用风机传动组结构如图 12-43 所示。

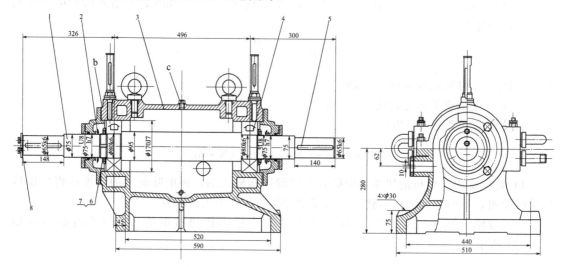

图 12-43　传动组

1—主轴；2—挡油环；3—轴承箱；4—双列向心球面滚子轴承；5—平键；6—圆螺母；7—垫圈；
8—轴端圆盘部；b—石棉垫

1）传动组结构特点与要求。

① 传动组主要承受叶轮组重力、自身重力、主轴重量及联轴器输入的扭矩等。组装后主轴必须转动灵活，紧固件不得有松动现象。

② 轴承箱表面按标准规定喷涂保护漆，面漆颜色采用当年规定色。

③ 轴承箱内腔必须清洁、不得有异物，清洁度要符合标准的要求。

④ 轴承箱各结合部位不得有泄漏现象。

⑤ 冷却水道必须畅通，且不得有泄漏。

⑥ 组装时轴承部位加润滑脂（箱体内润滑液由用户使用时加注），其他裸露表面涂保护层。

2）传动系统的定位与装配。

图 12-44（a）为电机传动系统，由于电机的底座和减速器的底座分别设置，安装时电机、减速器同心度误差较大。

改为图 12-44（b）后，电机和减速器共用同一底座，解决了同心度误差较大的问题；保证了传动系统定位与装配的可靠性。

传动系统中"3—联轴器"是高速旋转体，当设计结构为如图 12-45（a）所示时，连接螺栓的头、螺母等伸出，既影响安全也容易造成各种不良后果。将其改为图 12-45（b），使连接螺栓的头、螺母等沉入，使得高速旋转的紧固件不要伸出，这样可以很好地消除不安全

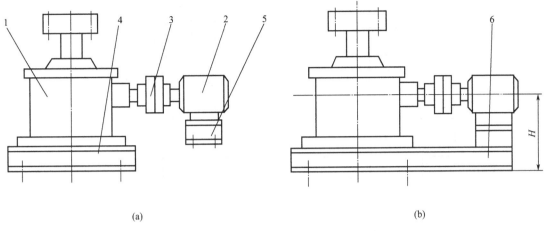

(a)   (b)

图 12-44　保证电机传动系统同心度的结构

1—减速器；2—电机；3—联轴器；4～6—底座

因素，外观结构简洁。

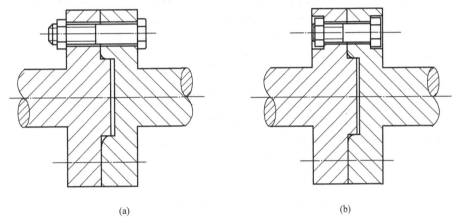

(a)   (b)

图 12-45　高速旋转体的螺栓结构

3）基础装配应可靠。

如图 12-46（a）所示，电机底座采用普通双螺母螺栓连接在底座板上，开机或运动中螺栓易松动，而且一次连接后很难再拧紧，电机容易振动。若改为图 12-46（b），将双螺母连接换成采用低合金钢制作、紧固件是开口锥形的防松螺母。开槽锥形螺母具有弹性，在内锥形螺母配合面的压紧力作用下，螺纹间、锥形面均具有良好的防松功能，电机在底座上安装牢固。

（3）装配工艺性设计

装配工艺性设计包括：

① 固定传动轴。

② 安装轴承。

③ 安装轴承箱。

④ 安装垫圈（用圆螺母将其固定在传动轴上）。

⑤ 安装轴端圆盘。

⑥ 安装测温装置。

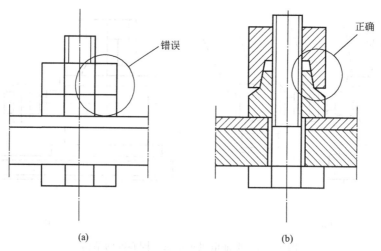

图 12-46　防振动装配结构

⑦ 装配与调试。

在通风机试运转时，要在轴承上用测震器检查轴承的振幅是否符合表 12-3 的规定值。

表 12-3　轴承允许的最大振幅

主轴转速/(r/min)	≤375	500	600	750	1000	1450	3000	≥3000
允许最大振幅/mm	0.18	0.16	0.14	0.12	0.10	0.08	0.96	0.04

试运转时还要检查轴承温度，是否超过表 12-4 的规定值。

表 12-4　轴承温度的规定

轴承及润滑类型	轴承温度		入口油温	出口油温	温升
	正常	允许			
滚动轴承压力给油润滑	≤60	≤70			≤40
滚动轴承油脂润滑	≤70	≤80	5～45	55～65	
滑动轴承	≤65	≤70			≤35

1）主轴。

传动组的主要受力件为主轴，主轴的结构如图 12-47 所示。

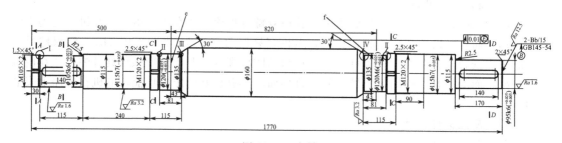

图 12-47　主轴

图 12-47 中 e、f 处为装配轴承的位置。

在包装和搬运过程中，主轴可能会受到碰撞和损伤。因此，安装主轴时要精心检查：

① 主轴表面不许有裂纹和凹痕。

② 滚动轴承的轴颈表面粗糙度不高于 $1.6\mu m$，滑动轴承的轴颈表面粗糙度不高于 $0.8\mu m$。

③ 主轴弯曲的最大挠度为轴长度的 0.3/1000～0.5/1000。

2）挡油环的作用。

在机械传动过程中轴承高速转动，在转动过程中，轴承会将安装在轴承附近的润滑油甩出来，油会从轴承座和传动轴之间泄漏出来，且轴承座没有散热孔导致轴承过热，这时需要有一个装置如挡油环（如图 12-43 中序号 2）来抑制轴承甩油。挡油环内径套上主轴后应保证与主轴一道旋转，否则起不到挡油作用，致使油流沿主轴外渗。

3）轴承装配。

在安装新轴承时，端盖的石棉垫若没有恢复到位，会造成轴的热膨胀裕量减小；当轴承轴向的滑动余量不足时，轴的热膨胀主要靠轴承外圈与轴承座的滑动来满足，然而轴承座的外端盖压死了轴承外圈，轴承游隙又满足不了轴膨胀的要求，最后会造成轴承抱死。为了避免工作时两侧轴承温度同时升高、过热发蓝的现象，要求轴承内圈与轴的装配应该留有合适的过盈量及轴承游隙。

4）风机传动组安装。

通常，传动组安装顺序为：固定传动轴→安装轴承→安装轴承箱→安装垫圈（用圆螺母将其固定在传动轴上）→安装轴端圆盘→安装测温装置→安装调换。

装配要点：

① 若加油过多，会造成轴承的泵油作用过大，油流不能及时全部回流而沿主轴流出箱外。

② 轴承箱盖上的通气塞，如图 12-43 中 c，当小孔堵塞或用普通无通气孔螺栓代用时，工作一段时间油温会升高，箱内气体膨胀不能从通气孔泄压，会带着油雾从主轴两端与侧盖缝隙处排出。因此，必须保持通气塞小孔通畅，不得以无孔螺栓代替通气塞，以保证风机运行过程中轴承箱内外气体不产生压差。

③ 风机轴承装配的经验教训。

当室内外温差较大时易产生安装失误。例如，冬季轴的热膨胀量远远大于轴承游隙。此时，可以在两侧端盖各加厚石棉垫，给轴以足够的膨胀裕量，不影响轴承游隙。

（4）有待改进的地方或建议

可以采用下述试验方法分析传动组存在的问题及产生原因：

① 按部件装配图组装轴承及传动组。

② 用螺栓将装配支撑座紧固于试验平台。

③ 组装径向拉紧装置，按计算值施加相同的径向拉力。

④ 组装试验电机部分，调整电机与主传动组主轴的同轴度，保证其同轴度。

⑤ 组装推力拉紧装置，按计算值施加相同的推力。

⑥ 振动联轴器检查主传动组、径向拉力以及轴向推力在转动中的情况。

⑦ 引出轴承测温线。设置外冷风罩以及冷却风机。

⑧ 启动电机检查轴承和传动装置的转动情况以及径向、轴向加力的情况。确定无异常情况后，试运转一定时间，检查主轴承组轴承的温升及主轴承组的振动情况。

12.2.7 风机总装配

12.2.7.1 装配工艺性设计

离心通风机装配工艺要求主要包括：对间隙的要求、对叶轮的要求及对主轴和轴承的要求等。

(1) 对间隙的要求

集流器与叶轮入口之间一般采用径向间隙的形式。集流器与叶轮的轴向重叠段，一般等于或大于直径的1%，径向间隙不大于叶轮直径的0.5%～1%。径向间隙越大，泄漏损失越大，高压小流量通风机尤其明显。通风机安装时，在保证集流器与叶轮不发生摩擦的条件下应尽可能减小此间隙。

(2) 对叶轮的要求

叶轮是通风机的主要部件，如果安装不好，会产生叶轮运动不平衡，产生振动、噪声和通风机的性能降低。

例如，某系列风机，为了保证叶轮的正常运转，叶轮的径向跳动一般不应超过表12-5的规定值。

表 12-5　叶轮径向和轴向跳动的允许值　　　　　　　　　　　　　　　　　　　mm

叶轮直径	≥200～600	600～1000	1000～1400	1400～2000	2000～2600	2600～3200
轮盘、轮盖径向圆跳动	1.5	2.0	3.0	3.5	4.0	5.0
轮盘轴向跳动	1.5	2.5	3.5	4.0	5.0	6.0
轮盖轴向跳动	2.0	3.0	4.0	5.0	6.0	7.0

(3) 对主轴和轴承的要求

在包装和搬运过程中，主轴可能会受到碰撞和损伤。因此，安装主轴时，要精心检查。

例如，某系列风机对主轴和轴承要求：主轴表面不许有裂纹和凹痕。滚动轴承的轴颈表面粗糙度不高于 $1.6\mu m$，滑动轴承的轴颈表面粗糙度不高于 $0.8\mu m$。主轴弯曲的最大挠度为轴长度的 0.3/1000～0.5/1000。在通风机试运转时，要在轴承上用测震器检查轴承的振幅是否符合表12-6的规定值。试运转时还要检查轴承温度，是否超过表12-7的规定值。

表 12-6　轴承允许的最大振幅

主轴转速/(r/min)	≤375	500	600	750	1000	1450	3000	≥3000
允许最大振幅/mm	0.18	0.16	0.14	0.12	0.10	0.08	0.96	0.04

表 12-7　轴承温度的规定　　　　　　　　　　　　　　　　　　　　　　　℃

轴承及润滑类型	轴承温度		入口油温	出口油温	温升
	正常	允许			
滚动轴承压力给油润滑	≤60	≤70			≤40
滚动轴承油脂润滑	≤70	≤80	35～45	55～65	
滑动轴承	≤65	≤70			≤35

离心通风机整机的装配主要涉及几个方面：机壳与进风口的安装；机壳与后盖板的安装；机壳与叶轮的安装；传动组与叶轮的安装等。之后，机壳、传动组等与地基安装；待整机装配完毕后风机需经运转试验。

离心通风机装配结构一般可以分为 A、B、C、D、E、F 等型式的传动结构。在此仅以离心通风机（B型传动）结构（图12-48）及离心通风机（D型传动）结构（图12-49）进行分析。

1）准备工作与分析。

研究产品的总装配图、部件装配图，弄清楚产品的质量要求及标准，装配工作中应保证的技术条件。

通过分析，其中有几个装配关系非常重要，安装过程中应保证其装配关系或要求：

① 如图12-48所示离心通风机（B型传动）结构中，传动轴中段与主轴皮带轮的配合。

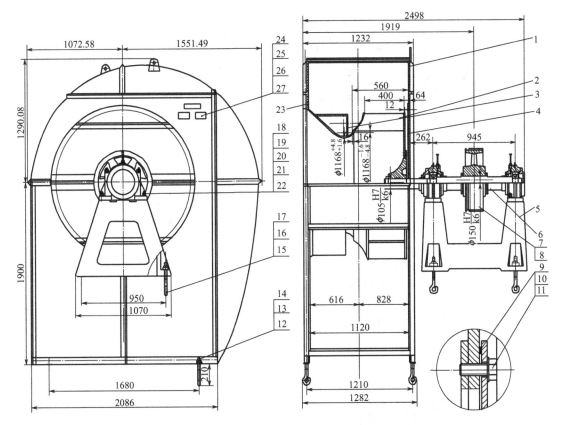

图 12-48 离心通风机（B 型传动）

1—机壳组；2—叶轮组；3—进风口组；4—后盖板组；5—支架；6—传动组；7—主轴皮带轮；8—三角胶带；
9—石棉绳；10,12,15—螺栓；11,13,16,18—垫圈；14,17,20,21—螺母；19—螺柱；22—销；23—螺钉；
24—性能标牌；25—旋转标牌；26—间隙标牌；27—铆钉

② 叶轮与传动轴的配合。

③ 进风口组与叶轮的相对位置。

④ 电动机、传动组及叶轮组都是需要固定的部件，三者之间有同轴度要求。

2）风机具体装配步骤。

① 将三角支架用螺钉固定在传动组的底板上（图 12-49）。

② 将支架与地脚螺栓相吻合地放到平台上，用螺母拧紧。

③ 将主轴皮带轮安装到传动组主轴上，注意保证其配合尺寸。再将传动组放到支架上，用螺母紧定。将后盖板预固定在机壳上（注意不要与传动轴有接触），要保证后盖板组最右端到传动组左侧地脚螺栓中心线的距离。

④ 将叶轮组安装到轴上，以平键作径向定位将叶轮与轴连成一体，再用反旋螺母拧紧轴端作轴向定位，左右转动叶轮看是否与轴紧定。

⑤ 安装前盖板组到机壳上。

⑥ 保证叶轮到后盖板组最左侧的距离。然后将进风口组安装到前盖板组上，需要保证的是进风口组最右端与叶轮的最左端的交叠，且要调整两者的交叠尺寸，二者之间有一定的距离才能保证空气的进入，距离太大则不利于空气的压入。从空气动力学角度分析时，该交叠会很大程度地影响风机性能。

⑦ 最后将机壳组与后盖板组连接成一体，下端用螺母与地脚螺栓固定。

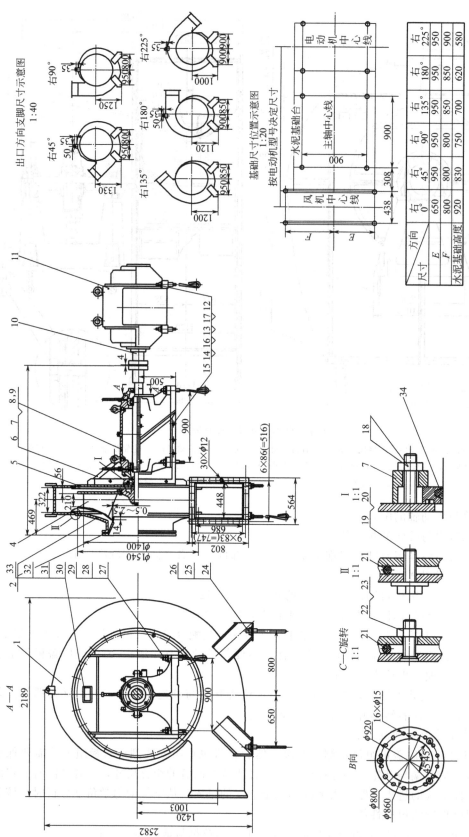

图12-49 离心通风机（D型传动）

1—机壳组；2—进风口组；4—叶轮组；5—后盖板组；6—三角支架；7—压板；8—密封盖；
9—传动组；10—联轴器；11—电动机；30—性能标牌；31—回瞬标牌；32—旋转标牌

出口方向支脚尺寸示意图 1:40

基础尺寸位置示意图 1:20

按电动机型号决定尺寸

方向尺寸	右0°	右45°	右90°	右135°	右180°	右225°
E	650	950	950	950	950	950
F	800	800	800	850	850	900
水泥基础高度	920	830	750	700	620	580

装配要点：

(1) 支脚及水泥台尺寸的选择

需要根据离心通风机的左转或右转以及出口方向去确定其支脚尺寸和水泥基础台的高度。根据样本图中"基础尺寸位置示意图"查出支脚尺寸及水泥基础台高度尺寸（例如，以右转 0°为例时，查出右转 0°型支脚尺寸及水泥基础台高度尺寸）。

(2) 传动组及电机的安装

将水泥基础台清扫干净，先将传动组用螺栓固定在水泥基础台上再安装电动机。

先安装传动组再安装电机的原因是对于不同载荷的风机需要选择不同的电动机以保证经济适用原则。选择适合的电动机后，在保证其与传动组有良好接合的前提下用螺栓将其固定在传动组右端，中间用联轴器接合。

(3) 支架装配工装

支架的技术要求虽然简单，但支架是保证风机、电动机及传动组正常运行的重要支撑件，在风机工作状态下应具有高的强度、刚度及稳定性。为了保证装配的可靠性特别设计了部分装配工装。例如：

1）支架组-机壳连接号孔工装。

支架组-机壳连接号孔工装如图 12-50 所示。图 12-50 中垂直度要求为工装的重点要求。

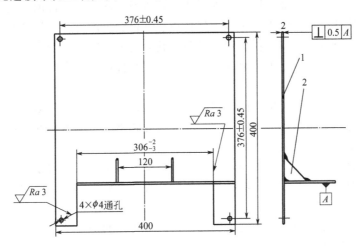

图 12-50　支架组-机壳连接号孔工装
1—加强板；2—主板

图 12-50 工装装配时，首先全部点焊。

2）支架组-电动机座号孔工装。

支架组-电机座号孔工装如图 12-51 所示。制作时应重点关注其与电动机座连接时对应的装配尺寸。

3）支架组-地脚孔号孔工装。

支架组-地脚孔号孔工装，如图 12-52 所示。制作时应重点关注其与地脚孔连接时对应的装配尺寸。

4）导轨部。

导轨部应满足的要求包括：导向精度，导向精度保持性，导向运动灵敏度，导轨运动平稳性，导轨抗振性，导轨抵抗受力变形的能力及结构工艺性。

导向精度是指运动构件沿导轨导面运动时其运动轨迹的准确程度。影响导向精度的主要

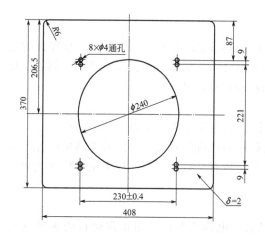

图 12-51　支架组-电动机座号孔工装

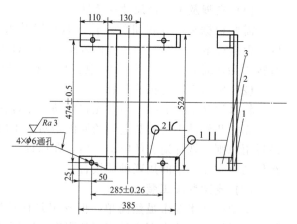

图 12-52　支架组-地脚孔号孔工装
1—挡板；2—扁钢；3—支撑板

因素有：导轨承导面的几何精度、导轨的结构类型、导轨副的接触精度、表面粗糙度、导轨和支承件的刚度、导轨副的油膜厚度及油膜刚度，以及导轨和支承件的热变形等。

导向精度保持性是指导轨工作过程中保持原有几何精度的能力。导轨精度保持性主要取决于导轨的耐磨性及其尺寸稳定性。耐磨性与导轨副的材料匹配、受力、加工精度、润滑方式和防护装置的性能等因素有关，另外，导轨及其支承件内的残余应力也会影响导轨精度保持性。

导向运动灵敏度是指运动构件能实现的最小行程；定位精度是指运动构件能按要求停止在指定位置的能力。导向运动灵敏度和定位精度与导轨类型、摩擦特性、运动速度、传动刚度、运动构件质量等因素有关。

导轨运动平稳性是指导轨在低速运动或微量移动时不出现爬行现象的性能。平稳性与导轨的结构、导轨副材料的匹配、润滑状况、润滑剂性质及导轨运动之传动系统的刚度等因素有关。

导轨抗振性是指导轨副承受受迫振动和冲击的能力，而稳定性是指在给定的运转条件下不出现自励振动的性能。

导轨应具有抵抗受力变形的能力。变形将影响构件之间的相对位置和导向精度，这对于精密机械与仪器尤为重要。导轨变形包括导轨本体变形和导轨副接触变形，两者均应考虑。

结构工艺性是指导轨副加工的难易程度。在满足设计要求的前提下，应尽量做到制造和维修方便，成本低廉。

（4）运转试验

装配完成后风机需经运转试验，满足以下技术要求：

① 风机须经运转试验。

② 风机空气动力性能按照相关标准规定测试。在给定转速下，在工作段范围内，实际空气动力性能曲线与给定曲线间的允差以及全压值不得超过规定值的 $\pm 5\%$，效率值不得低于对应效率点的 5%，风机的噪声应符合标准规定。

③ 通风机的外观质量与清洁度应符合标准规定。

④ 通风机的涂漆应按标准有关规定进行，面漆颜色采用当年选定色。

⑤ 风机应在无载荷情况下启动。

12.2.7.2　风机虚拟装配与模态分析

(1) 建模与装配

1) 建模意义与工具。

在传统的机械设计中，设计人员一般通过画平面图把设计思路表达出来，然后对其进行校核、修改，即应用二维 CAD 软件来辅助设计。目前，设计者可以将设计构思直接体现在三维实体模型上并进行校核，大大缩短了设计时间、提高了工作效率，为争取更大的市场提供了竞争优势。

建模研究中采用了虚拟现实技术。虚拟现实技术（Virtual Reality，VR）是由美国VPL Research 公司创始人 Jaron Lanier 在 1989 年提出的。它是以计算机技术为平台，利用虚拟现实硬件、软件资源，实现一种极其复杂的人与计算机之间的交互和沟通过程。把虚拟技术应用到产品的设计开发过程中，可以利用计算机辅助设计技术，以及计算机仿真技术在虚拟环境中对产品的静态和动态装配过程进行仿真，对装配过程实现实时的干涉检测，分析装配的可行性，快速地把设计者的思想在虚拟环境中表现出来，从而可早期发现设计上的缺陷、改进设计方案，以达到最优化，避免后续工艺变更带来的问题。

虚拟装配是虚拟制造的重要组成部分，利用虚拟装配技术用户可以将零件的数据输入计算机，在虚拟场景中产生零部件的三维视图，并可以通过一定的手段操纵它们，在虚拟的场景中进行装配试验，验证装配设计和操作的正确与否，以便及早地发现装配中的问题，对模型进行修改，并通过可视化显示装配过程。虚拟装配系统允许设计人员考虑可行的装配序列，自动生成装配规划，它包括数值计算、装配工艺规划、工作面布局、装配操作模拟等。

2) 离心风机相关零件的分析与建模。

建模过程中由于产品及零件的复杂程度不同，所以选择的建模方法不同。具体选择哪种方法应根据实际情况来决定。下面以基于 Pro/E 的离心风机建模与装配为例进行介绍。

在应用 Pro/E 建立风机零件的过程中用到多种方法；即使同一个零件也不一定是用一种方法来完成的，而是大多采用多种建模方式的组合。

在风机建模过程中为了突出产品的特点，在允许的范围内对问题与零部件结构进行了简化，使复杂问题简单化。如某些零件采用对称结构后，便可以利用 Pro/E 软件中的二维草图生成三维旋转实体，使问题的解决比较容易。

研究中由于对离心风机的复杂结构进行了简化，因此利用 Pro/E 的草图功能进行绘图时，只要勾画出其大致的轮廓，然后加以相关的约束定义所绘制的各种元素的位置和尺寸，即可以生成精确的轮廓线。以此轮廓线为基础，进行拉伸、旋转、扫描等实体转换操作就可以生成相应的实体特征。

针对矿用离心风机，考虑到大结构风机的复杂性，下面主要针对 9-26No.14D 离心式通风机为例进行。该风机主要由传动轴、法兰圈、锥形筒、前盖板、进口法兰、进风筒、叶片等组成，其结构的大小及性能参数适中。

建立模型如下。

传动轴：首先根据 CAD 图纸对零件进行适当的简化，然后进行模型的建立。传动轴是用旋转方法画出大体轮廓；用螺旋扫描方法画螺纹；再画几个基准平面，作为参照，用实体拉伸去除材料，画出一个键槽，用镜像方法画出剩下的三个键槽。如图 12-53 所示。

法兰圈：法兰圈建模可以首先用旋转方法画出扁圆环，再用实体拉伸去除材料方法画出圆孔。如图 12-54 所示。

锥形筒：锥形筒可以采用旋转方法建模。如图 12-55 所示。

前盖板：前盖板可以采用旋转方法建模。如图 12-56 所示。

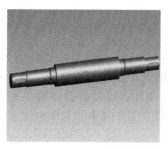

图 12-53　传动轴模型

图 12-54　法兰圈模型

图 12-55　锥形筒模型

图 12-56　前盖板模型

进口法兰：进口法兰的建模大致与法兰圈相同。如图 12-57 所示。

进风筒：进风筒的建模采用实体拉伸方法。如图 12-58 所示。

图 12-57　进口法兰模型

图 12-58　进风筒模型

叶片：叶片的建模采用实体拉伸方法。如图 12-59 所示。

轮盘：轮盘的建模与法兰圈相似，先由实体拉伸建模"盘"，再用实体拉伸方法按一定角度，去除材料，形成圆孔。如图 12-60 所示。

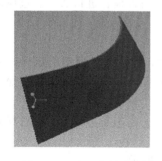

图 12-59　叶片实体模型

图 12-60　轮盘模型

轮盖：轮盖建模由旋转方法生成。轮盖模型如图 12-61 所示。

轴盘：轴盘主体由旋转生成，再经过实体拉伸按一定角度去除材料后形成圆孔和键槽，最后利用倒圆角方法来修整轮盘边缘。轴盘模型如图 12-62 所示。

图 12-61　轮盖模型

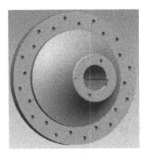

图 12-62　轴盘模型

蜗板：蜗板模型是由实体拉伸形成的。蜗板模型如图 12-63 所示。

侧板：侧板的建模先由实体拉伸形成主体，再经过实体拉伸方法去除材料形成中间的大圆孔。侧板模型如图 12-64 所示。

吊板：吊板的建模是先由实体拉伸方法形成主体，再由实体拉伸去除材料建立中间的圆孔。吊板模型如图 12-65 所示。

图 12-63　蜗板模型

图 12-64　侧板模型

图 12-65　吊板模型

3）离心风机的虚拟装配。

离心风机虚拟装配是在建立风机零部件数据模型的基础上进行的，即以离心风机相关零件的分析与建模为前提。当各个零件的数据模型建好之后，可以用 Pro/E 中 ASSEMBLY 装配模块进行虚拟装配工作，ASSEMBLY 是 Pro/E 的一个功能模块，它可以帮助构造零件的装配。

Pro/E 的虚拟装配过程也就是在装配中建立部件间的连接关系的过程。它通过关联条件在部件间建立约束关系，来确定部件在产品中的位置。Pro/E 提供的约束类型有：匹配、对齐、插入、坐标系、相切曲面上的点、线上的点、面上的边。

在实体模型已经建立的情况下，可以选择从底向上的装配方式，利用各种约束关系进行部件的装配工作。在装配时，按照装配的要求依次调出各个零件，根据零件之间的装配关系分别选择零件表面、轴线、指定点或坐标系进行约束，系统根据给定的相关关系将零件自动地置于要求的位置上，以完成产品的虚拟装配。

研究中应用虚拟装配理论对 9-26No.14D 矿用风机的实体模型进行了装配，为后面的有限元分析提供了模型基础。在离心风机装配过程中采用综合装配建模方法以达到装配的目的，如图 12-66 所示。

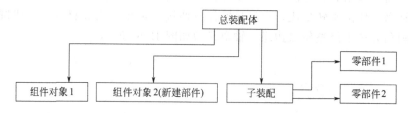

图 12-66　装配框架结构

由图 12-66 可知，对于复杂的装配体其装配可以分成多个"组件对象"及"子装配"，"组件对象"及"子装配"进一步细分为"对象""零件"及"部件"等。

9-26No.14D 离心矿用风机的整机装配采用了"装配框架结构"的方式。

进风口与前盖板属于整机的子装配。

进风口：进风口主要由锥形筒和法兰圈经对齐、匹配约束而成。如图 12-67 所示。

前盖板组：前盖板组主要由前盖板、进风筒、进口法兰经对齐、匹配约束而成。如图 12-68 所示。

图 12-67　进风口模型

图 12-68　前盖板组模型

叶轮组：叶轮组主要由叶片、轮盖、轮盘、轴盘经对齐、匹配约束而成，成为风机整机装配的又一子装配。在组装叶片时，要通过两个基准平面来做参考，经过对齐约束安装成功，再经过轴向阵列法，按一定角度，建立另外的 15 个叶片。如图 12-69 和图 12-70 所示。

图 12-69　叶轮组模型（1）

图 12-70　叶轮组模型（2）

支脚：支脚是由几块由拉伸形成的板经匹配、对齐约束形成的。支脚是整机的另一子装配。如图 12-71 和图 12-72 所示。

机壳组：机壳组主要由支脚、吊板、补强板、加强角钢蜗板、侧板、扁钢圈和出口角钢经对齐、匹配等约束而成。机壳组也是整个风机的子装配。如图 12-73 和图 12-74 所示。

整机：离心风机整机主要由进风口、前盖板组、叶轮组、支脚和机壳等子装配体经过对齐、匹配等约束组装而成。如图 12-75～图 12-77 所示。

机械零部件结构设计实例与
装配工艺性（第二版）

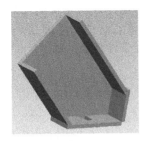

图 12-71　支脚模型（1）

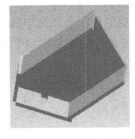

图 12-72　支脚模型（2）

图 12-73　风机壳模型

图 12-74　蜗壳舌部

图 12-75　整机模型（1）

图 12-76　整机模型（2）

图 12-77　整机剖视图

4）风机的干涉检查。

风机的干涉检查主要指装配完后用 Pro/E 提供的 Analysis 分析模块对整机或组装体进行干涉检查，检查零部件之间是否存在干涉现象，以及干涉量的多少，如果两件之间存在装配干涉问题，系统将用不同颜色来显示干涉部位和发生干涉的形状及尺寸。对于发生干涉的零部件，设计人员可以在装配的状态下对零件进行直接修改，也可以在零件状态下对其进行修改。由于之前零件间已经赋予了一定的装配，所以当零件经过修改之后，系统会自动把修改结果反映到装配模型中去，这样既保证了产品的正确装配又可及时发现问题、加以改进。

当 9-26No.14D 离心式矿用风机模型建立后，利用 Pro/E 的分析功能模块进行干涉检查。

操作步骤为：在 Pro/E 中打开要进行干涉检查的部件，依次点击分析→模型→全局干涉。按此方法对风机的进风口、叶轮组、机壳、整机进行干涉检查。如果分析完成后，模型不变色，说明模型装配合理，如果出现红色，说明模型间装配不合理，需要调节模型间间隙大小或模型的零部件尺寸。

① 进风口干涉检查　进行进风口干涉检查时发现锥形筒与法兰圈接触处出现红圆圈，说明两者装配时发生问题。经过重新装配，仍未解决问题，最后通过修改尺寸，使进风口无干涉现象。如图 12-78 所示。

② 叶轮组的干涉检查　在进行叶轮组的干涉检查时发现叶片与轮盖间出现红色线条，并且 Pro/E 左下角状态栏文字显示叶片与轮盖间发生了干涉。这些干涉问题是由装配不当产生的。经过多次重新装配和干涉检查，最终发现叶轮组无干涉现象。如图 12-79 所示。

图 12-78　进风口的干涉检查

图 12-79　叶轮组的干涉检查

③ 机壳的干涉检查　对机壳进行干涉检查，未发现变色现象，所以可以确定机壳各零件间无干涉。

④ 整机干涉检查　对整机模型进行干涉检查，未发现变色现象，可以确定整个风机模型的零部件间无干涉，风机模型装配合理。

到此，就完成了整个矿用风机的虚拟装配。

（2）矿用离心风机关键零部件的静力分析

这里用 ANSYS 软件对矿用风机关键零部件进行分析。

1）叶片静力分析。

实践发现，如叶片经过长期的运转，叶片表面会出现不同程度的裂纹，最终导致断裂，叶片断裂的类型大部分是疲劳断裂。也有的因刚度或强度不足导致叶片断裂或弯曲变形。另外，根据实际生产现场发现叶根是叶片容易断裂的部位。

离心通风机叶片有多种形式，按其结构形状常见的主要有机翼型、圆弧型及直板型等。圆弧型及直板型结构简单、分析计算方便，而机翼型叶片结构复杂、不易分析计算。为了分析问题方便，对 9-26No.14D 离心通风机的圆弧叶片进行了强度分析与研究。

首先在 Pro/E 中建立风机叶片模型，如图 12-80 所示。

其次，把 Pro/E 中建立的叶片模型导入 ANSYS 中。

在对风机叶片进行分析时，选择的单元类型为 SOLID92，此单元类型为十节点四面体三维单元，在单元的每个节点上有三个自由度，即分别沿着 X、Y、Z 三个坐标轴方向的平均自由度如图 12-81 所示；由于 SOLID92 有二次方位移，故很适合划分不规则的网络，次单元类型可以进行应力、应变分析以及塑性蠕变等分析。

图 12-80　叶片模型

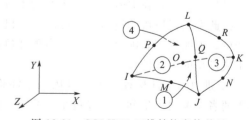

图 12-81　SOLID92 三维结构实体单元

叶片的材料为 Q235A 碳素钢，这种碳素结构钢的韧性和塑性较好，有一定的伸长率，具有良好的焊接性能和热加工性。

由于 9-26No.14D 离心式通风机的叶片厚度为 4.5mm，叶片的屈服强度为 235MPa。当 9-26No.14D 离心式矿用风机的转速为 1450r/min，流量为最小值 47121m³/h 时，全压在各种风机中最大为 12285Pa，叶片受压大致为 0.012MPa。所以在 ANSYS 软件中，模型选用结构线弹性各向同性材料，设置其弹性模量（Elastic modulus）为 EX＝2.10×10⁵ MPa，泊松比（Possion ratio）为 PRXY＝0.33。

单元类型定义：在 ANSYS 软件主菜单中点击 Main Menu→Preprocessor→Element Type→Add/Edit/Delete，弹出 Element Type 对话框；单击 Add 按钮，弹出 Library of Element 对话框，如图 12-82 所示，采用单元类型为 SOLID92。此单元类型为十节点四面体三维单元，在单元的每个节点上有三个自由度，即分别沿着 X、Y、Z 三个坐标轴方向的平动自由度。

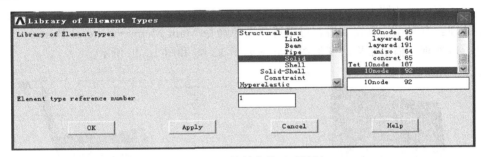

图 12-82　网格划分设置对话框

材料定义：依次点击 Main Menu→Preprocessor→Material Models→Material Model Number 1→Structural→Linear→Elastick→Isotropic，在弹出的对话框 EX 中输入 2.10 E5，PRXY 中输入 0.33，定义了叶片为结构线弹性各向同性材料。

网格划分：

① 定义元素尺寸：指定单元形状后，还要选择网格划分的类型（自由或映射）。自由网格划分对于单元没有特殊的限制，也没有指定的分布模式，而映射网格划分则不但对单元形状有所限制而且对单元排布模式也有要求。映射面网格只包含四边形或三角形，映射体网格只包含六面体单元。映射网格具有规则的形状，明显成排地规则排列。所以，想要用这种网格，必须将模型生成具有一系列相当规则的体或面，才能进行网格划分。鉴于叶片模型的单元类型设置为四面体，因此采用自由网格划分，则程序可以自动分析网格划分带来的误差，根据误差自动细化网格。在主菜单中依次选择 Preprocessor→Meshing→Sizec-ontrols→Smartsize→Basic 命令，在弹出的对话框中选择精度为 "4" 后单击 OK 按钮关闭菜单。

② 分格：依次单击 Mesh→Volumes→Free，在弹出的 Mesh Volumes 对话框中选择 Pick all 按钮，系统开始自动划分网格，划分的节点数为 27160 个，单元数为 13276 个。划分结果如图 12-83 和图 12-84 所示。

对叶片施加约束：依次单击 Main Menu→Solution→Define Loads→Apply→Strucural→Dis-placement→On Areas 对叶片施加约束。施加约束时选择叶片上下两个端面，约束类型为 "ALL DOF"。

当风机转速为 1450r/min，流量为 47121m³/h 时风机叶片均布受压大约是 0.012MPa。执行菜单命令 Solution→Define Loads→Apply→Structural→Pressure→On Areas，点击前表面，在弹出的对话框的第一个文本框中输入 0.012。

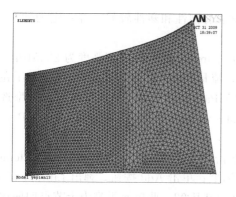
图 12-83 叶片的有限元模型（1）

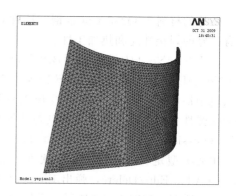
图 12-84 叶片的有限元模型（2）

求解：执行命令 Solution→Solve→Current LS→OK 进行求解，直到弹出"Solution is done"对话框，求解结束。

后处理：有限元计算完成后，可以通过菜单命令 Main Menu→Generol Postproc 对分析结果进行后处理，输出结果的变形图，分别如图 12-85 和图 12-86 所示。

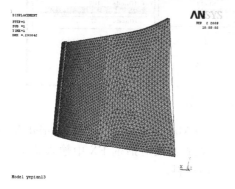
图 12-85 叶片的变形图（1）

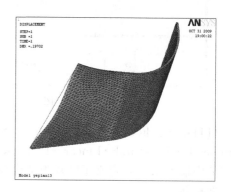
图 12-86 叶片的变形图（2）

由叶片受力的变形图可以看出：在叶片中间发生了变形。

① 叶片的应力分析。

叶片的节点和单元综合应力计算结果分别如图 12-87 和图 12-88 所示，侧门沿 X、Y 和 Z 向的节点应力结果分别如图 12-89～图 12-91 所示。

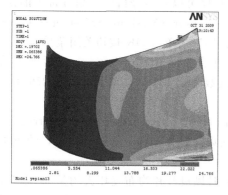
图 12-87 叶片节点综合应力图

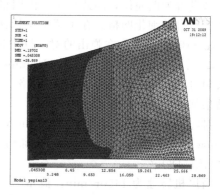
图 12-88 叶片单元综合应力图

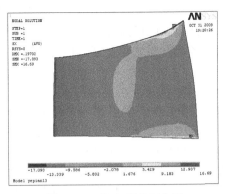

图 12-89　X 向节点应力图

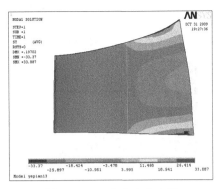

图 12-90　Y 向节点应力图

从上述分析结果可以看出：

叶片大部分面积区域的应力都很小，最大应力集中在叶片的根部区域，节点综合应力为 24.776MPa，单元综合应力为 28.869MPa。叶片沿 X、Y 和 Z 向的节点应力分别为 16.69MPa、33.887MPa 和 22.589MPa。叶片沿 X、Y 和 Z 方向的最大应力分别发生在靠近轮盘的根部。综合来看，结构应力远远小于材料的许用应力 235MPa，而且结构沿 3 个方向的应力分布不均，因此有必要对结构进行参数优化，一方面可以提高材料的利用率，另一方面也可以使应力沿各个方向的分布趋于均匀，从而达到材料的合理利用。

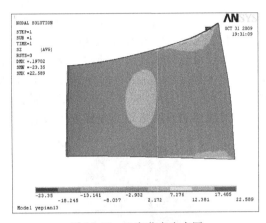

图 12-91　Z 向节点应力图

② 叶片的刚度分析。

叶片沿 X、Y、Z 三向的位移计算结果分别如图 12-92～图 12-94 所示。

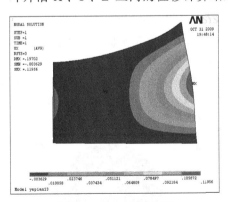

图 12-92　X 向位移图

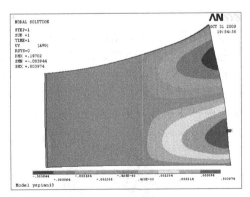

图 12-93　Y 向位移图

从位移图可以看出：

叶片沿各个方向的位移较小，沿 X、Y、Z 三向的位移分别为 0.11956mm、0.003974mm 和 0.156596mm。

从以上分析可以看出，理论分析结果与实际情况是相符合的。

综合看来，叶片的强度和刚度均已足够，可以保证该部件工作时的安全可靠性，但设计

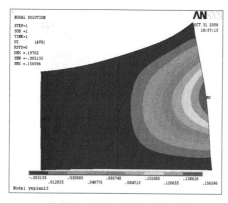

图 12-94 Z 向位移图

趋于保守，没有充分发挥材料作用，因此有必要对构件进行参数优化，以提高材料的利用率。进一步的优化可以使各个方向的变形更加均匀，从而提高分析的准确性。

2）叶轮组静力分析。

对叶轮进行静应力分析，离心力是最重要的载荷。在各类文献中都提出：对叶轮加载离心力，作为应力分析的主要作用力。如果只是把叶轮表面的气流载荷看做是定常的，那么气流载荷引起的叶轮应力远小于离心力引起的叶轮应力。所以在下面对叶轮组进行静力分析时，只考虑离心力的作用。

首先建立叶轮组模型，并引入分析环境。

采用 ANSYS 的 SOLID92 单元，将叶片划分为 137094 个单元，45605 个节点。边界条件设定为：叶轮摩擦环面沿轴向位移 $Z=0$；轴盘圆心面沿周向和轴向施加约束；在叶轮的每个质点上加上 24.2rad/s 的角速度。叶轮的材料特性设为：弹性模量 $E=2.1\times10^{11}\text{Pa}$，泊松比 $\gamma=0.3$，密度 $\rho=7900\text{kg/m}^3$，屈服强度为 $\sigma_s=235\text{MPa}$。

对叶轮组进行网格划分并施加约束后，叶轮组如图 12-95 和图 12-96 所示。

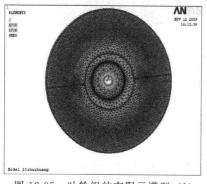

图 12-95 叶轮组的有限元模型 (1)

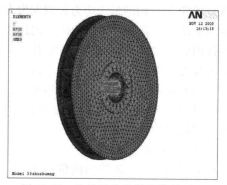

图 12-96 叶轮组的有限元模型 (2)

根据叶轮组的工作情况，要施加的轴向约束和周向约束在直角坐标系下无法施加，而在柱坐标系下定义非常方便，所以就需要在工作平面上创建一个柱坐标系。

根据 ANSYS 程序中坐标系定义的规则，需要将柱坐标系的 Z 轴和旋转轴重合，Y 轴表示转角，X 轴表示径向。这就需要将全局坐标系进行旋转，以满足 ANSYS 坐标系的要求。坐标系经过调整后，便可进行求解。求解的结果如图 12-97 和图 12-98 所示。

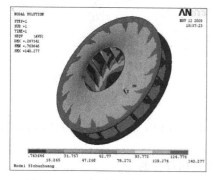

图 12-97 叶轮组节点综合应力图

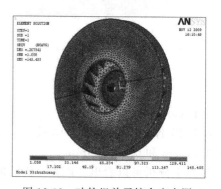

图 12-98 叶轮组单元综合应力图

① 叶轮组的应力分析　叶轮组的三个方向应力分布情况分别如图 12-99～图 12-101 所示。

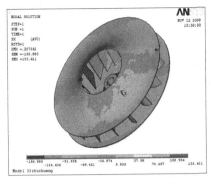

图 12-99　X 向节点应力图

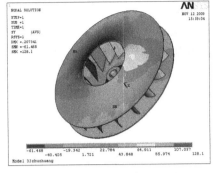

图 12-100　Y 向节点应力图

从分析结果可以看出，叶轮组的最大应力都集中在叶片的根部区域，节点综合应力为 140.28MPa，单元综合应力为 145.46MPa。

叶片沿 X、Y 和 Z 向的节点应力分别为 135.41MPa、128.1MPa 和 47.9MPa。

综合来看，结构的应力远小于材料的许用应力 235MPa。可以保证风机安全运行。但由于应力分布不均，而且最大应力发生在叶片根部附近，所以在叶片设计时，要加强这方面的考虑。

② 叶轮组的刚度分析　叶轮组沿 X、Y、Z 三向的位移计算结果分别如图 12-102～图 12-104 所示。

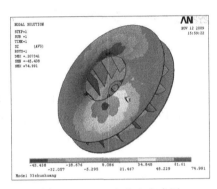

图 12-101　Z 向节点应力图

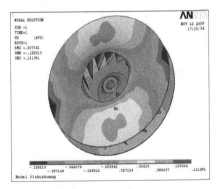

图 12-102　X 向位移图

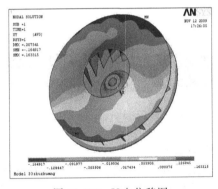

图 12-103　Y 向位移图

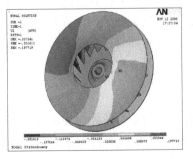

图 12-104　Z 向位移图

由叶轮组的位移图可以看出：

叶轮组沿各个方向的位移较小，沿 X、Y、Z 三向的位移分别为 0.1514mm、0.1633mm 和 0.1977mm。

综合来看，叶轮组的强度和刚度均已足够，可以保证该部件工作时的安全可靠性，但设计趋于保守，没有充分发挥材料作用，因此有必要对构件进行参数优化，以提高材料的利用率。

3）主轴静力分析。

9-26No.14D 矿用风机传动组中轴的静力分析主要步骤是，首先在 Pro/E 中生成三维实体模型，再将其导入 ANSYS 软件中进行网格划分，生成有限元模型，然后对轴的强度进行分析并求解。

实验证明，轴阶梯处的倒角和倒圆角以及螺纹孔对分析结果影响不大，但是 ANSYS 软件分析时却耗费大量时间。所以在运用 ANSYS 对主轴进行结构分析时，必须要对其做相应的简化，对不很重视的次要细节可以删除，来减少计算量和计算时间，从而提高计算精确度。这一简化步骤可以利用 Pro/E 强大的建模功能实现。在 Pro/E 中删除主轴的螺纹、阶梯处的倒角、倒圆角以及小间隙，简化后的风机轴模型如图 12-105 所示，并依据图 12-105 进行分析。

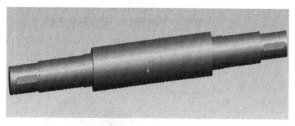

图 12-105　简化的风机轴模型

网格划分：

风机轴的材料为 45 钢。考虑到风机轴的复杂程度、精度、计算机资源等因素，分析过程中模型选择 10 节点的 SOLID92 四面体三维单元，采用 3 级精度的 SmartSize 智能网格划分。

此风机轴为多键槽件，在键槽处应力集中，所以要进行网格细化，细化水平和细化深度都选择 1。

根据以上条件，模型采用 ANSYS 中的 SOLID92 单元，总共生成 82076 个节点，55395 个 SOLID92 单元，如图 12-106 和图 12-107 所示。

图 12-106　风机轴的有限元模型

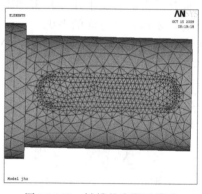

图 12-107　键槽的有限元模型

轴的约束：

有限元分析中边界条件的确定所遵循的原则是：施加足够的位置约束，以消除有限元模型的刚体位移；在确定边界条件时，应尽可能简单直观、减少计算机的存储量和计算时间；所建立的边界条件必须符合实际。由于 SOLID92 三维单元必须约束所有节点的 3 个方向的自由度，因此只进行移动自由度的约束。由于风机轴向是由轴肩约束的，所以在轴肩处施加移动约束；由于对风机轴进行的是静力分析，所以可以认为轴在瞬间是固定不动的，所以在两轴承端施加了全约束。

轴的载荷：

为了简化分析模型，将轴承所受的动载荷转化为静载荷。

①将轴的重量作为外力施加在模型整体上。②左端加载叶轮组重量。③该风机轴动力从右端键槽输入，为已算出的扭矩（1647N·m）。把该扭矩转化为键槽侧面的压力，按照顺时针方向施加在侧面上，同时给左端键槽施加等大小逆时针的压力。

　机械零部件结构设计实例与
装配工艺性（第二版）

求解：

执行命令 Solution→Solve→Current LS→OK 进行求解，直到弹出"Solution is done"对话框，求解结束。

后处理：

有限元计算完成后，可以通过菜单命令 Main Menu→Generol Postprocc→Plot Results 对分析结果进行后处理，输出结果的变形图如图 12-108 所示。

由图 12-108 可以看出：轴主要在键槽处发生大变形。

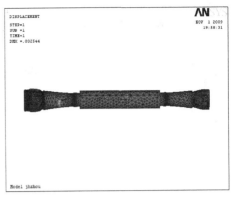

图 12-108　轴的变形图

① 轴的应力分析　轴的节点和单元综合应力计算结果分别如图 12-109 和图 12-110 所示，侧门沿 X、Y 和 Z 向的节点应力结果分别如图 12-111～图 12-113 所示。

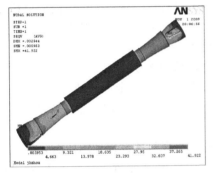

图 12-109　轴节点综合应力图

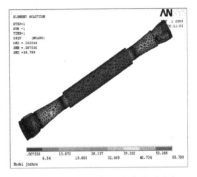

图 12-110　轴单元综合应力图

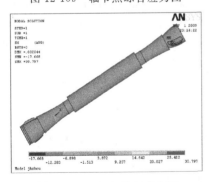

图 12-111　X 向节点应力图

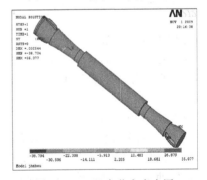

图 12-112　Y 向节点应力图

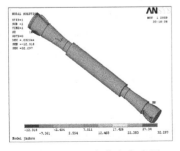

图 12-113　Z 向节点应力图

从上述分析结果可以看出，轴大部分面积区域的应力都很小，最大应力集中在右端的键槽根部区域，节点综合应力为 41.922MPa，单元综合应力为 58.799MPa。叶片沿 X、Y 和 Z 向的节点应力分别为 30.797MPa、35.077MPa 和 32.297MPa。叶片沿 X、Y 和 Z 方向的最大应力都发生在轴右端的键槽根部。

综合来看，结构的应力远远小于材料的许用应力 355MPa，结构沿 3 个方向的应力分布均匀，键槽处应力最大，有必要加强键槽处的强度。

② 轴的刚度分析　轴沿 X、Y 和 Z 三向的位移计算结果分别如图 12-114～图 12-116 所示。

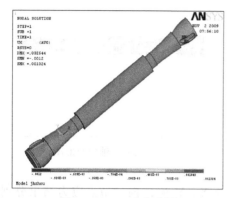

图 12-114　X 向位移图

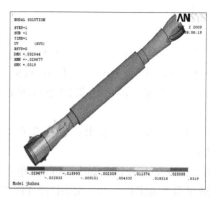

图 12-115　Y 向位移图

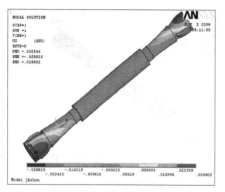

图 12-116　Z 向位移图

从位移图可以看出：轴沿各个方向的位移较小，沿 X、Y 和 Z 三向的位移分别为 0.001324mm、0.0319mm 和 0.028802mm。

综合看来，轴的强度和刚度均已足够，可以保证风机部件工作时能够安全可靠地运行。鉴于更加安全的角度，可以对风机轴的键槽处进行强度的增加。

(3) 离心矿用风机关键部件的模态分析

这里通过计算模态分析，寻找 9-26No.14D 离心风机的叶片、轴及整机结构的自振频率和振型。

离心风机结构有着固有的振动频率，设计时使这些固有频率避开外激振力的频率即可以避免发生共振，有效减小振动幅值。离心风机结构的每个固有振动频率都对应一定的固有振型，准确地计算出该结构的固有振型，就可分清在什么样的激振力作用下会发生什么样的振动，从而控制相应激振力的频率，避免该振型下的共振。

1) ANSYS 模态分析步骤。

① 建模　模态分析的建模过程包括定义单元类型、单元实常数、材料特性、建立几何模型和划分网格。但要注意的是：模态分析是一个线性分析，任何非线性选项如塑性、接触单元等，即使定义了也将被忽略。必须通过弹性模量 EX 和密度 DENS 或其他方式对材料的刚度与质量进行定义，因为模态分析计算中涉及刚度矩阵和质量矩阵。

② 加载及求解　包括指定分析类型、分析选项，施加约束、设置载荷选项，并进行固有频率的求解等。模态分析中，唯一有效的载荷是零位移约束。可以通过设置预应力选项来计算存在预应力结构的模态，默认的分析过程中不包含预应力设置。求解器的输出内容主要是固有频率，由于振型还没有被写到数据库或结果文件中，因此还不能对结果进行后处理，还需要对模态进行扩展。

③ 扩展模态　如果要在 POST1 中观察结果，必须先扩展模态，即将振型写入结果文件。过程包括重新进入求解器、激活扩展处理及其选项、指定载荷步选项、扩展处理等。

④ 后处理，查看结果　模态分析的结果包括固有频率、已扩展的振型以及相对的应力

分布等。模态分析的后处理一般分为读入合适子步组成的结果数据、执行后处理操作两步。

2）离心风机关键零部件的模态分析。

所分析的离心风机系统是大型系统，若求出其全部固有频率和振型向量是非常困难的。由振动理论可知，在结构的振动过程中起主要作用的是较低阶模态，高阶模态对响应的贡献很小，并且衰减很快，故只考虑低阶模态。因此在模态分析时，选取叶轮组前六阶固有频率分析，传动轴前八阶固有频率分析。这既能得出对其影响较大的固有频率值，又能加快求解速度。

ANSYS 模态分析中唯一有效的"载荷"是零位移约束，其他载荷将被忽略，所以进行模态分析时只加位移约束。

① 9-26No.14D 离心风机叶轮组的模态分析　按质量相等原则，选择 SOLID45 单元类型，将叶轮组进行网格划分，结果如图 12-117 所示。

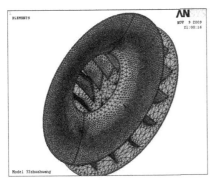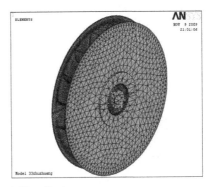

图 12-117　叶轮组的有限元模型

根据无阻尼自由振动分析，可以得出叶轮组的固有频率和振型。叶轮组的前 6 阶固有频率见表 12-8。

表 12-8　叶轮组的固有频率

阶数	固有频率/Hz	阶数	固有频率/Hz
1	0.55522	4	8.7200
2	3.9003	5	11.871
3	3.9254	6	11.911

叶轮组前 6 阶模态振型如图 12-118～图 12-123 所示。

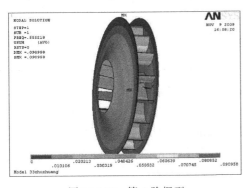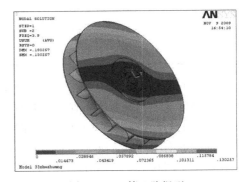

图 12-118　第 1 阶振型　　　　　　　　　　图 12-119　第 2 阶振型

叶轮组在第 1 阶固有频率下的振型是沿 X 轴的扭转振动。

叶轮组在第 2 阶固有频率下的振型是沿 Z 轴的左右振动。

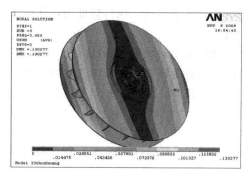

图 12-120　第 3 阶振型

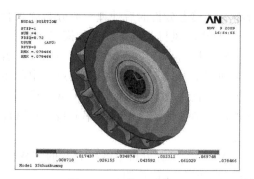

图 12-121　第 4 阶振型

叶轮组在第 3 阶固有频率下的振型是沿 Y 轴的左右振动。

叶轮组在第 4 阶固有频率下的振型是沿 X 轴的扭转振动。

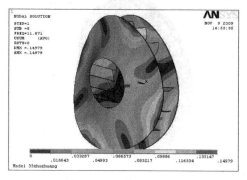

图 12-122　第 5 阶振型

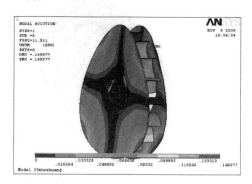

图 12-123　第 6 阶振型

叶轮组在第 5 和第 6 阶固有频率下的振型是弹性模态。

由固有频率下的结构变形情况可以看出，叶轮组的轮盖和轮盘在固有频率下工作易变形，所以在轮盖和轮盘设计中应对这两个部件进行加强，避免叶轮组在固有频率下工作。

② 9-26No.14D 离心风机传动轴的模态分析　选择 SOLID45 单元类型，将传动轴进行网格划分，再做无阻尼自由振动分析，得出传动轴的固有频率和振型。传动轴的前 6 阶固有频率见表 12-9。

表 12-9　传动轴的固有频率

阶数	固有频率/Hz	阶数	固有频率/Hz
1	10.498	4	13.752
2	10.539	5	35.570
3	13.704	6	35.570

传动轴叶轮端在第 1 阶固有频率下的振型是沿 Y 轴的上下振动，如图 12-124 所示。

传动轴叶轮端在第 2 阶固有频率下的振型是沿 Z 轴的前后振动，如图 12-125 所示。

传动轴的右端在第 3 阶固有频率下的振型是沿 Z 轴的上下振动，如图 12-126 所示。

传动轴的右端在第 4 阶固有频率下的振型是沿 Y 轴的上下振动，如图 12-127 所示。

传动轴中间在第 5 阶固有频率下的振型是沿 Z 轴方向的转动，如图 12-128 所示。

传动轴中间在第 6 阶固有频率下的振型是沿 Y 轴方向的转动，如图 12-129 所示。

传动轴叶轮端在第 7 阶固有频率下的振型是沿 Z 轴方向的转动，如图 12-130 所示。

传动轴中间部位在第 8 阶固有频率下的振型是沿 Y 轴方向的转动，如图 12-131 所示。

机械零部件结构设计实例与
装配工艺性（第二版）

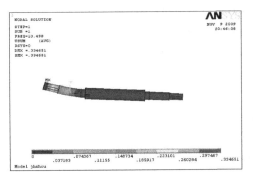

图 12-124　第 1 阶振型

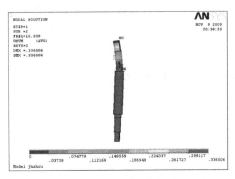

图 12-125　第 2 阶振型

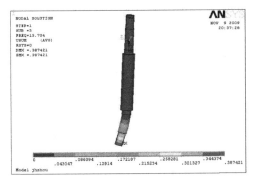

图 12-126　第 3 阶振型

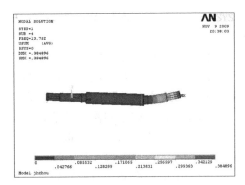

图 12-127　第 4 阶振型

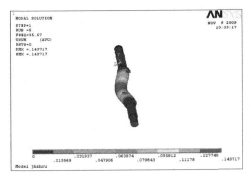

图 12-128　第 5 阶振型

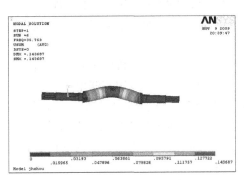

图 12-129　第 6 阶振型

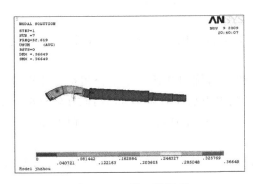

图 12-130　第 7 阶振型

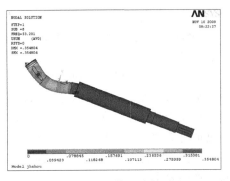

图 12-131　第 8 阶振型

由传动轴的固有频率下的结构变形情况可以看出，传动轴的叶轮端、中间部位和右端在固有频率下工作易变形，所以在传动轴设计中对这几个部位应该加强，避免传动轴在固有频率下工作，并特别关注传动轴的叶轮端、中间部位和右端的装配工艺。

12.2.7.3 有待改进的地方或建议

装配工作注意事项：

① 所有零件在加工后需经检验，合格的零件方能进行装配。过盈配合或单配、选配的零件应在装配前复检有关配合尺寸，并打好配套标记。

② 待装配零件应倒角、清除接合面处的毛刺，防止损伤配合表面。

③ 重视清洗工作，尤其是精密零件，应确保清洗质量，并进行干燥、防尘和防锈处理。

④ 基准零件装配时应先调整水平，不能强制压平，防止因重力或压紧变形而影响装配精度。

⑤ 注意装配的程序，既要利于保证装配精度，又要便于装配及校正工作。

⑥ 运动部分的接合面应有足够的接触精度，配合间隙要合适，防止因运动使工作温度升高，配合零件受热膨胀，发生"卡死"现象。

⑦ 选择合适的调整和修配环节，使得装配精度易于实现。

⑧ 进行两次装配的大型及重型产品，应严格控制部件的装配质量、检验项目和精度标准等。

⑨ 装配中应使产品尽量取得较大的精度储备，以延长其使用寿命。

⑩ 应注意平衡、密封、连接可靠性和润滑等事项。

风机总装时应严格按照工艺规程进行：

① 备料：按照图纸要求，备齐风机的所有零部件、外购件和标准件，检查旋向、配置是否正确。

② 攻螺纹：在电机的轴端加工锁紧螺纹孔。

③ 装电机：当采用直联电机传动方式时，将电机吊放于支架上，用螺栓连接，初步预紧。用角尺校正电机轴线与后侧板内侧的垂直度，合格后，将电机紧固。配钻支架与后侧板（或后盖板）连接孔。当采用电机-传动组（箱）方式时，还要考虑传动组的连接。

④ 装叶轮：首先检查叶轮旋向、轴孔、键槽尺寸是否符合要求；合格后在电机轴和键上涂机油，然后轻打到位。

⑤ 装盖板：安装盖板与紧固螺钉。

⑥ 装进风口组：调整进风口与叶轮前盘的径向、轴向间隙，使之合乎要求；叶轮转动无摩擦声，最后拧紧螺母。

⑦ 铆标牌：铆钉旋向箭头牌和铭牌，旋向箭头应和风机叶轮旋向相符，铭牌上参数应和安装产品相符。

⑧ 检验：检查进风口与叶轮间隙，叶轮组、机壳组旋向和任务单是否相符，叶轮转动是否灵活，有无摩擦、阻滞现象，风机应在无载荷情况下启动，连续运转时间在轴承温升稳定后不得少于 20min，在轴承表面测到的轴承温度不得高于环境温度 40℃。轴承部位的振动速度的有效值（均方根速度）不得超过 6.3mm/s。

⑨ 表面喷涂：清除风机上的油污、多肉、毛刺及锈蚀，按要求进行出厂前表面喷涂，并符合产品要求。

⑩ 外观检验：检验表面喷涂符合产品要求。

12.3 实例启示

(1) 离心风机结构

① 由于风机结构的限制，工作时会存在各种损失。例如，由于叶轮叶片数是有限的，因此实际特性及相应曲线与理论特性曲线是有差别的；按损失产生的原因不同，离心通风机的损失分为叶轮有限叶片产生的环流损失、容积损失和机械损失等。

② 由于影响流动的因素是极为复杂的，用解析法精确确定风机的各种损失也是极其困难的，所以，在实际应用中风机在某一转速下的实际流量、实际压力及实际功率只能通过试验方法求出。

③ 离心通风机启动时闸门必须关闭以减小启动负荷；在运转过程中当风量突然增大时离心通风机的功率增加、容易过载。

④ 离心通风机一般采用闸门调节、尾翼调节、前导器调节或改变风机转速等调节风机工况；离心通风机联合运行比较可靠、噪声小。

⑤ 离心通风机结构简单、维修方便，但结构尺寸较大、安装占地大、转速低，传动方式复杂。

⑥ 数字化装配技术近年来受到了学术界和工业界的广泛关注，并对敏捷制造、虚拟制造等先进制造模式的实施具有深远影响。通过建立产品数字化装配模型，在计算机上创建近乎实际的虚拟环境，用虚拟产品代替传统设计中的物理样机，能够方便地对产品的装配过程进行模拟与分析，预估产品的装配性能，及早发现潜在的装配冲突与缺陷，并将这些装配信息反馈给设计人员，可以大大缩短产品开发周期，降低生产成本，提高产品在市场中的竞争力。

(2) 离心风机故障

离心风机是重要的工艺设备。风机能否正常工作是服务于主机，使主机达到设计指标功能的重要条件。由于风机故障造成整个生产线停产的事故时有发生，风机故障类型繁多，所以原因也很复杂。调查发现，实际运行中风机故障出现较多的是轴承磨损、轴承振动等。

1）风机轴承磨损。

风机轴承的寿命和轴承额定动载荷值的大小有关。风机轴承磨损有：风机滚动轴承滚珠表面出现麻点、斑点、锈痕及起皮现象，筒式轴承内圆与滚动轴承外圆间隙过大。处理方法是更换轴承或将箱内圆加大后镶入内套。

2）风机轴承振动超标。

据统计，风机发生振动异常的故障率最高。风机振动会引起轴承和叶片损坏、螺栓松动、机壳和风道损坏等故障，严重危及风机安全运行。风机轴承振动超标原因较多，如能针对不同现象分析原因采取恰当处理办法，往往能起到事半功倍的效果。

① 转子的不平衡力引起的振动　风机叶片上有不均匀的附着物。这类缺陷常见于除尘风机，现象主要表现为风机运行中振动突然上升。当气体进入叶轮时与旋转叶片工作面存在一定角度，根据流体力学原理，气体叶片非工作面一定有旋涡产生，此时气体中灰粒旋涡作用会慢慢沉积到非工作面上。机翼型叶片最易积灰。当积灰达到一定重量时，叶轮旋转离心力的作用会将一部分大块积灰甩出叶轮；各叶片上积灰不可能完全均匀一致，聚集或可甩走灰块时间不同步，结果是叶片积灰不均匀导致叶轮质量分布不平衡，使风机振动增大。这种情况下，通常只需把叶片上积灰铲除，叶轮又将重新达到平衡，减少风机振动。实际工作中，通常处理方法是临时停机后打开风机机壳的清灰门，由检修人员清除叶轮上的积灰。

运输、安装或其他原因造成叶轮变形，引起叶轮失去平衡。

风机叶片总装后不运转，由于叶轮和主轴本身重量，使轴弯曲。

叶轮上的平衡块脱落或检修后未找平衡。

风机叶片被腐蚀或磨损严重。

磨损是风机中最常见的现象，风机在运行中振动缓慢上升，一般是由于叶片磨损，平衡破坏后造成的。因此处理风机振动的问题时一般是在停机后做动平衡。当叶片因腐蚀或穿孔、杂质进入其内时，则必须清除杂质、修补叶片，严重时必须更换叶片或叶轮。

② 风道系统振动导致引风机振动　风机出口扩散筒随负荷增大其进、出风量增大，振动也会随之改变；风机进风口进风面积不平均，如挡板开闭不统一，也会引起叶轮振动。风道振动会引起风机受迫振动。

③ 某些固定件所引起的振动　水泥基础太轻或基础灌浆不良，地脚螺栓松动，机座连接不牢固；底座、蜗壳等刚度不够引起共振；管道未留膨胀余地及风机连接处管道未加支撑、软连接或安装固定不良；邻近设施与风机的基础过近或其刚度过小。

④ 动、静部分相碰引起风机振动　生产实际中引起动、静部分相碰的主要原因有：叶轮和进风口集流器不在同一轴线上；运行时间较长后进风口损坏、变形；叶轮松动使叶轮晃动度大；轴与轴承松动；轴承损坏；主轴弯曲。

引起风机振动原因很多，其他如联轴器中心偏差大、基础或机座刚性不够、原动机振动引起等，因此，风机振动是由多方面原因造成的结果。实际工作中应认真总结经验，多积累数据，掌握设备状态，摸清设备劣化规律，出现问题就能有的放矢采取相应措施解决。

3）轴承温度高。

风机轴承温度异常升高的原因主要有：润滑不良、冷却不够、轴承异常等。离心式风机轴承置于风机外，若是轴承疲劳磨损会出现脱皮、麻坑、间隙增大，会引起温度升高，一般可以通过听轴承声音和测量振动等方法来判断；如是润滑不良、冷却不够的原因则较容易判断。

4）旋转失速和喘振。

旋转失速是指气流冲角达到临界值附近时，气流会离开叶片凸面，发生边界层分离而产生大量区域涡流，造成风机风压下降的现象。喘振是指风机处于不稳定工作区运行而出现流量、风压大幅度波动的现象。这两种不正常工况是不同的，它们又有一定关系。

离心风机喘振是风机小流量下的一种不正常情况。要避免离心风机喘振，就要避免在小流量下操作。在启动时，就是要在保证不喘振的情况下，关闭入口流量到最小，减轻启动负荷。其次，风机的喘振流量线是一条曲线，它随压力和介质及其他因素的变化而变化，在防喘振设计中，方案一般都是出口放空和出口补入口两种方式。

离心风机喘振有几个特征：低频吼叫声或喘气声；出口压力急剧波动；电机电流波动。这几个特征可能同时出现，也可能是其中一种表现明显，但是都应该引起重视。

第13章
专用数控机床

专用数控机床是专门适用于特定零件和特定工序加工的机床。

专用数控机床一般采用多轴、多刀、多工序、多面或多工位同时加工的方式，生产效率比通用机床高几倍至几十倍。由于通用部件已经标准化和系列化，可根据需要灵活配置，能缩短设计和制造周期，因此专用数控机床兼有低成本和高效率的优点，在大批、大量生产中得到广泛应用，并可用以组成自动化生产线。

专用数控机床一般用于加工箱体类或特殊形状的零件。加工时，工件一般不旋转，由刀具的旋转运动和刀具与工件的相对进给运动来实现各类加工，如钻孔、扩孔、锪孔、铰孔、镗孔、铣削平面、切削内外螺纹以及加工外圆和端面等。

本章主要介绍专用数控机床开发中机床装配结构设计与装配工艺性的相关问题。

13.1 机床装配结构设计要点及禁忌

数控机床的机械本体通常由床身、立柱、主轴箱、工作台及刀架等零部件组成。精密机床装配精度保障在产品设计阶段主要来源两个方面：零件公差设计和装配工艺规划。通过公差设计控制单个零件加工误差，通过装配工艺控制装配过程中的累积误差。

机床装配时应注意以下要点：

① 对机械部分应合理划分部件，尽量减少现场装配工作量。如采用对称结构或相似结构简化装配工艺；机座上安装轴承的各孔应力求简化（如镗孔）；对于内外圈不可分离的轴承在机座孔中的装拆应方便；机械的操纵、控制与显示装置应安排在操作者面前最合理的位置；尽量采用标准件；设备的工作台高度与人体尺寸比例应采用合理数值。

② 采用防尘装置防止磨粒进入机床内而产生磨粒磨损。

③ 对易磨损件可以采用自动补偿磨损的结构。

④ 机床导轨结构：一般情况下不宜采用双V导轨；工作台与导轨应"短的在上"；导轨驱动力的作用点应作用在两导轨摩擦力的压力中心上，使两条导轨摩擦力产生的力矩互相平衡；双矩形导轨要考虑调整间隙；导轨的压板固定要求接触良好、稳定可靠；为防止滚动件脱出导轨可安装限位装置；减少导轨安装的调整工作；相配合的导轨面能互研。

⑤ 机床导轨配合与调整：导轨结合面的松紧要可靠，导轨结合面配合的松紧对机床的工作性能有相当大的影响，配合过紧不仅操作费力还会加快磨损；配合过松则影响运动精度，甚至会产生振动。因此，装配过程中不仅要仔细调整导轨的间隙，还要在使用或磨损后重调，常用镶条和压板来调整导轨。

⑥ 齿形带传动的中心距应该能够调整。

⑦ 机床安装：机床的安装通常需要通过地脚支撑以连接床身与地脚。地脚对机床性能的影响一般视为刚性连接考虑；但是，当垫铁为弹性件时弹性连接垫铁前两阶模态明显低于刚性连接，在考虑接触刚度的条件下需要调整地脚支撑位置来提高整机动态性能。因此，在机床安装时，应考虑地脚对整机性能的影响。

装配时还应避免或禁忌下面情况出现：

① 因错误安装而不能正常工作。如拆卸一个零件时必须拆下其他零件；同时装入两个配合面。

② 忽略工作载荷可以产生的有利作用；忽略工作时零件变形对于机床受力分布的影响；受振动载荷的零件用摩擦传力；预变形与工作负载产生的变形方向相同。

③ 滚动轴承中加入润滑脂量过多；对于要求精度较高的导轨仅用少量滚珠支承；没有限制螺旋轴承的轴向窜动；轴承精度的不合理搭配；轴承径向振摆的不合理配置。

④ 导轨温度变化较大时导向面之间的距离太大；镶钢导轨用开槽沉头螺钉固定；镶条调整后仍有间隙；镶条装在受力面上；导轨铸造缺陷；导轨支承部分刚度不足；固定导轨的螺钉斜置；拧紧紧定螺钉时引起导轨变形；滚珠导轨硬度不足；滚柱导轨的滚柱过长；采用刮研导轨；紧定螺钉影响滚动导轨的精度。

⑤ 机床传动轴与轮毂的接触面产生机械化学磨损（微动磨损）；大零件局部磨损导致整个零件报废。

⑥ 带等传动装置没有加罩；操作场地光照度太低；作用在地基上的力过大。

13.2 专用数控机床及零部件的结构设计与装配工艺性设计

专用数控机床与普通机床的制造性质不一样，它具有两个鲜明的特征：①集成性。专用数控机床集加工工艺（包含工艺方法及工艺参数）、机床、夹具、工具（包含辅助）的开发设计与选择，检验测量（包括进入机床前的毛坯检验、加工中及成品的检验测量），物流的输送，切屑和冷却液的防护与处理等一体。②单一性。专用数控机床几乎都是单台生产，需要根据用户提出的要求，进行一次性开发，一次性制造，保证一次性成功。由此特征得知，当进行专用数控机床结构设计时，不仅要解决其中的某一问题，更要解决好涉及机床零部件装配可能遇到的每一个技术问题。

机床零部件装配时必须具备定位、夹紧及测量三个基本条件。定位是确定零部件在空间的位置或相对位置；夹紧就是借助于外力使零部件准确定位，并将定位后的零件固定；测量是指在装配过程中对零部件间的相对位置及尺寸进行一系列的技术测量，从而衡量定位准确性及夹紧效果并指导装配工作。

在机床等精密机械制造与装配中，对于最终的装配精度要求十分严格，例如精密机床几何精度要求一般在微米范围内。考虑到加工能力和加工成本的限制，不可能仅通过提高公差要求来保证机床装配精度。在精密机床实际装配过程中，通常采用测量和调整等工艺手段实现对装配偏差传递过程的监测与控制。

13.2.1 机床结构设计

机床结构是由众多部件、构件等按照一定的设计功能和顺序组合起来的统一整体，因此在各个零件、部件和构件之间存在大量相互接触的结合面。由于结合面在机床结构中的广泛存在，机床相应成为非连续的部件组合体。这时，机床中的结合面视为"柔性结合"，对此，当受到外加载荷作用时，产生多自由度、有阻尼的微幅振动，对外表现出既有弹性又有黏性、既储存能量又消耗能量的特性。该特征的出现是导致机床故障的重要因素之一。

据资料介绍，国外机床无故障时间为 3000h，我国仅有 500h，大多数故障发生在最初使用的 2～3 个月内，而故障中反映比较突出的是装配质量问题，尤其是高精加工设备；机床质量的优劣不仅取决于结构设计，而且与装配制造等一系列的过程环节相扣、缺一不可。

(1) 专用数控机床主要参数与结构方案

专用数控机床主要参数包括：最大回转直径，最大切削直径（轴类零件、盘类零件），最小外圆车削直径，最大车削长度，主轴转速范围，快速移动速度（纵向、横向），刀架行程（纵向、横向），主轴电机功率，进给伺服电机（最大静转矩、额定转速），床身要求（如倾斜床身，尽可能缩短其长度尺寸）及精度要求等。

机床总装配虽然是在机床各类零部件制造完成后进行的，但是其结构方案却是在设计初始阶段就应该考虑的问题，机床结构方案需要根据数控机床主要参数要求进行制定，如某机床结构方案如图 13-1 所示。

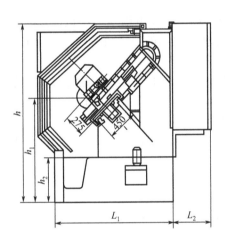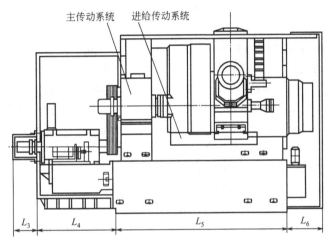

图 13-1　某机床结构方案

图 13-1 中主要包括主传动系统、进给传动系统及其他辅助系统等。机床在切削过程中出现的颤振失稳现象是恶化工件加工质量和加工效率、加速机床磨损和精度丧失的重要原因。通常情况下，一般的铝合金等轻金属的高速切削稳定性主要受到刀具系统动力学特性的影响，而铸铁、钢等材料在粗加工与半精加工时的切削稳定性主要与机床主体结构及其动力学特性相关。在加工过程中，刀具点空间位置的改变使机床整体结构随之变化，形成动态的整机质量矩阵、刚度矩阵和阻尼矩阵，引起机床动力学特性表征指标变化，进而使切削稳定性在整个加工空间发生演变。因此，结构方案及主要参数对机床刚度的影响在设计初始阶段就应该有足够的重视。

为了提高通用部件的互换性，便于用户使用和维修，设计时应该严格规定各部件间的联系尺寸，但对部件结构不作规定。

(2) 主传动系统

主传动系统是用来实现机床往复运动的传动系统，它具有一定的转速和一定的变速范围，以便于采用不同材料刀具来加工不同的工件（如材料、尺寸及工作要求不同等），并能方便地实现运动的开停、变速、换向及制动等。

数控机床主传动系统主要包括电机、传动系统和主轴部件等，它与普通机床主传动系统相比结构较简单，变速功能全部或大部分由主轴电机无级调速来承担。有些只有二级或者三级齿轮变速系统用以扩大电机无级调速的范围，省去了复杂的齿轮变速结构。

1）主传动系统的要求。

① 具有更大的调速范围，并实现无级调速。

② 具有较高的精度和刚度，传动平稳，噪声小。

③ 良好的抗振性和热稳定性。

2）数控机床主传动系统配置方式。

数控机床的调速是按照控制指令自动执行的，因此变速机构必须适应自动操作的要求。在主传动系统中，目前多采用交流电机和主轴电机无级调速系统；为扩大调速范围、适应低速大转矩的要求，也经常应用齿轮有级调速和电机无级调速相组合的调速方式。

① 带有变速齿轮的主传动。大中型数控机床采用这种变速方式，通过少数几对齿轮的降速扩大输出转矩，以满足低速时对输出转矩特性的要求；数控机床在交流或直流电机无级变速的基础上配以齿轮变速，使之成为分段无级变速。滑移齿轮的移位大都采用液压缸加拨叉，或者直接由液压缸带动齿轮来实现。

② 通过带传动的主传动。这种传动主要应用于转速较高、变速范围不大的机床；电机本身的调速就能满足要求，不用齿轮变速，可以避免齿轮传动引起的振动和噪声。它适用于高速、低转矩特性要求的主轴；常用的是 V 带和同步齿形带。

③ 用两个电机分别驱动主轴。高速时电机通过带轮直接驱动主轴旋转；低速时另一个电机通过两级齿轮传动带动主轴旋转，齿轮起到降速和扩大变速范围的作用，这样就使恒功率区增大，扩大了变速范围，克服了低速转矩不够且电机功率不能充分利用的缺陷。

④ 内装电机主轴传动结构。简化了主轴箱体与主轴的结构，有效地提高了主轴部件的刚度，但主轴输出转矩小，电机发热对主轴影响较大。

3）主传动系统的类型。

主传动系统可按不同的特征来分类。

① 按动力源的类型　可分为交流电机和直流电机驱动。

② 按传动装置类型　可分为机械传动装置、液压传动装置、电气传动装置以及它们的组合。

③ 按变速的连续性　可分为分级变速传动和无级变速传动。

④ 其他主传动设计　包括无级变速传动链的设计、高速主传动设计、柔性化及复合化设计等。

(3) 进给传动系统

进给传动系统是数字控制的直接对象，不论点位控制还是轮廓控制，被加工工件的最后坐标精度和轮廓精度都受到进给系统的传动精度、灵敏性和稳定性的影响。滚珠丝杠和直线导轨的正确安装对进给系统的传动精度、灵敏性和稳定性起到非常重要的作用。

专用数控机床进给传动系统主要包括横向（X 向）进给传动系统、纵向（Z 向）进给传动系统等。

1）进给传动系统的要求。

数控机床的进给传动方式与普通机床不同，它用伺服电机驱动，通过滚珠丝杠带动刀架完成纵向（Z 轴）和横向（X 轴）等的进给运动。

快速移动和进给传动可以经同一传动路线，一般数控车床的快速移动速度可达 10～15m/min。目前，数控机床所用的伺服电机除有较宽的调速范围并能无级调速外，还能实现准确定位。在走刀和快速移动下停止时，刀架的定位精度和重复定位精度误差不超过 0.01mm。

进给系统的传动要求准确、无间隙。因此，要求进给传动链中的各环节，如伺服电机与丝杠的连接、丝杠与螺母的配合及支承丝杠两端的轴承等都要消除间隙。如果经调整后仍有间隙存在，可通过数控系统进行间隙补偿，但补偿的间隙量最好不超过 0.05mm。因为传动间隙太大对加工精度影响很大，特别是在径向加工（对称切削）方式下车削圆弧和锥面时，传动间隙对精度影响更大。除上述要求外，进给系统的传动还应该有较高的灵敏度和传动效率。

中、小型数控机床的进给系统普遍采用滚珠丝杠副传动。丝杠螺母机构有滑动摩擦机构和滚动摩擦机构之分。滑动丝杠螺母机构结构简单、加工方便、制造成本低、具有自锁功能，但其摩擦阻力矩大、传动效率低（30%～40%）。滚珠丝杠螺母机构虽然结构复杂、制造成本高，但其最大优点是摩擦阻力矩小、传动效率高（92%～98%）。滚珠丝杠副与滑动丝杠副相比，除有上述优点外，还具有轴向刚度高（即通过适当预紧可消除丝杠与螺母之间的轴向间隙）、运动平稳、传动精度高、不易磨损、使用寿命长等优点。

2）进给传动系统传动形式。

根据丝杠和螺母相对运动的组合情况，其基本传动形式有四种类型：

① 丝杠转动并移动、螺母固定。该传动形式因螺母本身起着支承作用，消除了丝杠轴承可能产生的附加轴向窜动，结构较简单，可获得较高的传动精度。但其轴向尺寸不宜太长，刚性较差。因此只适用于行程较小的场合。

② 丝杠转动、螺母移动。该传动形式需要限制螺母的转动，故需导向装置。其特点是结构紧凑、丝杠刚性好。适用于工作行程较大的场合。

③ 丝杠移动、螺母转动。该传动形式需要限制螺母移动和丝杠的转动，由于结构较复杂且占用轴向空间较大，故应用较少。

④ 丝杠固定、螺母转动并移动。该传动方式结构简单、紧凑，但在多数情况下，使用极不方便，故很少应用。

13.2.2 X 向（横向）装配

数控机床的 X 向（横向）进给系统主要由电机、滚珠丝杠及拖板、连接件等组成，大多采用伺服电机驱动，经链传动、滚珠丝杠带动装有刀架的拖板、连接件做直线往复运动。

(1) X 向结构设计

X 向传动是机床运动的关键环节，X 向装配是横向进给传动系统的重要组成部分。

进给系统传动主要有滑动丝杠螺母副传动和滚珠丝杠螺母副传动两种。前者传动效率和精度较低，后者精度和效率高，但成本高。某数控机（车）床 X 向进给传动系统外观结构如图 13-2 所示，本实例主要考虑数控机床的性价比要求，经比较分析采用滚珠丝杠螺母副传动。

本设计实例采用微机对横向进给系统进行控制。横向系统采用半闭环控制，将位置检测装置安装在驱动电机的端部（或安装在丝杠端部），用以间接测量执行部件的实际位置或位移，可以获得比开环系统更高的精度；驱动方式采用伺服电机。

(2) 装配工艺性设计

X 向装配工艺性主要从装配精度及装配结构两个方面考虑，因此，涉及 X 向传动装置（如图 13-2 中序号 1），传动部件（如图 13-2 中序号 2），液压油管（如图 13-2 中序号 5），伸缩护罩（如图 13-2 中序号 3），分油器（如图 13-2 中序号 7），床座及连接件等的装配结构设计及相关精度问题。

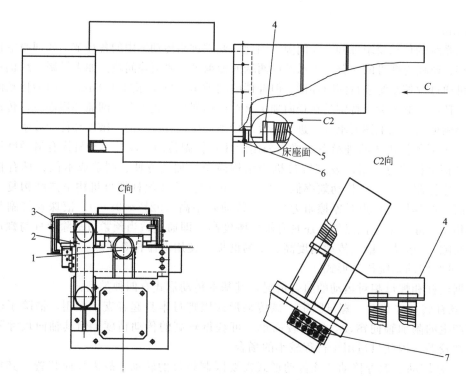

图 13-2　X 向进给传动装置外观结构

1—X 向传动装置；2—传动部件；3—伸缩护罩；4—支架部件；5—液压油管；

6—连接板；7—分油器

1）X 向传动装置。

数控机床的 X 向传动装置（如图 13-2 中序号 1）是机床的主要部件。无论是点位控制还是连续轮廓控制，被加工工件最终的坐标精度和轮廓精度都取决于传动装置的进给运动精度、灵敏度和稳定性。X 向传动装置结构如图 13-3 所示。

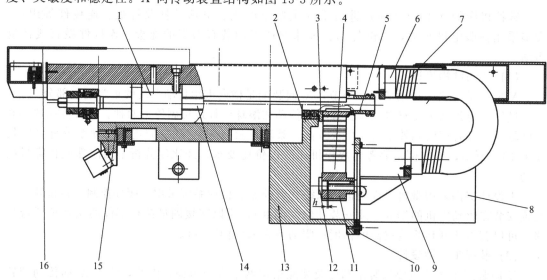

图 13-3　X 向传动装置结构

1—滚珠丝杠副；2—传动箱；3—垫；4—齿形带传动；5—隔套；6—连接件；7—金属软管；8—电机；9—连接板；

10—电机底板；11—齿轮；12—压盘；13—壳体；14—丝杠；15—溜板；16—伸缩护罩

该装置中包括滚珠丝杠副、消除轴向间隙和调整预紧的结构。

2）滚珠丝杠副。

滚珠丝杠副（如图13-3中序号1）的使用可以使传动精度、灵敏度和稳定性这些加工要求得以实现。滚珠丝杠副以其摩擦阻力小、传动效率高、传动阻力小和传动刚度高的优势，广泛地应用于数控机床的进给机构中；滚珠丝杠副的滚珠循环方式可以有内循环和外循环两种。

如图13-4所示是关联滚珠丝杠副结构，本实例采用内循环的方式，即滚珠在循环过程中始终与丝杠表面保持接触。内循环的特点是滚珠循环回路短、径向尺寸小、刚性好。

在图13-4中，滚珠丝杠副由丝杠、螺母、滚珠及反向器等部分组成（也可以加保持架）。

滚珠丝杠和丝螺母之间形成滚动摩擦，滚珠丝杠副具有滚动功能部件的多项工作优点；但由于摩擦系数小而往往不自锁。为了防止滚珠滑落，滚珠丝杠螺母副要预紧（若在垂直升降系统中使用要增设自锁或制动机构）。

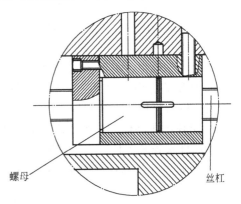

图13-4　关联滚珠丝杠副

装在丝螺母内的反向器引导滚珠越过丝杠的螺纹外径反向起始滚道，反向器构成滚珠和闭合循环通道。反向器的加工、装配及调试都较为困难，为了保证滚珠丝杠反向器与螺母安装后使滚珠运动顺畅，需要注意如下几点：

① 反向器的质量，安装前先用滚珠试一下，去一下毛刺，再把入口处修一点倒角。

② 先将反向器装入螺母中、对准接口，否则会不顺畅。

③ 装好后用锂基脂粘上滚珠使其填满螺母，然后像拧普通螺母一样小心地把螺母旋入丝杠中。这个操作需要一点技巧，开始旋第一扣时容易把滚珠拨出来，要注意对准，过了第一排后面的就很容易旋入。完了以后用煤油把锂基脂清洗掉就可以。

装配时若反向器外加弹簧，可以使反向器在孔内上下浮动，则传动性能更好。

3）X向（轴）丝杠。

X向丝杠在机床上装配位置如图13-3中序号14及图13-4所示，装配X向滚珠丝杠之前应该检验X向螺母座（图13-4）精度，检测X向螺母座与轴承座同轴度及检测X向轴承座与齿轮同轴度等。

① 检验X向滚珠丝杠副精度

a. 用油石及洗油清理螺母座的端面，螺母座的螺纹孔用抹布擦拭干净，保证螺母座端面及螺纹孔无毛刺、油漆。

b. 检验工作台螺母座孔的精度，可以通过专用检棒检测螺母座孔的圆柱度；也可以借助千分表检测螺母座孔的端面精度，如果精度达不到要求，拆下检棒，根据千分表读数，刮研螺母座端面。

② 检测X向螺母座与轴承座同轴度

a. 在传动箱（如图13-3中序号2）处，用螺钉将调整垫、轴承座依次安装到滑座上，并且安装轴承座检棒。

b. 检测轴承座检棒与X轴平行度。借助千分表、检测轴承座检棒是否与X轴平行，若轴承座检棒精度达不到要求，将轴承座拆卸下来，根据千分表读数刮研轴承座端面。

c. 检测螺母座与轴承座同轴度。当螺母座与轴承座同轴度达不到要求时，记录两者差值，借助千分表通过手动调整将误差调整在适合的范围内。

③ 检测 X 轴轴承座与齿轮同轴度　X 轴轴承座与齿轮同轴度的检测主要是针对齿形带传动（如图 13-3 中序号 4）进行的。

a. 把电机清理干净。

b. 用螺钉、调整垫将电机依次安装到电机底板上。

c. 检测电机轴与 X 轴平行度；根据千分表读数，调整及刮研电机底板（如图 13-3 中序号 10）。

d. 检测齿轮与轴承座同轴度。

配作定位销孔，安装定位销。

④ X 轴丝杠装配　X 轴丝杠装配如图 13-5 所示，包括：

a. 安装轴承、压盖、撞块等：在轴承内部涂上润滑脂，润滑脂占轴承内部三分之一，按一定的顺序排好，将轴承压入轴承座。

b. 将压盖底面用砂纸打磨光滑均匀，用六角圆柱头螺钉拧到电机座上，按照对角线方向拧紧。然后将撞块安装到轴承座上，以免机床超程时损坏丝杠。

c. 安装滚珠丝杠：将丝杠传入轴承座中，在丝杠末端安装轴承，用铜棒砸至丝杠轴肩，然后将螺母安装到丝杠上，起到固定的作用。

d. 检验滚珠丝杠径向跳动：借助千分表检测丝杠轴端径向跳动。

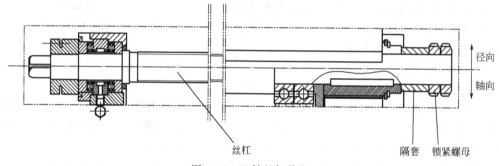

图 13-5　X 轴丝杠装配

e. 消除轴向间隙和调整预紧：

明确轴向间隙值。一般轴向间隙是当丝杠固定不动也不回转时，螺母沿轴向可能的最大位移量；在承载情况下，轴向间隙是滚珠与滚道间的接触弹性变形和螺母丝杠间原有间隙的总和。

丝杠装配过程中为了保证反向精度和提高轴向刚度，滚珠丝杠副必须消除轴向间隙，并施加一个预紧力，即采用消除轴向间隙和调整预紧方法。消除间隙并施加预紧力通常借助于两个螺母，常用的双螺母结构形式有垫片式、螺纹式及齿差式等三种。

本实例采用螺纹式双螺母结构形式。如图 13-4 中的螺母，是螺纹式双螺母中的一个螺母并带有外伸的螺纹套筒，而且两个螺母的外圆上都有平键防止转动。可以在螺母座上面打孔，然后装上销，把连杆和销连接，这样当滚珠丝杠螺母传动时，连杆便会带动连接件运动。另外有两个调整和锁紧螺母（图 13-5）用于调整间隙并施加预紧力。这种结构工作可靠，调整方便并可在工作中调整；缺点是调整量不易精确。为减少径向尺寸，可以不设衬套，直接装入带键槽的螺母。

因此，滚珠丝杠的装配，最主要的就是保持各部位的平衡，减少应力的产生。

4）隔套。

隔套在机床中的装配位置如图 13-3 中序号 5 及图 13-5 所示，隔套样图如图 13-6 所示。

装配要点：

① 隔套的右端是锁紧螺母（见图 13-5），装配隔套的目的是配合锁紧螺母，用于滚珠丝杠轴向尺寸的调节或调整。

② 隔套装配前应检查两端面的跳动值。

5）垫。

垫在机床中的安装位置如图 13-3 中序号 3，图 13-3 中 D 的放大图如图 13-7 所示，垫的样图如图 13-8 所示。

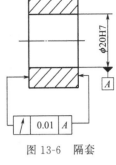

图 13-6　隔套

装配时注意：

① 检测图 13-8 两端面 B、C 的跳动值，确保垫与轴承及零件（如 L 连接件）的可靠连接。

② 装配时 B 面应该与轴承端面连接（图 13-7）。

③ 该垫主要用于滚珠丝杠右侧轴承的轴向调节。

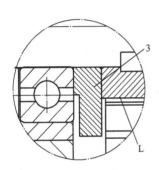

图 13-7　图 13-3 中 D 的放大图

3—垫；L—连接件

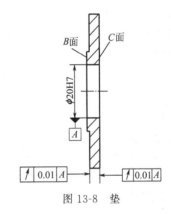

图 13-8　垫

6）齿形带传动。

齿形带传动在机床中的安装位置如图 13-3 中序号 4。

齿形带传动部件包括齿形皮带轮、齿形带等。齿形带传动部件装配时，应该遵循下列要求：

① 齿形带表面整洁，皮带不应该有扭曲变形，带齿须饱满。

② 齿形带在安装过程中严禁弯折，否则会损伤骨架材料（如玻璃纤维）、影响皮带使用强度。

③ 齿形带在安装过程中不得人为划伤皮带，不得与化学品（尤其是强氧化性酸）接触，尽量避免与油类和水长期接触，以免影响产品使用寿命。

④ 更换齿形带时必须使皮带的张力降到最低时才能取出，严禁在有高张力的情况下采用非专业的工具硬撬下来。

⑤ 实施齿形带的调整与装配。齿形带轮样图如图 13-9 所示。

进行齿形带轮装配时应注意：

a. 在齿形带轮的中间孔（如图中 $\phi19H7$）与电动机轴上键装配前，要检验键与槽的尺寸，并确保电机的可传动性。

b. 检验齿形带轮宽度（如图中 h_2）尺寸及右端凹槽尺寸偏差，并确保轴向装配的可靠性。

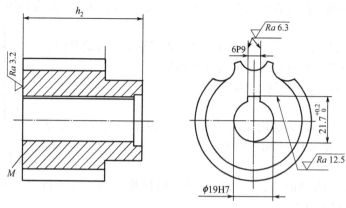

图 13-9　齿形皮带轮

c. 检验 M 面的跳动值，确保齿形带传动的精度。

d. 进行齿形带传动部件的装配。

e. 将齿形带传动部件与电机连接。

7）压盘。

压盘在图 13-3 中装配位置如序号 12。压盘的样图如图 13-10 所示。

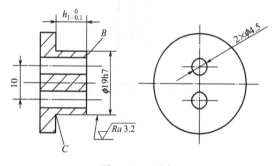

图 13-10　压盘

压盘主要用在齿形带传动与电机的连接中，压盘的尺寸 h_1 与图 13-9 中的右端凹槽配合。

装配要点：

① 装配前要对"压盘"的 C 处进行清根处理，使得连接可靠。

② 装配中"压盘"的 $\phi 19$ 尺寸与"齿形皮带轮"（见图 13-9）的 $\phi 19$ 尺寸轴向对齐。

③ 端面 B 与电机轴端面间应保留一定的间隙 h（见图 13-3）。

8）电机与传动系统。

电机的端面通过"电机底板"装配到传动系统上。电机底板的装配位置如图 13-3 中序号 10。电机底板样图如图 13-11 所示。

装配要点：

① 电机在轴向定位并通过其端面（电机端面需经过机械加工）连接到该电机底板上。

② 通过电机底板中的"长槽"调节电机与传动系统间的相对位置。

③ 之后，通过"螺纹孔"进一步固定以确保电机的精确安装。

④ 装配过程中要注意该板边缘的尖角，以免划伤人及零部件。

9）壳体。

壳体在机床中的装配位置如图 13-3 中序号 13。壳体的样图如图 13-12 所示。

壳体的主要作用是支撑丝杠传动部分；B 孔是重要的装配孔，如通过 B 孔装配滚珠丝杠右端的轴承，也可以用于装配独立的传动箱。

装配要点：

① 装配前检验平面 M_1、M_2 的垂直度值。

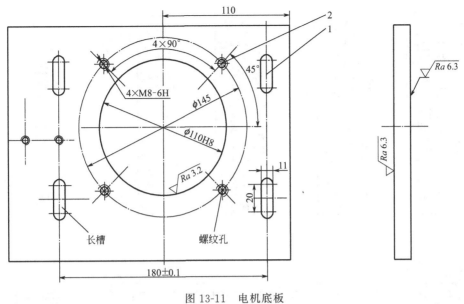

图 13-11 电机底板
1—长槽；2—螺纹孔

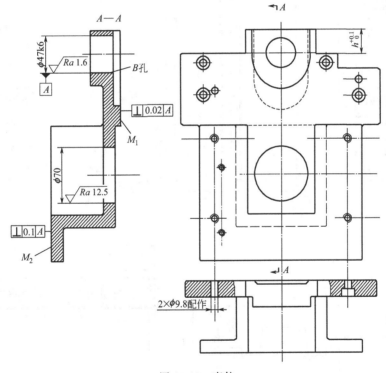

图 13-12 壳体

② 装配前检验 h_1 的公差值。

③ 装配时注意孔的配作。

10）溜板。

溜板的装配位置如图 13-3 中序号 15，装配在壳体的左端。溜板的样图如图 13-13 所示。

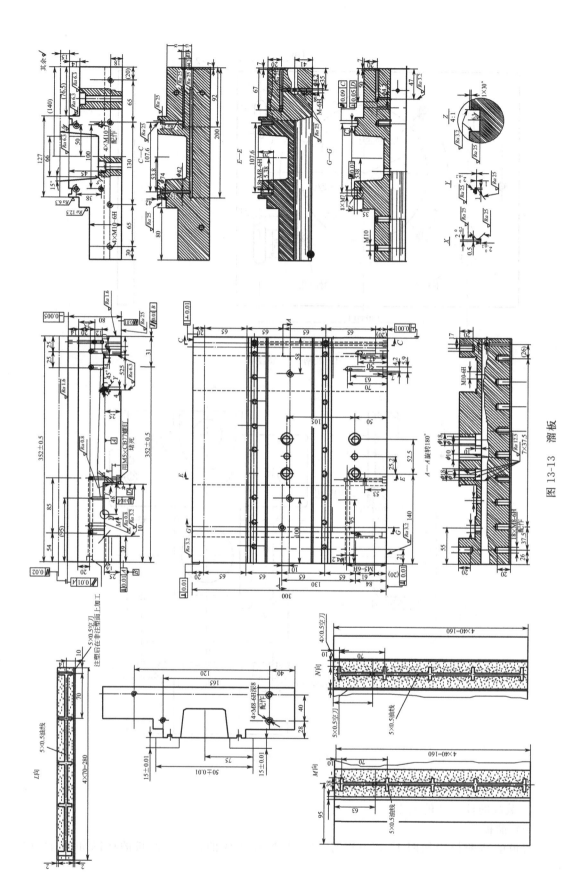

图 13-13 溜板

溜板是完成零件切削加工时的轴向和径向进给运动的执行机构。溜板（也叫做"滑座"）是连接工作台和床身的部件。

工作台在溜板上滑动（通过硬轨或线轨），即 X 向运动。

溜板在床身上滑动（通过硬轨或线轨），接受光杠或丝杠传递的运动，即形成 Z 向运动。

装配要点：

① 当数控机床的溜板有间隙时，调整镶条的间隙即可；打开防护罩可以看见溜板端面有调整螺钉。

② 溜板在 X 向及 Z 向均需要调整。

(3) 有待改进的地方或建议

在数控机床的工作过程中，会不可避免地产生热量并导致温度的升高，此时丝杠轴也会出现热位移进而导致定位精度的下降。为防止滚珠丝杠温度上升，装配时可采用如下对策：

① 不对滚珠丝杠及支承轴承施加过大的预紧力。

② 正确选定并补充适当的润滑剂。

③ 对丝杠进行强制冷却（如中空丝杠、螺母循环水冷等）。

④ 对丝杠轴进行预拉伸。

13.2.3 Z 向（纵向）传动装配

(1) Z 向传动结构设计

Z 向传动是进给传动系统的重要组成部分。Z 向传动结构如图 13-14 所示。

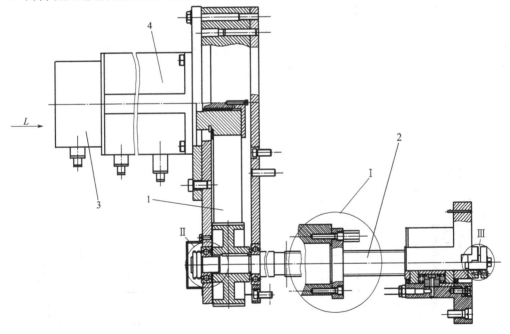

图 13-14　Z 向传动装配图

1—齿形带传动；2—丝杠；3—编码器；4—伺服电动机

(2) 装配工艺性设计

Z 向传动装置的装配包括电机与传动系统的装配、齿形带传动的装配及齿形带传动的调整等。

① Z 向进给系统的电机通过"齿形带传动"与丝杠连接、经齿形带传动驱动丝杠，电机布置时可放在丝杠的任意一端，为了简化外形可以把伺服电机放在纵向进给丝杠的后端。

② 为了测量电机的磁极位置、转角及转速，系统中采用编码器装置，编码器安装在电机轴上。数控机床主轴在实际工作中需要安装一套光电式或者是磁环式旋转编码器，安装编码器的主要目的是能够精准地检测主轴转速、位置反馈、刚性攻螺纹以及准停控制。编码器安装可以采用同步带或者齿轮传动的外置结构，也可以采用直连式编码器，如空心轴式旋转编码器。外置结构编码器零部件多、结构复杂、安装成本较高、维修麻烦及稳定性低，而直连式编码器有结构简单、成本低、稳定性好及易安装等优点。

1) Z 向滚珠丝杠装配。

Z 向滚珠丝杠装配与 X 向装配有许多相似之处，但由于其受力、结构尺寸等的不同又各有不同。装配时需注意以下要点：

① 滚珠丝杠轴承座的检查。

为保证滚珠丝杠轴承座结合面与轴承孔平行度，应该进行滚珠丝杠轴承座的检查。当轴承座上有台阶孔时最好设计专用量棒进行检查。

② 检测滚珠丝杠与导轨的平行度。

方法 1：为了保证滚珠丝杠与导轨的平行度，可以利用螺母外径找出跳动的高点为测量基准；移动螺母在滚珠丝杠两端进行测量。当丝杠的行程较短（＜1000mm）时可以采用该方法。

方法 2：螺母座与移动件的结合处大多采用垫片进行修正，螺母座最好移至滚珠丝杠的一端，用块规或塞片出。所使用垫片的平行度允差应控制在误差范围内。

③ 滚珠丝杠的预紧与预拉伸。

为了使机床的进给在工作过程中具有良好的定位精度，当安装滚珠丝杠时必须对滚珠丝杠支承轴承进行预紧及对滚珠丝杠进行拉伸，这是两种不同的装配要求，如图 13-14 中的Ⅱ和Ⅲ。图 13-14 中Ⅱ和Ⅲ的放大图分别如图 13-15 和图 13-16 所示。

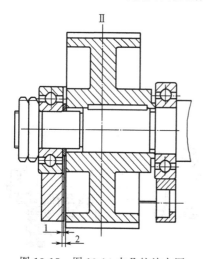

图 13-15　图 13-14 中Ⅱ的放大图

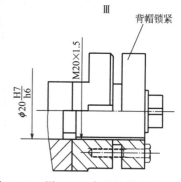

图 13-16　图 13-14 中Ⅲ的放大图

a. 预紧。预紧后的轴承在一定的轴向拉力（如 500 N）作用下，应无轴向窜动；滚珠丝杠的拉伸量一般按滚珠丝杠的热变形补偿量进行计算，温度变化值一般不大于 5℃，常取 2～3℃进行计算；可以采用垫片补偿和锁紧螺母等方法。

b. 拉伸。根据技术要求对滚珠丝杠进行拉伸，在装配工艺中拉伸力可以考虑等于锁紧螺母的扭矩力，或者准确计算出滚珠丝杠的拉伸量。如某数控机床中，滚珠丝杠设计规定拉伸力为 17kN，为了使操作者能够方便实施，经计算，用扭矩扳手扳紧锁紧螺母的力矩应为 275N·m，经计算拉伸量应控制在 0.06mm。

也可以在滚珠丝杠两端中心孔中紧顶安置的钢球，从指示器上可获得两端读数的差值即为拉伸量。需要注意的是，不论使用何种方法，为防止转动都应该将滚珠丝杠夹紧。

④ Z 向传动丝杠的调整与装配。

Z 向传动采用丝杠螺母副，如图 13-14 中Ⅰ，其Ⅰ的放大图如图 13-17 所示，Z 向丝杠螺母副依靠螺母固定在"溜板箱体"上，把丝杠螺母副的转动转变成移动。

a. 图 13-17 中丝杠螺母 33 沿丝杠轴向的装配：通过调整件 47 进行轴向调整，之后通过紧固件 46 固定（例如某机床的紧固件采用 GB 70 5×M8×25）。

b. 丝杠螺母副与溜板箱（或工作台）的装配：丝杠螺母 33 可以通过紧固件 34（35）/ 36（例如某机床的紧固件采用 GB 118 2× A10×45、GB 70 2×M10×45、GB 70 2× M10×75）与溜板箱（或工作台）进行连接装配。

c. 同轴度调整结构：通过修配丝杠支承与机体的结合面来调整丝杠支承与螺母的同轴度，其结构如图 13-18（a）所示，此法比

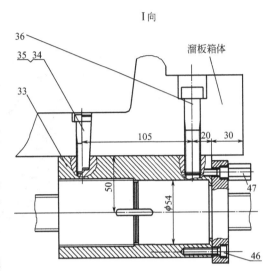

图 13-17　Z 向丝杠螺母副（图 13-14 中Ⅰ的放大图）

33—丝杠螺母；34（35），36，46—紧固件；47—调整件

较麻烦，反复工作量比较大，装配工艺性不好。如将其改为图 13-18（b），用调整垫片调整两者的同轴度，在装配时更精确、方便，工艺性更好。

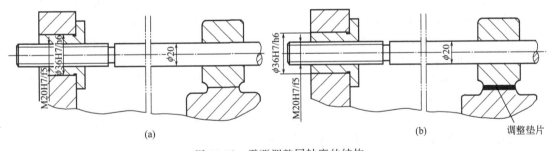

(a)　　　　　　　　　　　　　　　(b)

图 13-18　需要调整同轴度的结构

2）Z 向传动箱的调整与装配。

Z 向传动中的传动箱如图 13-19 所示。

Z 向传动箱调整、装配时涉及的主要零部件是齿形带和带轮。

齿形带装配时必须依据齿形带的型号和齿形带的宽度来调整适当的张紧力，如图 13-19 中的"预紧装置"，要求皮带安装后有一定的张紧力，不能因为装置松动或者变形量太大而影响传动比的精度。

装配要点：

① 检查。检查齿形带的储存是否符合技术要求。例如，不得使用长期处于不正常的弯

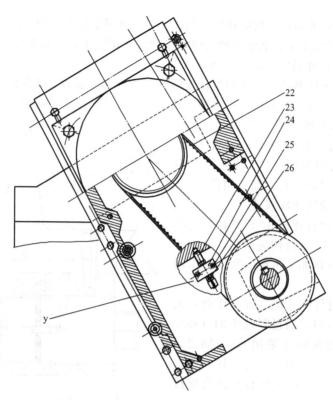

图 13-19 传动箱

22—齿形带；23～26—调整件；y—预紧装置

曲状态存放的齿形带；齿形带应存放在阴凉处。

② 安装。安装前应将两带轮的中心距缩短，放松张紧的带轮，不得强行从带轮挡边上硬拉拖入带轮挡边内装入。带轮的齿必须与齿形带的运转方向成直角。主动带轮主轴与被动带轮主轴的平行度应控制在要求的范围内（如正切 $\tan\theta = 1/1000$ 左右）。主轴的位置不准确将直接影响使用寿命，而且会失去精度，噪声大。张紧轮一定要安装在带的松边一侧。

③ 启动。启动时若中心距改变、带松弛及发生跳齿现象，应检查带轮机架是否松动、轴的定位是否准确，并加以调整与加固。

④ 调试。调试运转时，若发现主动带轮上皮带向一边偏位时，应移动被动带轮加以调整，并调整张紧轮的压力。

除了上述装配要点外，Z 向传动箱调整与装配时，还应该考虑电机与传动系统间的装配。只有当滚珠丝杠、齿形带及传动系统等全部装配、调整后，才可以将 Z 向传动装置安装在床身上。

Z 向传动电机与传动系统的装配方法和 X 向传动相同（略）。

3）编码器安装。

① 安装编码器"支持盘"，调整电机轴，调整编码器。

② 安装编码器到电机轴上，固定编码器。

③ 试验电机。

④ 将电机安装到传动系统上。

（3）有待改进的地方或建议

丝杠的变形与热位移会导致机床定位精度的下降。

① 丝杠越长变形量越大，对丝杠进行预紧可抑制重力影响下的变形；但在确定预紧力时，要兼顾各方面的因素，一定要权衡刚度、变形量和寿命等之间的利弊，使之尽可能处于最佳状态。

② 在数控机床的调试过程中，数控系统误差补偿可根据机床的具体情况，通过数控系统进行误差补偿，以得到较好的定位精度。

13.2.4 床身部件装配

床身是机床精度要求很高的带有导轨的一个大型基础部件。床身用于支撑和连接机床的多个部件，是主轴箱、导轨、刀架、滑板和床鞍等零部件的支撑装置，并保证各部件在工作时有准确的相对位置，其结构的动静态特性直接影响机床的工作性能。

(1) 床身结构设计

机床床身结构复杂，内部布置了错综复杂的筋板结构。从一定程度上说，筋板设计的好坏直接决定床身的结构特性的优劣。

机床床身的导轨大多为矩形、平形、V形和双V形等形状，导轨型面的复杂程度与床身精度要求及材料有关，并直接与结构设计和工艺制造方法相关联。

本实例床身装配结构如图13-20所示。

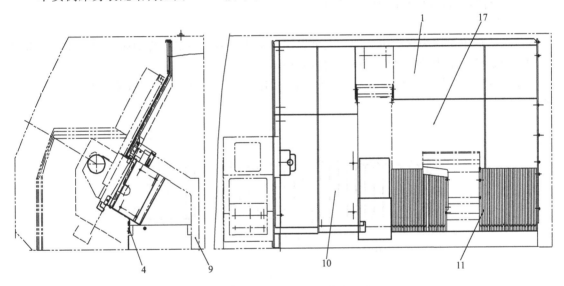

图13-20　床身装配结构

1—伸缩防护（右）；4—连接角钢；9—床身；10—伸缩防护（左）；11—风琴防护罩；17—伸缩护罩

床身结构应根据机床床身（如图13-20中序号9）的长度、工厂中的加工设备、起重运输等条件进行确定。为了能控制导轨磨损的均匀性，平形、V形（90°）导轨的宽度最好设计有一个合适的比例。

(2) 装配工艺性设计

1）床身零件。

床身零件在部件中的装配位置如图13-20中的序号9所示。床身零件的样图如图13-21所示。

装配要点：

① 床身可以通过螺钉（如4×M12）装配在床座的上方。

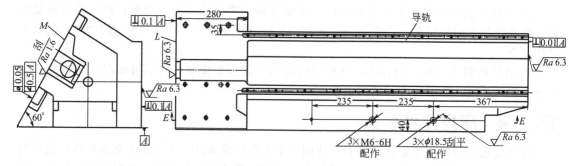

图 13-21 床身零件简化图

② 床身的 M 面与溜板（如通过螺钉 $6 \times M12$，…）、Z 向传动箱等相连接。

③ 为了使床身导轨比较平滑且无大的起伏，样图对导轨规定了平面度公差。

床身导轨的精加工工艺方法有精刨、精铣、磨削和刮削等，如装配 M 面时需要刮研。

④ 床身装配时首先要调整，如在平导轨上放置测量仪，用以调整床身平面的倾斜度（分别压紧地脚螺栓进行调整）。在对床身平面的平面度进行调整时，可采用"钢丝＋光学读数显镜"对误差进行测量，并以平导轨为基准，调整 V 导轨达到平行、扭曲指标的要求。

⑤ 注意装配过程中孔的配作与刮平。

2）防护罩。

机床防护罩是用来保护机床的，它可以保护机床的表面不受外界的腐蚀和破坏，它有很多种类，如导轨上用的风琴防护罩及钢板防护罩。

① 风琴防护罩 该风琴防护罩的装配位置如图 13-20 中序号 11。风琴防护罩如图 13-22所示。

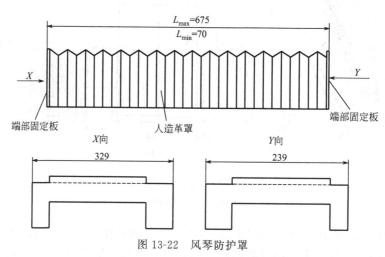

图 13-22 风琴防护罩

风琴防护罩使用专用的材料，耐冷却剂、防油及防铁屑；护罩行程长、压缩小，护罩内没有任何金属零件，不用担心护罩工作时会出现零件松动而给机器造成严重的破坏，具有不怕脚踩、硬物冲撞不变形、寿命长、密封性好及运行轻便等特点。

装配时应该注意：

a. 标准的褶皱表面高度为 15mm、20mm、30mm、35mm、40mm、45mm、50mm。

b. 端部固定板厚（例如 2mm）。

c. 人造革罩厚（例如 1mm）。

d. 褶深（例如 30.0mm）。

e. 褶数（例如 15）。

② 伸缩防护（右） 钢板和不锈钢防护罩具有密封性好、能防铁屑、防冷却液、防工具偶然事故，以及坚固耐用、外形美观等特点；是用来保护机床的；它可以保护机床的表面不受外界的腐蚀和破坏。伸缩防护（右）的装配位置如图 13-20 中序号 1。伸缩防护（右）的样图如图 13-23 所示。

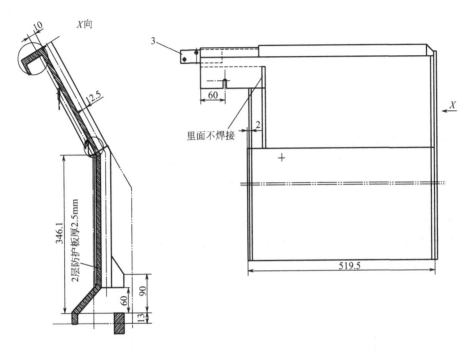

图 13-23　伸缩防护（右）

装配要点：

a. 钢制伸缩式导轨防护罩是机床常用的防护形式，应对防止切屑及其他尖锐东西的进入起着有效的防护作用。

b. 该伸缩防护是钢板材料制作的，所用的材料通常包括 1Cr18($\delta = 2.5$mm)、Q235、Cu 及橡胶条等，应通过一定的结构措施及合适的刮屑板有效地降低冷却液的渗入。

c. 由于运行速度及导轨的不同，防护罩结构也不尽相同。例如运行速度 10m/min 以下的一般装有聚氨酯或黄铜滑块；中等速度 30m/min 以下的装有滚轴；另外驱动板、刮屑板及吸屑板之间还需要用缓冲系统（滑块缓冲系统的目的是减少碰撞、噪声及摩擦）。

d. 钢制伸缩式导轨防护罩也可以采用 2～3mm 厚钢板冷压成形，根据要求也可以为不锈钢的，并进行特殊的表面磨光。

③ 伸缩防护（左） 该伸缩防护（左）的装配位置如图 13-20 中序号 10。

伸缩防护（左）与伸缩防护（右）具有相似的结构与特点。

3）角钢。

角钢的装配位置如图 13-20 中序号 4。角钢的样图如图 13-24 所示。

机床装配角钢的目的主要是起连接与加强作用。

4）床身部件装配。

床身部件装配时要注意：

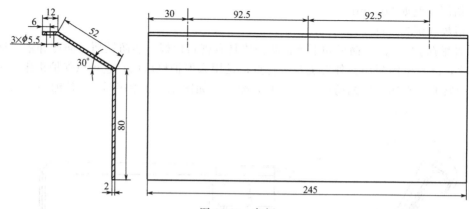

图 13-24　角钢

① 尽量减少装配中的修配与加工。

图 13-25（a）为机床床身的局部结构。机床工作时"压板"（如图 13-25 中序号 1）用以限制床鞍（如图 13-25 中序号 3）离开床面，装配时通过修配压板满足装配间隙的要求（例如床鞍和床面间的间隙为 5mm）。由于床鞍和床身（如图 13-25 中序号 4）都是笨重零件，所以这样做不经济。

将其改为图 13-25（b），用"螺栓 A"（如图 13-25 中序号 2）将"压板"固定在"床鞍"上，通过拧紧"螺栓 B"（如图 13-25 中序号 5）将螺栓通过垫块压紧在床身上，从而限制"床鞍"离开"床面"，这样的结构可以减少修配工作量和机加工量。

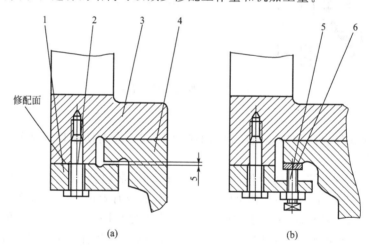

图 13-25　减少修配与加工的结构
1—压板；2—螺栓 A；3—床鞍；4—床身；5—螺栓 B；6—垫块

② 床身、立柱和横梁之间应配作相关的连接螺孔。

如图 13-26（a）所示的结构，沉头螺钉的止动效果不好。使用多个沉头螺钉时无法使所有螺钉头的锥面保持良好的结合，连接件间的位移会造成螺钉的松动。若改为图 13-26（b）所示的结构，则可以有效地避免螺钉松动情况的发生。

③ 床身、立柱和横梁的独立固定及一体化安装。

④ 利用两侧床身上的线轨滑块来定位检测杆，并通过检测工具测量出两侧床身到工作台侧面、检测基准面的距离，保证主要装配尺寸正确。

（3）有待改进的地方或建议

床身是机床的最重要支承部件，其结构特性直接影响机床的加工精度、精度稳定性和生产效率。机床床身内部设置各种大量的筋板，其筋板的结构、布局在很大程度上决定了床身结构的动静态特性。另一方面，床身是机床最大一个部件，其质量占整机质量的30%左右。所以，对床身静态分析的重点为床身内部筋板的布局以及质量。

① 以上论述只是针对整体床身而言，但当床身采用分段拼接导轨时，除了满足工厂条件外，运输可行性的分析与落实也非常重要。床身分段导轨除了要达到相关尺寸外还需要控制导轨的整形精度，即保持各分段截面形状的一致性。

② 床身是数控机床的主要支承件，它支承着数控机床的床头箱、床鞍、刀架及尾座等部件，

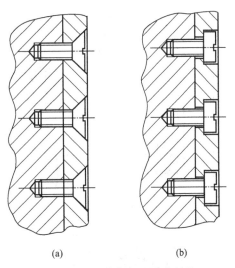

(a)   (b)

图 13-26　沉头螺钉止动的结构

承受着切削力、重力及结合面摩擦力等静态力和动态力的作用。机床结合面的刚度约占到机床总刚度的60%～80%，结合面处的变形量约占机床总的静变形量的85%～90%，结合面的接触阻尼约占机床中全部阻尼的90%以上。这一切均表明机床结合面的接触刚度和接触阻尼对机床的静动态性能有着重大影响。

床身的结构工艺性直接影响着数控机床的制造成本，影响着机床各部件之间的相对位置精度、机床工作中各运动部件的相对运动轨迹的准确性等。

因此，床身设计应具有足够的静态刚度和较高的刚度/质量比以及良好的动态性能，并易于加工制造与装配等。

13.2.5　六方电动刀架装配

数控机床上的刀架是安放刀具的重要部件，许多刀架还直接参与切削工作，如卧式机床上的四方刀架、六方刀架、转塔机床的转塔刀架、回轮式转塔机床的回轮刀架、自动机床的转塔刀架和天平刀架等，是一些较简单实用的结构形式。这些刀架既安放刀具又直接参与切削，承受极大的切削力作用，所以它往往成为工艺系统中的较薄弱环节。在此仅以六方电动刀架为例进行介绍。

（1）六方电动刀架结构设计

刀架的性能和结构往往直接影响到机床的切削性能、切削效率，体现了机床的设计和制造技术水平。

电动刀架分为立式和卧式两种。卧式刀架还有液动刀架和伺服驱动刀架。在经济型的数控机床上，使用电动刀架比较多。

按换刀方式的不同，数控机床的刀架系统有回转刀架、排式刀架和带刀库的自动换刀装置等多种形式。

六方电动刀架装配结构如图13-27所示。

（2）装配工艺性设计

图13-27所示的回转刀架，是数控车床常用的一种典型换刀刀架，为了获得可靠而高效率的工作，电动刀架采用机夹刀具，其动作主要包括抬起夹紧、转位分度和自动定位等；通过电气来实现机床的自动换刀动作，以便于快速地定位、装刀和换刀。

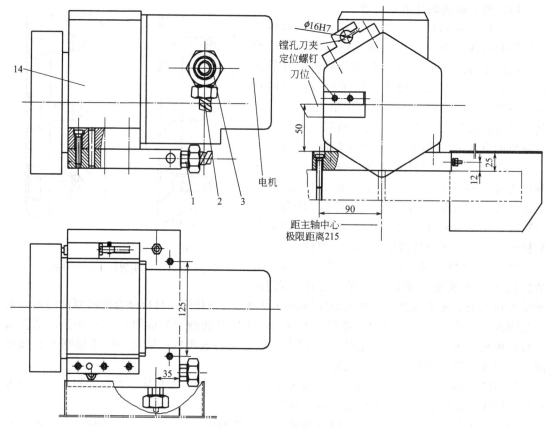

图 13-27 六方电动刀架装配结构

1~3—穿孔式金属软管及接头（接口电路）；14—摆线针轮减速机

装配时应注意：

1）卧式安装摆线针轮减速机（图13-27中序号14）：①为水平方向安置，当安装时最大的水平倾斜角一般小于15°，当超过15°时应采用其他措施保证润滑充足和防止漏油；②可实现正反运转，安装后、正式使用前必须进行试运转；③当空载运转正常时，再逐渐加载运转。

2）回转刀架在结构上必须具有良好的强度和刚度，以承受粗加工时的切削抗力和减少刀架在切削力作用下的位移变形，提高加工精度。由于加工精度在很大程度上取决于刀尖位置，对于数控机床来说，加工过程中刀架部位要进行人工调整，因此更有必要选择可靠的定位方案和合理的定位结构，以保证回转刀架在每次转位之后具有高的重复定位精度（一般为0.001~0.005mm）。在图13-27中，根据加工要求设计六方刀架，并相应地安装六把刀具，其中"刀位"及"镗孔刀夹"处，刀具的装卸、调整、维修应方便，并能得到清洁的维护。

3）使用"刀位"时，通过"定位螺钉"的调整和限位以保证刀夹刀尖的中心高度。操作者只要微松紧固螺栓，调整微调螺钉，在千分表的显示下，就会很快得到所需要的刀具位置；"镗孔刀夹"处 $\phi16$ H7需要配车。这种装置结构简单，调整精度、调整行程方便。为了刀杆的正确直线移动，刀杆与刀架之侧面应有位置精度要求，并使它们接触相靠。为了快速定位换刀，在电动刀架的结构设计中，也可采用预调刀架结构。这种结构虽然需要储备一定数量的刀夹，但是定位正确、工作可靠及调整方便。

（3）有待改进的地方或建议

① 电动刀架工作中应设置过载保护装置。防止过载措施除了设置电气过载保护装置外，还可以在蜗杆传动轴上装置安全摩擦离合器或采用轴向滑动的蜗杆套。当采用滑动的蜗杆套来实现过载保护时可以通过端面齿盘定位来实现，具有结构简单、刚性好、定位精度较高及调整方便等特点。

② 运行中若刀架机械卡死，常常由碰撞变形引起。刀架机械卡死会造成刀架电机堵转而出现过载报警，当排除机械卡死故障时，可以将刀架与电机脱开，用扳手盘动蜗杆；如果不能正常转动，此时，可以按正确的拆卸顺序拆开刀架，进一步检查轴、各种销钉、联轴器等有无变形。

13.2.6　主轴箱（组件）装配

主轴箱又称床头箱，它的主要任务是将主电机传来的旋转运动经过一系列的变速机构使主轴得到所需的正反两种转向的不同转速。

（1）主轴箱（组件）结构设计

主轴组件是主轴箱的重要部件之一，它是机床的传动件。它的功能是支承并带动工件或刀具旋转进行切削，承受切削力和驱动力等载荷以完成成形运动；主轴组件的工作性能对整机性能和加工质量以及机床生产率有着直接影响，是决定机床性能和技术经济指标的重要因素。

主轴组件由主轴、主轴支承及安装在主轴上的传动件、密封件等组成。由于数控机床的转速高、功率大，并且在加工过程中不进行人工调整，因此要求良好的回转精度、结构刚度、抗振性、热稳定性以及精度的保持性。

主轴箱整体装配结构如图 13-28 所示。

为了清晰可见，可用图 13-29 主轴箱简化图表示。

主轴箱结构设计主要包括：主轴组件设计，操作机构设计，传动轴设计，润滑与密封装置设计，箱体（如图 13-29 中Ⅰ）以及其他零件设计等。其中，主轴（如图 13-29 中序号 24）是机床的关键零件。主轴在轴承上运转的平稳性直接影响工件的加工质量，一旦主轴的旋转精度降低，则机床的使用价值就会降低。可以通过调整轴承的径向间隙来保证主轴的旋转精度。

（2）装配工艺性设计

1）主轴。

主轴的装配位置如图 13-25 和图 13-29 中序号 24。主轴形状和构造主要取决于主轴上安装的刀具、传动件及轴承等零件的类型、数量及位置。

在图 13-29 中，主轴设计为空心阶梯轴，前端径向尺寸大，中间径向尺寸逐渐减小，尾部径向尺寸最小。

装配要点：

① 主轴端部（如图 13-29 的右端）用来安装刀具或夹持工件的夹具，结构上要保证定位准确、安装可靠、装卸方便并能传递足够的转矩。

② 主轴支承是指主轴轴承、支承座以及相关零件的组合体，其中核心元件是轴承。主轴支承分径向支承和推力支承；主轴轴承可选用圆柱滚子轴承、圆锥滚子轴承或角接触球轴承。

2）箱体。

主轴箱体的结构设计主要是针对主轴及支承部分的安装进行的。

主轴箱体在主轴箱中的装配位置如图 13-29 中Ⅰ所示。主轴箱体的样图如图 13-30 所示。

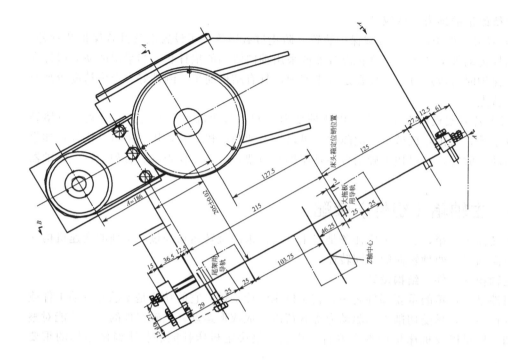

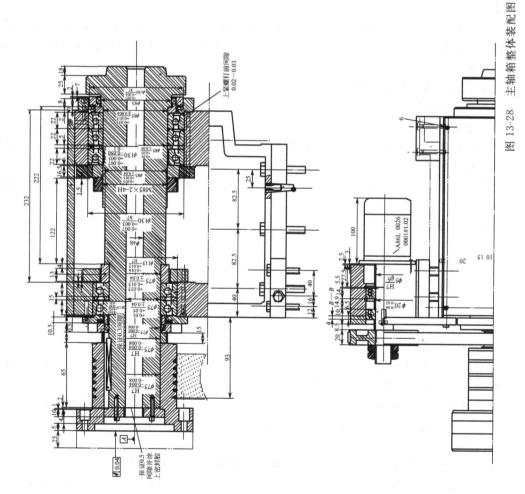

图 13-28 主轴箱整体装配图

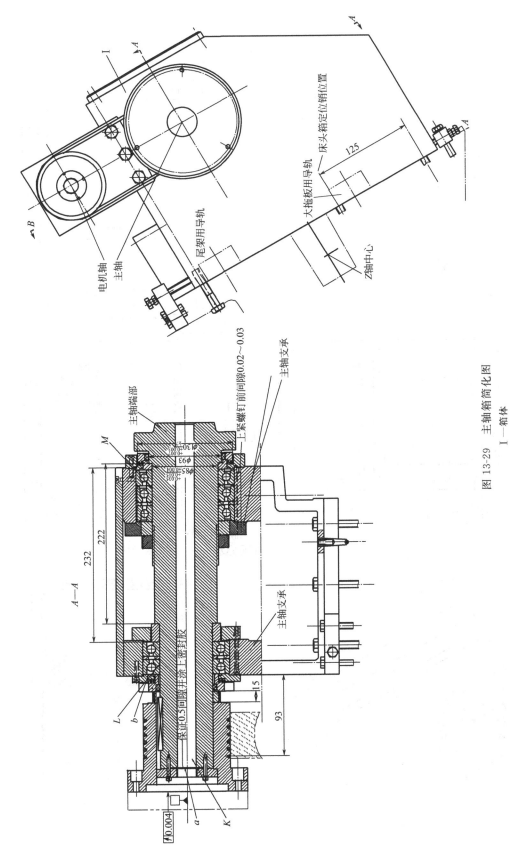

图 13-29　主轴箱简化图

I —箱体

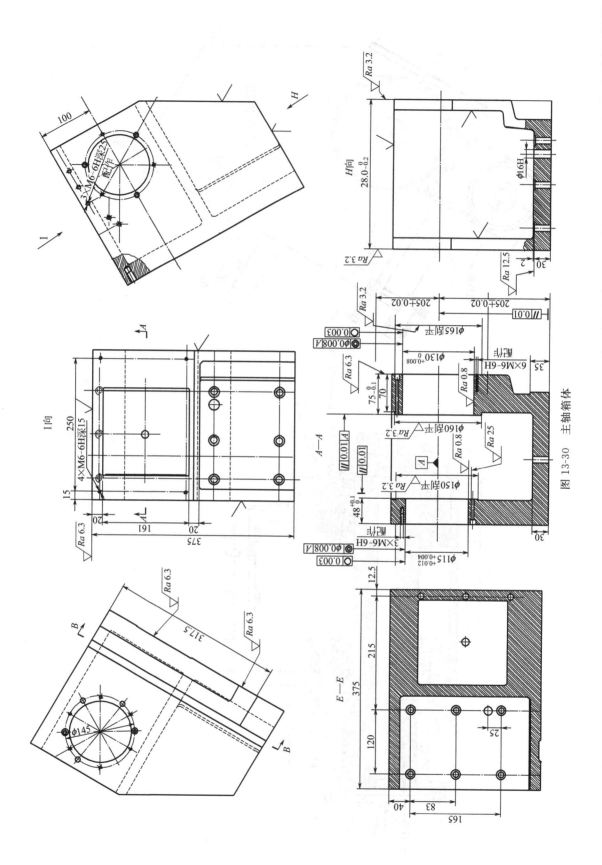

图 13-30 主轴箱体

机械零部件结构设计实例与
装配工艺性(第二版)

装配要点：

① 为了清晰可见，也可用图 13-31 主轴箱体简化图表示主轴的装配位置；在图 13-31 中的 *K* 处孔内装配主轴。

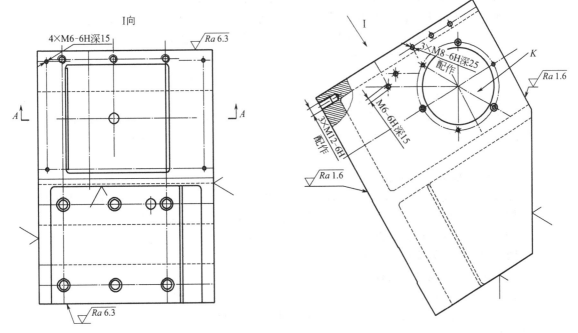

图 13-31 主轴箱体简化图

② 应保证箱体上两处轴承孔的精度要求。

③ 应保证箱体安放轴承处，并保证其两端的同轴度。

④ 装配前应注意箱体上的配作、刮平等要求。

⑤ 应保证箱体底面与主轴轴向的平行度要求。

3）主轴箱（组件）。

主轴箱装配影响数控机床的旋转精度、刚度、温升、抗振性及精度保持性等。

装配时注意：

① 测量主轴孔中心线 由于主轴本身的加工必定存在一定误差，因此主轴精度必定会直接影响到主轴组件的旋转精度；可以通过主轴精度的检测方法测出主轴轴端孔中心线，如主轴孔中心线（图 13-31 中 *K* 处）；在最大偏差处作记号，并记录其误差方向。

② 轴承的装配 轴承是主轴组件的重要组成部分，轴承装配的好坏直接影响到旋转轴的径向跳动和轴向跳动精度；因此要保证主轴的径向跳动和轴向跳动精度，除了要求主轴和轴承具有一定精度外，还必须采用正确的装配方法，如轴承定向装配法。

轴承定向装配：在前、后轴承内圈径向跳动和主轴孔中心线的偏差不变的条件下，不同的装配，主轴检验处的径向跳动量数值不同。因此，在装配前应测量轴承内、外圈的跳动量并记录其误差方向；装配时根据误差补偿原则，将主轴孔中心线的偏差（高点或低点）与前后轴承内环的偏差（低点或高点）置于同一轴向截面内，并按一定方向装配。该方法可以补偿其误差，以提高主轴组件旋转精度。

③ 轴承预紧与调整 轴承预紧是使轴承承受一定的载荷而消除间隙，并使得滚动体与滚道之间发生一定的变形、增大接触面积；轴承受力变形减小、抵抗形变的能力增大。

对主轴滚动轴承进行预紧及合理选择预紧量，可以提高主轴部件的回转精度、刚度和抗振性。主轴部件装配时要对主轴进行预紧，使用一段时间以后间隙或过盈有了变化，还要重新调整，所以要求预紧结构应便于调整。

滚动轴承间隙的调整或预紧，通常是通过使轴承内外圈相对轴向移动来实现的。例如：

a. 轴承预紧可分为径向预紧和轴向预紧两种方式。径向预紧是利用轴承内圈膨胀，以消除径向间隙的方法；轴向预紧是通过轴承内外圈之间的相对轴向位移进行预紧。

b. 轴承间隙的调整可以通过轴承锁紧螺母进行调整。因主轴轴承锁紧螺母（图13-29中序号10）端面与其螺纹中心线的垂直度及螺纹齿的误差，在螺母拧紧后很可能造成主轴弯曲及轴承内、外圈倾斜，对主轴组件旋转精度有很大影响。所以拧紧螺母后，应测量其主轴旋转精度，找出径向跳动最高点，并在反方向180°处于螺母上作出标记。拧下螺母后，在作标记处修刮螺母结合面，再装上重新测量，直至主轴旋转精度合格为止。

④ 密封与间隙

a. 主轴前后轴承填入油脂（如NBU15），填充量按轴承空间1/3计。

b. 主轴部件组装完后，应按部件检查单的规定进行空运转实验，轴承升温不得超过20℃。

c. 如图13-29中序号5、26、28、47等各紧固螺钉埋头孔应涂上密封胶。

d. 图13-29中a处应保证间隙0.5mm，并涂上密封胶。

e. 图13-29中b处应保证间隙0.3mm。

（3）有待改进的地方或建议

主轴箱的性能在很大程度上取决于轴承。所以主轴轴承必须要有很高的精度，轴承内部的游隙必须能够消除，可以视工作状况配置不同的主轴轴承。

① 速度型。主轴前后轴承都采用角接触球轴承。角接触球轴承具有良好的高速性能，但它的承载能力较小，适合用于高速轻载或精密机床。

② 刚度型。前支承采用双列圆柱滚子轴承承受径向载荷和60°角接触双列向心推力球轴承承受轴向载荷，后支承采用双列圆柱滚子轴承。适合用于中等转速和切削负载较大、要求刚度高的机床。

③ 刚度速度型。前支承采用三联角接触球轴承，后支承采用双列圆柱滚子轴承。主轴动力从后端传入，后轴承要承受较大的传动力，所以采用圆柱滚子轴承。前轴承的配置特点是：外侧的两角接触球轴承大口朝向主轴工作端，承受主要方向的轴向力；第三个角接触球轴承则通过轴套与外侧的两个轴承背靠背配置，使三联接触球轴承有一个较大支承跨距，以提高承受颠覆力矩的能力。

④ 三支承主轴。有时由于结构上的原因，主轴箱的长度较大，主轴支承跨距超过两支承合理跨距很多，则增加中间支承有利于提高刚度和抗振性。

13.2.7　主轴驱动装配

主轴驱动主要指主轴箱外传动或驱动，其装配指主轴箱外传动零部件的装配。主轴箱外传动或驱动通常是通过带传动或带传动与其他传动配合进行的。

（1）主轴驱动结构设计

某主轴驱动装配结构如图13-32所示。

其中，主轴箱是内部中空的类圆柱形结构，这样的结构能抵抗较大的切削作用力导致的结构变形。主轴箱固定在床身上，用来支承工件和主轴。

（2）装配工艺性设计

图13-32示出了电机（如图13-32中序号7）、皮带传动、主轴箱（见图13-32）及床身

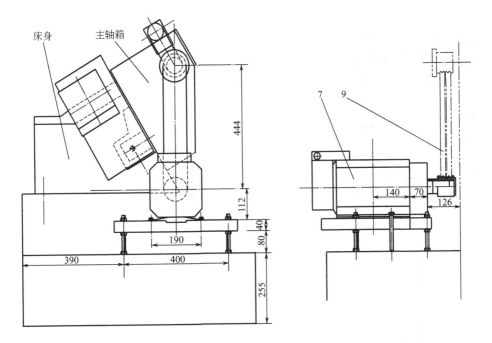

图 13-32　主轴驱动装配

7—伺服电动机；9—带传动

（见图 13-32）等的装配关系。主轴驱动主要应注意带传动的装配，带传动的位置如图 13-32 中序号 9。

装配要点：

① 装配前应检查带的张紧程度是否符合技术要求。

② 使用推力计测试带推力的大小是否达到使用要求。

③ 电机与带传动部件的装配与调整。

(3) 有待改进的地方或建议

① 主轴驱动部分装配时，应注意主轴箱、床身、电机及带传动等主要零部件的整体协调，保证各装配尺寸的正确性。

② 当采用带传动结构时，如果带张紧力大小在图纸上没有注明，在装配或调整时就会盲目操作，带张得过松或过紧都会对传动件产生不利的影响。因此，必要时在图纸上应该标志出带的张紧程度、带推力大小以及在推力条件下带的变动量。

③ 在图纸上标明带传动时的张紧力时，最好采用标牌形式展示在机床上。

13.2.8　机床床座（底座）部件装配

机床床座（底座）是机床的一个极其重要的基础大件，机床床座的装配直接影响机床性能。

(1) 机床床座部件结构设计

机床床座部件的结构尺寸和布局形式，决定了其机床本身的动态特性。如果机床床座部件结构设计不合理或刚度不足，会引起床身的各种变形和振动，从而影响整机的性能。机床床座可分为整体式和分件装配式，前者刚性和精度保持性较好，后者稍差。机床床座也可以有多种结构设计，如铸造床座、焊接床座等。

典型铸造床座装配图如图 13-33 所示。

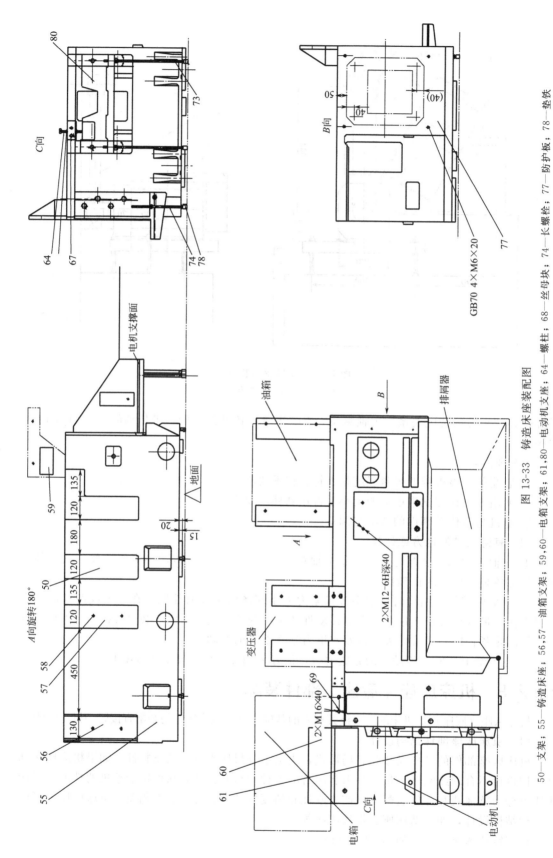

图 13-33 铸造床座装配图

50—支架；55—铸造床座；56,57—油箱支架；59,60—电箱支架；61,80—电动机支架；64—螺柱；68—丝母块；74—长螺栓；77—防护板；78—垫铁

机械零部件结构设计实例与
装配工艺性（第二版）

(2) 装配工艺性设计

铸造床座（如图 13-33 中序号 55）进行工艺性设计时，要求制造合理、结构稳定、精度高、耐磨损及使用寿命长，材料一般采用优质灰铸铁；铸铁机床底座铸件应该具有优良的机械、物理性能，例如不同的强度、硬度、韧性配合的综合性能；还可兼具一种或多种特殊性能，如耐磨、耐高温和低温、耐腐蚀等。

1）铸造床座。

铸造床座如图 13-34 所示。图中 P 面是重要的连接面。

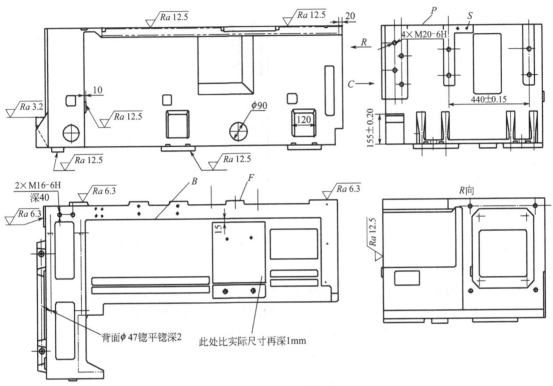

图 13-34　铸造床座

铸造床座的铸造工艺应该合理。根据机床底座铸件结构、重量和尺寸大小，铸造合金特性和生产条件，选择合适的分型面和造型、造芯方法，合理设置铸造筋、冷铁、冒口和浇注系统等，以保证获得优质机床底座铸件。

装配要点：

① 图中 φ47 的孔，装配时其背面需锪平（如锪深 2mm）。

② 床座的 B 面（见图 13-34）与支架的 A 面（见图 13-35）连接，支架 A 面装配在床座 B 面的上方，且两平面贴合。

③ 装配时应保证 P 面的粗糙度要求。

2）支架。

数控机床有多种支架，分别介绍如下。

① 变压器支架　变压器支架的安装位置如图 13-33 中序号 50，支架样图如图 13-35 所示。

该支架用于安放变压器，采用焊接结构，制造中应保证整体刚度。

支架（图 13-33 中序号 50，即图 13-35）的重要连接面是 A 面。支架的 A 面（见

图 13-35）连接床座的 B 面（见图 13-34），A 面装配在床座 B 面的上方，且两平面贴合。

②　油箱支架　油箱支架的安装位置如图 13-33 中序号 56。支架样图如图 13-36 所示。

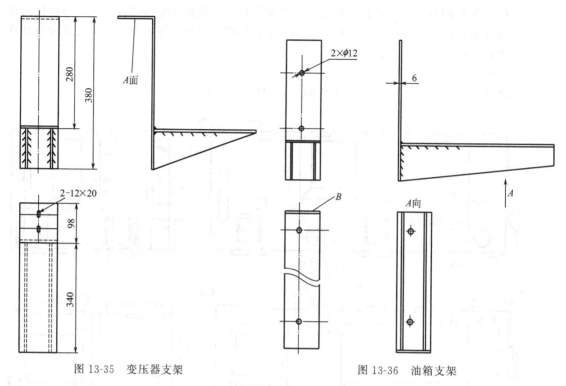

图 13-35　变压器支架　　　　　　　　图 13-36　油箱支架

该支架用于安放油箱。图 13-36 中的 B 面与床座的 F 面（见图 13-34）连接。

另一"油箱支架"的安装位置如图 13-33 中序号 57。结构样图类似于图 13-36。

③　电箱支架　电箱支架的安装位置如图 13-33 中序号 59。支架样图如图 13-37 所示。

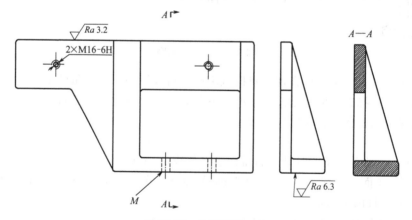

图 13-37　电箱支架（1）

该支架用于电箱的安放，电箱支架（图 13-33 中序号 59，即图 13-37）用于垫起电箱的高度。其 M 面（见图 13-38）与床座连接。

④　电箱支架　另一电箱支架的安装位置如图 13-33 中序号 60。电箱支架样图如图 13-38 所示。

电箱支架（图 13-33 中序号 60，即图 13-38）用于垫起电箱的高度。其与床座连接，并

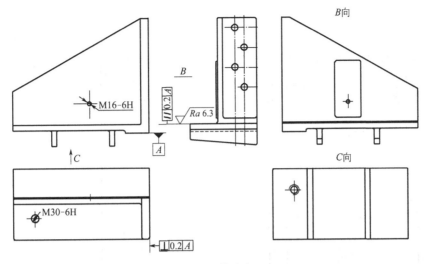

图 13-38　电箱支架（2）

与电箱支架（图 13-33 中序号 59）协调安装。

　　装配后应达到图中平行度及位置度的要求。

　　3）长螺栓。

　　长螺栓的安装位置如图 13-33 中序号 74。长螺栓样图如图 13-39 所示。

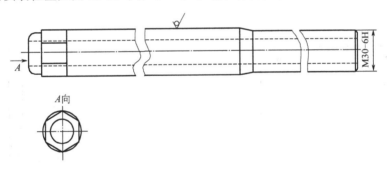

图 13-39　长螺栓

装配要点：

①　长螺栓用于调整电机支撑面的高低位置。

②　另一长螺栓的安装位置如图 13-33 中序号 73。同样用于调整电机支撑面的高低位置。

　　4）丝母块。

　　丝母块的安装位置如图 13-33 中序号 68。丝母块样图如图 13-40 所示。

装配要点：

①　丝母块与螺柱、垫圈（如 GB 6170 2×M12、GB97.2 12）配合，位于两个位置，分别用于装配电机及床座，装配在铸造床座的 S 处（见图 13-34）。

②　螺柱的安装位置如图 13-33 中序号 64。螺柱样图如图 13-41 所示。

　　螺柱与丝母块（图 13-40 中序号 68）配合，分别用于装配电机及床座（螺柱在两个位置），装配在铸造床座的 S 处（见图 13-34）。

　　5）防护板。

　　防护板的安装位置如图 13-33 中序号 77。防护板样图如图 13-42 所示。

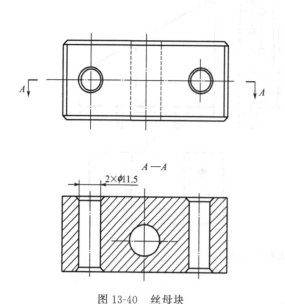

图 13-40　丝母块

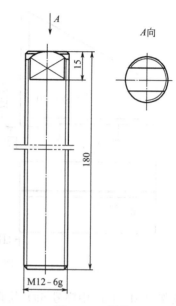

图 13-41　螺柱

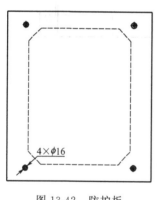

图 13-42　防护板

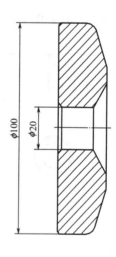

图 13-43　垫铁

装配要点：

防护板与机床连接应可靠，并能够防止异物的进入。防护板与机床可以配作。

6）垫铁。

垫铁的安装位置如图 13-33 中序号 78。垫铁样图如图 13-43 所示。

装配要点：

① 垫铁与长螺栓（图 13-33 中序号 74）应配合使用，垫在长螺栓的下面。

② 垫铁可以用于调整支撑面的高低位置。

7）电动机支座。

电动机支座的安装位置如图 13-33 中序号 80。该支座采用铸造结构，样图如图 13-44 所示。

机械零部件结构设计实例与
装配工艺性（第二版）

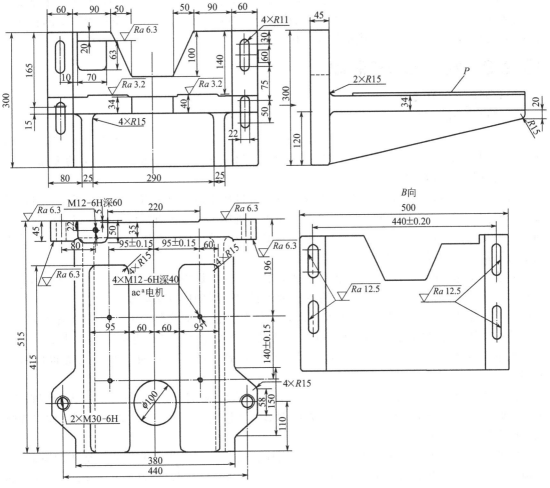

图 13-44　电动机支座

装配要点：

① 电动机支座（图 13-33 中序号 80，即图 13-44）用于安放主传动电动机。

② 电动机支座应根据选配的电机不同，安装不同的电机支座；如果电动机支座结构相似，选配时应注意安装位置及安装孔的区别。

③ P 面（见图 13-44）为重要连接面，装配前应达到其粗糙度的要求。

④ 装配前应检查俯视图（见图 13-44）的位置公差，保证达到其要求。

（3）有待改进的地方或建议

铸造床座装配前应保证其质量，如外观质量、内在质量和使用质量等。

① 对机床底座铸件的外观质量，可采用比较样块法来判断机床底座铸件表面粗糙度；表面的细微裂纹可用着色法、磁粉法等检查。

② 对机床底座铸件的内部质量，可用音频、超声、涡流、X 射线和 γ 射线等方法来检查和判断。

③ 铸造床座的耐磨性和尺寸稳定性，直接影响机床底座的使用质量。设计时除了要根据工作条件和金属材料性能来确定机床底座铸件几何形状、尺寸大小外，还必须从铸造合金和铸造工艺特性的角度来考虑设计的合理性，即明显的尺寸效应和凝固、收缩及应力等问题，以避免或减少机床底座铸件的成分偏析、变形及开裂等缺陷的产生。

④ 由于床座部件装配时需要连接的零部件较多，因此，在装配床座部件前应仔细阅读"铸造床座装配图"，明确"油箱支架""电箱支架""电动机支座"及"防护板"等的相互关系及确切位置，检查相关的连接位置与连接参数。

13.2.9 数控机床总装配

(1) 装配工艺性设计

1) 数控机床安装基本要点。

① 机床安装应该达到说明书的要求　机床整机的安装有要求，对安装场地也有要求，尤其是大型机床对基础的要求很高。对于基础的沉降要求很严，必须达到一定的埋深才行，否则精度下降、寿命缩短。

所需要的总占地面积包括：机床本身；机床带排屑用器；机床带棒料输送机构；机床带排屑用器和棒料输送机构。在所需的总占地面积内机床本身所占有的面积即是机床地基所需面积，地基表面的最小承载能力必须有限定要求。地基的性质为凝固水泥地基，如地基的承载能力不符合前面提出的要求可进行改造。

安装大型机床时用两大块厚钢板垫在地面上、用膨胀螺栓上紧，然后在此基础上调整机床水平，把调整垫铁安放在钢板上；有的还要求在机床周围挖隔振沟等。

② 数控机床的初始就位　机床拆箱后，首先找到随机的文件材料，找出机床装箱单，遵照装箱单清点包装箱内的零部件、电缆、材料等是否完好。然后再按机床说明书中的要求，把组成机床的部件在地基上就位。就位时，垫铁、调整垫板及地脚螺栓等也应对号入座。

③ 整机安装与调试要求　机床起吊后，在机床水平的状况下调整螺栓、穿入地脚螺栓，由于此时水平螺栓还不能使用，因此，先用楔形垫铁把机床水平粗调好，然后用水泥将地脚螺栓固定好，再精调水平。

安装要求：机床底平面与地面之间的距离应符合地基图上规定的尺寸，待水泥凝固后，撤掉楔形垫铁。采用机床上的水平螺栓对机床水平进行精调，精调时应采用水平仪（如0.02/1000 水平仪）。由于泥浆孔在完全凝固时会略有下沉，因此在机床安装 6 个月后，应复检机床水平并进行必要的调整。

2) 机床各部件装配要求。

机床各部件安装连接前，首先做好各部件外表的清理工作，并除去各部件安装相连外表、导轨和工作面上的防锈涂料，然后再把机床各部件安装连接。当安装连接时，需要将立柱、数控装置柜、电气柜等装在床身上；刀库机械手需要装在立柱上（及床身上装上加长床身）等，通过机床的定位销、定位块和其他定位元件，使各部件安装定位，以利于下一步的精度调试。

各部件安装完成后再进行电缆、油管的相连。根据机床说明书的电器接线图和液、气压管路图，把相关电缆和管道接头按标志对应接好。连接时应注意整洁、可靠地接触及密封，并注意检查有无松动和损坏。电缆线头拔出后一定要拧紧紧固螺钉，保证接触可靠。油管、气管在连接过程中，要特别防止污物从接口中进入管路，造成整个液压体系阻滞；管路连接时所有管接头都必须对正拧紧。

通常由于一根管子渗漏造成必须拆下一批管子，返修劳动量很大。电缆和油管一切相连完成后，还应做好各线缆及管子的就位安装、防护罩壳的安设、缝制气缸防尘罩等以保证机床的外观一致。在此过程中应注意如下装配要点。

① 分油器与油管　分油器在机床中的安装位置如图 13-2 所示，分油器与油管、支架等

的装配关系如图 13-45 所示。分油器是润滑系统上用于润滑油的定时、定量分配控制装置。

装配要点：

a. 检查各金属软管的主要结构尺寸，如管径及长度等。

b. 金属软管在机床的装配位置如图 13-2 及图 13-45 所示。金属软管（103）的结构如图 13-46 所示。

应注意各金属软管的安装位置；金属软管（103）（图 13-45 中）与金属软管（104）（图 13-45 中）是管径相同、长度不同的同类管件。装配时，金属软管（30）（图 13-47）与连接件 6（图 13-3 中）点焊在一起，焊接时应注意其焊接位置与尺寸。

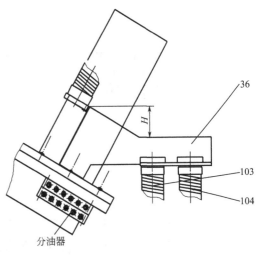

图 13-45　分油器

36—支架；103/104—金属软管

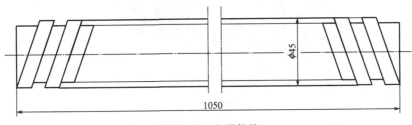

图 13-46　金属软管

c. 金属软管（30）（图 13-47）的装配位置如图 13-3 中序号 7，该金属软管的样图如图 13-47 所示。

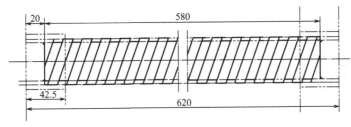

图 13-47　金属软管（30）

d. 要保证油管与支架（图 13-45 中序号 36）的装配尺寸 H（如图 13-45 所示）。

e. 液压油管安装在机床的位置如图 13-2 所示。液压油管安装在机床的床座上，其装配关系如图 13-48 所示。

装配要点：

a. 液压油管的作用是传递制动油液，应保证机床正常工作。

b. 油管的装配位置如图 13-2 中 B—B 及图 13-49 所示。在机床装配过程中，要注意各个油管的位置、形状与尺寸。

c. 油管的样图分别如图 13-50～图 13-52 所示。

图 13-50 油管（72）为无缝钢管（$\phi 8 \times 1$），用于冷却，设计时注意展开长度，以免装配

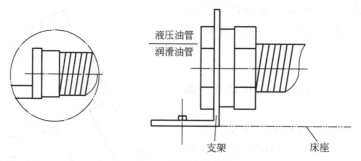

图 13-48　液压油管的装配

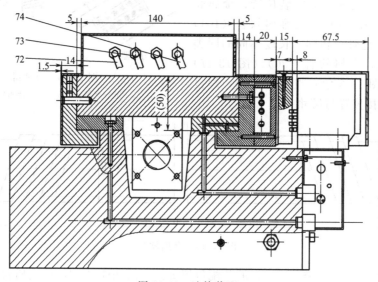

图 13-49　油管装配

72～74—油管

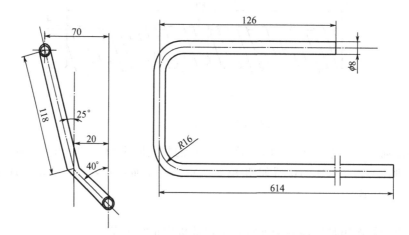

图 13-50　油管 72

尺寸不合适。

　　图 13-51 油管（73）为无缝钢管（φ8×1），用于一个油口（如图 13-49 所示），设计时注意展开长度，以免装配尺寸不合适。

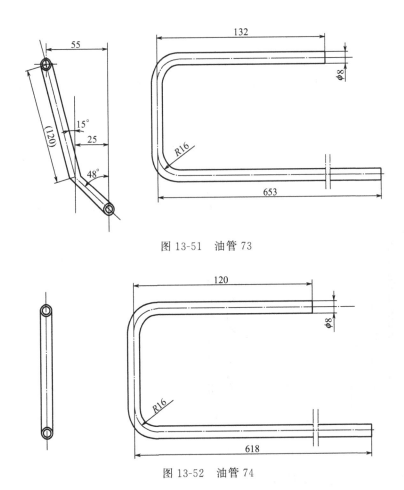

图 13-51 油管 73

图 13-52 油管 74

图 13-52 油管（74）为无缝钢管（$\phi 8 \times 1$），用于另一个油口（如图 13-49 所示），设计时注意展开长度，以免装配尺寸不合适。

② 支架　支架（99）安装在机床的装配位置如图 13-2 所示。支架的样图如图 13-53 所示。

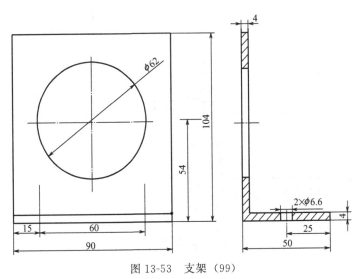

图 13-53　支架（99）

装配要点：

a. 支架（99）的作用是安装油管。

b. 在机床装配过程中，要注意各个支架、连接板的位置、形状与尺寸。

c. 另一支架（36）的装配在机床中的位置如图 13-2 中序号 36。支架（36）的样图如图 13-54 所示。

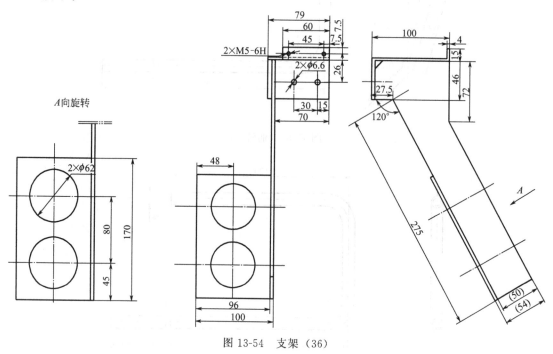

图 13-54　支架（36）

另一支架 36，作用也是安置油管。

③ 连接板　连接板的装配位置如图 13-2 中序号 6，连接板的样图如图 13-55 所示。

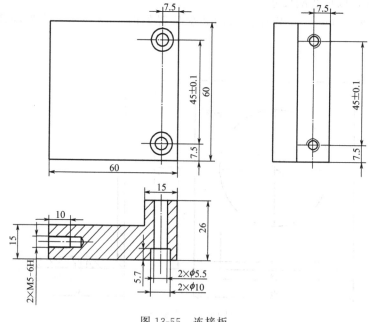

图 13-55　连接板

机械零部件结构设计实例与
装配工艺性（第二版）

装配要点：

该连接板将油管连接在床座上，装配时应保证与床座连接可靠。

④ 伸缩护罩　伸缩护罩是机床的防护装置，可分为全防护（双门）、半防护（单门）和简单防护等，此设计影响到操作者的人身安全和使用环境。

伸缩护罩在机床中的安装位置如图 13-2 和图 13-3 所示。伸缩护罩的样图如图 13-56 所示。

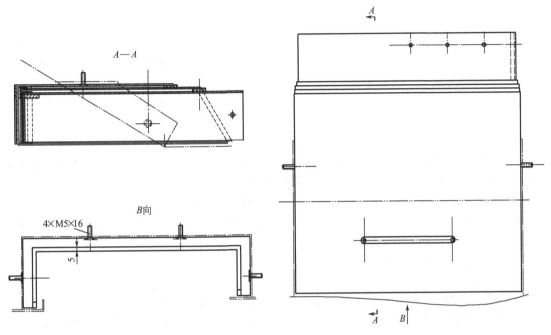

图 13-56　伸缩护罩

图 13-56 所示的伸缩护罩是机床防护罩的一种，具有防尘、防水、防油、防铁屑、防腐蚀、行程长、压缩小等特点。

装配时注意：

a. 焊接螺钉后磨平，不留焊渣。

b. 压缩后最小尺寸、拉开后最大尺寸及行程。

c. 装配后应伸缩灵活。

3）机床滚动导轨的装配工艺。

数控机床上使用滚动导轨时，其装配质量对整机精度的形成至关重要。

滚动导轨由固定导轨面和滚珠等滚动体实现，导轨副之间为滚动摩擦。滚动导轨因其摩擦阻力小、刚性可调、结构紧凑及运动平稳而不易产生爬行；滚动导轨具有感应灵敏、微量移动准确等优点。

在工作台上采用滚动导轨可提高运转速度及运转精度。滚动导轨工作台主要由工作台、工作台底座、主轴组件、大齿圈及轴承等组成。工作台导轨采用推力球轴承，可有效提高工作台的承载能力；工作台轴向采用推力滚珠轴承对承载轴承进行预紧，保证工作台在高精度下平稳工作。

当工作台转速要求较高时，承载轴承的定位及润滑至关重要，轴承运动偏移将直接影响加工精度，应该避免出现加工振动。为此对结构应进行优化，使其满足定位及润滑要求，如针对该结构承载轴承转速较高时轴承内无法存油，润滑不到位将直接影响轴承的使用寿命，其至研伤轴承的问题，增加了挡油环。

当机床滚动导轨要求刚性大、精度高、又有耐振动冲击作用时，一般需根据导轨滑块所承受振动及冲击的程度、所要求的运动精度来确定装配方法及装配表面的精度。可以通过以下方法解决滚动导轨装配工艺的问题，如图13-57所示。

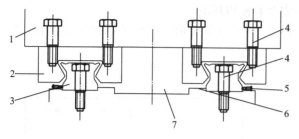

图13-57 导轨装配
1—平台；2—滑块；3—导轨；4—导轨紧固螺钉；
5—导轨定位螺钉；6—横向定位靠肩；7—床身

其顺序一般是先导轨、后滑块。

① 装配导轨

a. 先清除机床床身装配面上的毛刺、污物等。当滚动导轨上涂有防锈油时，在装配前用除锈剂将基准面擦干净；因被除去防锈油的基准面容易生锈，因此，可用黏度低的锭子油等涂上后再使用。

b. 将导轨轻轻地放在床身上，用装配螺钉使之与装配表面接触。装配前应先清洗干净装配螺钉，另外，要确保螺钉孔能很好地吻合，当孔不吻合时如果强行拧入螺钉会降低精度。

c. 按顺序将导轨的横向固定螺钉拧紧，达到导轨与横向定位靠肩紧密相接。

d. 使用定扭矩扳手将装配螺钉用一定的扭矩拧紧。装配时螺钉要由中间向两端按顺序拧紧，这样可以得到稳定的精度。

e. 从动侧的导轨，用同样的方法装配。

② 装配滑块

a. 先轻轻地将运动平台（如工作台）放在滑块上，试着拧入螺钉。

b. 用固定螺钉将基准侧的滑块固定到平台的侧面基准面上，以决定平台的位置（图略）。

c. 正式拧紧基准侧、从动侧的装配螺钉。装配时螺钉的拧紧应按对角线顺序进行，这样可使固定均匀化。此方法易于找正导轨的直线度，而且不用定位销即可完成，因此大幅度地缩短了装配工时。

4）工作台主要装配精度调整。

工作台装配精度调整包括：工作台底座准备，装主轴调整齿圈及承载推力轴承的精度，装工作台及检测颠覆力矩等。

5）机床主机安装。

先把机床放在预定位置，找好地脚螺栓的位置、划线，再用水钻打地脚孔，为了安装牢固，地脚螺栓孔应大些（如建议地脚螺栓孔在100mm以上），这样比较牢固。把机床安上地脚螺栓放入地脚孔，顺便放上调节斜铁、灌入混凝土，等混凝土牢固以后，用水平仪测试纵向和横向的水平精度，可以通过敲打斜铁进行修正，之后紧固地脚螺栓，建议水平度不要超过0.02mm，不然会影响车床精度，最后用少量混凝土围在机床底部，当然不要把地脚螺栓围住。

在精密机械装配过程中，整机装配精度的保障不能仅通过零件公差设计，还必须通过测量与调整等装配工艺共同实现，需要建立装配过程偏差传递预测与控制的数学模型，定量描述装配调整工艺对最终整机精度的影响。

6）数控机床的调试。

试车是机床装配最终结果的验证：它由调整、运行、切削等工序组成。整个装配链需要严格按照相关机床标准、设计技术文件等进行，目前机床质量产生的不正常状态，往往表现在试车过程中存在的不足。

① 机床经过部装、总装后，机床动态指标的测试手段仍比较缺乏；难以辨别质量好坏。

② 拖板或工作台移动时在垂直面和水平面的运动精度，一般可以用双频激光干涉仪、钢丝和光学读数显微镜等检测；但是，缺少直接与工作精度相关的测试。

③ 数控机床采用滚珠丝杠传动，设计时对丝杠有预拉伸载荷的要求，部件装配时可以换算成扭矩力，用扭矩扳手测量，但在负载工作状态下是否能达到预拉伸要求没有很恰当的方法。

国外专家曾提出可以通过电机电流的大小来判断装配效果。例如，在某超重轧辊磨床的 X 轴，要求动态条件应达到额定电流 30%，试验结果 X 轴额定电流达到 21.5A 时，实测工作状态的电流为 8A，占 37%接近预定指标。再例如，内圆磨具运转后，通过测温升可以反映出滚动轴承的负载大小，判定装配是否良好。

从中可以得到启发，若要考核动态状态下部件的装配质量，可以采用收集电流、温升、扭矩力等变化，积累数据、总结出一套可考核的指标。

（2）有待改进的地方或建议

1）数控机床总装除了数控机床主机外，还应该包括控制设备、辅助设备的装配及试车等。

2）可以采用两种方式安装机床。

① 刚性连接　机床安装时，在机床底座与混凝土基础之间放置可调整机床水平的刚性垫铁，同时将地脚螺栓放入基础上的预留孔和机床底座的螺栓孔内，先将机床初步调整到水平位置，再将混凝土砂浆灌入基础上的预留孔内，待灌入的混凝土强度达到 >80% 时，再对机床水平位置进行精确调整，当达到规定的安装水平后，拧紧地脚螺栓上的螺母，将机床和垫铁一起紧固在基础上，并确保不破坏已达到规定的安装水平。

采用刚性连接的机床一般安装在单独基础（或局部加厚地坪）上，基础的厚度与机床的质量、精度、刚性、外形尺寸及地质资料等因素有关，其最小厚度可由埋入基础内的地脚螺栓长度来确定。一般地脚螺栓预留孔的深度要大于地脚螺栓埋入孔内的长度，基础的最小厚度大于地脚螺栓预留孔的深度，基础的厚度较大。机床与基础紧固成一整体，可提高机床的刚度，降低机床重心高度和减少机床振动；但机床安装和基础施工不方便，安装时间长，增加土建投资。

② 弹性连接　机床安装时，在机床底座与混凝土地坪之间放置可调整机床水平的防振垫铁，并将机床精确地调整到规定的水平位置。机床与防振垫铁之间可以用螺栓紧固或不紧固，若机床与地坪之间不紧固，则机床安装较刚性连接方便、安装时间短并具有隔振作用，但刚度、稳定性较差；振动大的机床一般不宜采用简单的弹性连接的方法，可采用带有附加基础件的组合弹性连接，也有较显著效果。采用弹性连接的中小型机床均可直接安装在混凝土地坪上，地坪的厚度小于基础的厚度，不需要预留地脚螺栓孔，施工方便、成本低。

3）防振垫铁的选用。

① 中小型机床刚性好，移动部件质量小，不需要依靠基础来增加其刚性，除了振动较大和稳定性较差的机床外，一般均可采用弹性连接的方法来安装机床。大型设备和振源型设备采用带有基础组合弹性连接也有良好使用效果。

② 影响精密机床正常工作的往往是通过地面土壤和基础传来的外界振动，这种振动随着距离的增加而逐渐衰减，当达到一定的距离后，在无其他隔振措施的情况下，也不会影响精密机床的正常工作，这个距离称为机床的防振距离。精密机床的安装位置应尽量远离振

源，如确实不能满足最小防振距离要求时，应对其采取隔振措施，使振动的影响控制在允许的范围内。当机床对振动控制要求不高时，可采用防振垫铁进行隔振，隔振效率应根据振源距离的远近和机床对振动控制的要求确定，还应注意要使机床工作时不产生明显的摇晃。否则要采取其他更有效的隔振措施。

③ 普通机床一般不需要采取隔振措施，采用弹性连接主要是考虑到安装机床方便，节约费用和用于不便使用刚性连接的场合，如机床上楼等。由于普通机床的类型和加工条件的不同，机床工作时自身振动的情况相差较大，防振垫铁中弹性件的刚度应根据机床工作时振动的大小来决定，振动大的弹性件刚度要大些，反之则可小些。但为了避免机床工作时产生明显的摇晃、影响工人操作，防振垫铁上弹性件的刚度宁可取大些。如弹性件的刚度已足够大，机床工作时还会产生明显的摇晃就不宜采用弹性连接，而要采用刚性连接。

13.3　实例启示

本章对主要零部件的结构进行了图示，结合实例对其装配特点、功能有针对性地进行了表述，强调零部件结合面的接触精度是机床工作性能的主要指标，装配不当会产生早期缺陷，关键子系统对数控机床的可靠性将产生影响和制约。

(1) 零部件结合面的接触精度是机床工作性能的主要指标

① 机床结合面的接触精度直接影响加工精度和效率。机床结合面包括导轨、工作台及拖板间的相互工作面，其间粗糙度、波纹度、形状误差及刚度的差异性及随载荷大小产生的演变，会直接影响到主机刚度及机床加工质量，如降低机床接触精度、产生振动。特别是对于结合面、滑动导轨、静压导轨和滚动导轨等，提高结合面接触精度是不可忽视的。

② 工作台、拖板下导轨等与床身导轨配刮后，需要在其顶面采取磨削、精铣等机加工方式来修正精度，考虑到会有装夹、切削热等引起导轨精度发生变化，需要重新对工作台下导轨与床身导轨接触精度进行检查，静压导轨副应达到刮削的技术要求。

③ 相配件的结合面配刮时必须先将其中一面作基准。基准面可以使用相适应的平板、刮规等工具形成，或经过测量来保证直线度、平面度等形状误差，切忌在无基准条件下进行互配。

④ 特大型平面受平板规格限制，此时可以采用测量法对小型平板研点使平面达到平面度要求，最终与相配件组合；紧固前后可以用塞尺插入配件间检查深度。

⑤ 对同一零件的分离平面，如果要求保持同一平面，可以采用刮规，亦可采取测量法，测量法即零件在平板上三点定位、校正，用指示器测量平面同一性，用水平仪检查。

⑥ 防止有设计缺陷的结合面影响接触刚度。如紧固螺钉在接触面上，破坏了配好的接触面、造成导轨接触变化，类似这种情况，可以采取补偿方法解决，如将小口两侧导轨面的刮点刮淡些。

⑦ 刮规是保证结合面接触精度的重要工具，可以采用粗刮—精刮循环的方式达到接触精度的要求。

⑧ 可采用涂色法检查磨削、精铣等机械加工后获得的结合面接触精度状况。

(2) 装配不当产生早期缺陷

① 滤油网堵塞、润滑孔通道有残留的加工屑末、清洁不善等，会使得齿轮箱经过短暂使用后壳体内部的油脂变质，会影响机床的正常使用。修毛刺倒角不仅可以保持零件的美观，而且可以防止操作过程中对人体的划伤，有些场合的倒角与否会影响装配精度，如需要配作的螺纹孔，按工艺守则要求钻孔、倒角、攻螺纹等工序。实际操作中若钻孔后不倒角直

接攻螺纹，当零件拆装时螺纹孔经过螺钉的挤压会将孔口反边形成凸点，如清理不干净会造成配件原有的精度变动。

② 装配时忽视销孔接触要求会产生不良后果，操作时应合理安排钻、扩、铰等工序，最终的铰削宜采用手铰方法，锥销孔的接触检查应达到≥60%。

③ 实际操作中对于用螺钉紧固的重要零部件，操作者若不采用扭矩扳手、不遵守扳紧螺钉的次序而是随意扳紧将会导致精度、功能很快丧失。

④ 滑板是作为承载刀架的关键部件，承受较大的载荷，并且滑板安装在床鞍上有快速移动的功能要求，因此对它的刚度和质量有着很高的要求，高刚度轻量化设计应作为滑板的重点。

滑板也是连接床鞍与刀架的基础部件，起着承受力和支承刀架的作用；滑板需要频繁移动，以实现刀具的进给运动。滑板作为支承件，其动态性能直接影响到机床加工工件的精度和生产效率，所以设计出的机床支承件—滑板必须具有足够的动、静态刚度，对滑板的轻量化设计时必须在保证其刚度的基础上进行。

⑤ 企业在制定装配工艺规范时若仅依赖生产经验，会产生装配精度一致性差、可靠性难以保证等问题；对此，可以采用有效的定量分析方法来描述精密机床装配工艺对整机精度的影响规律。

(3) 数控机床关键子系统可靠性建模与评估

数控机床的可靠性由其各关键子系统所决定。数控机床关键子系统可靠性建模与评估是其整机可靠性评估工作的重要组成环节，同时是机床设计改进、生产方案优化、检修计划制定的重要参考依据。对于数控系统故障时间数据多源的特性，可以通过构建多源故障时间数据下基于贝叶斯理论的数控系统可靠性建模与评估方法。

通过对数控机床及零部件的结构设计与装配工艺性设计进行的研究表明，先进的设计与合理的装配工艺是影响机床加工精度的决定因素，合理的装配对减少运动间的摩擦阻力，提高传动精度和刚度，消除传动间隙以及减少运动部件的惯量都起到非常重要的作用。

第14章
工业机器人

工业机器人的结构多为串联结构，串联结构的安装结构简单，具有较大的工作空间，对系统刚度和载荷能力都有较大的影响。

工业机器人的机械构造特点是运动范围广（因为关系着零件供给装置的配置），底座占地面积小（装置具有移动性），臂运动所需的空间小（考虑安全性与作业性），运动件的惯性要小（防止响应性与暂态性的振动），未平衡惯性要小（如底座应稳定，以防高速旋转时的振动）等。

常用工业机器人的驱动方式主要有液压驱动、电气驱动及气压驱动。液压驱动输出力可在很大的范围内调节，定位精度比较高，但是对温度变化敏感，油液易泄漏，噪声比较大。气压驱动时能源成本较低，机械结构简单，但是定位精度比较差。电机驱动时电机驱动机器人的效率比较高，运动速度以及位姿准确度超过气压驱动及液压驱动，噪声和污染都比较小。

以通用性为重点的机器人，当考虑作业的适应性时，自由度要多；当考虑作业的多样性时，手腕应采用可更换的结构；当考虑运动性时，应以高速与作业性为重点，其机器人在轴运动方向上需要具有独立运动的自由度；当考虑工作的作用力时，在运动方向上应具有足够充分的刚性等。

14.1　工业机器人结构设计要点及装配问题

工业机器人的产生与应用是与经济效益和社会观念密切相连的。与专用机器人相比，工业机器人自由度高、灵活性大，能够满足多种不同产品的需求，而且大大提高了生产线的柔性。但是，工业机器人的精度与某些高精度专机相比略显逊色。对工业机器人的各种应用（如冲压、折弯）而言，装配也是难度较高的一项。这主要是因为：①在装配应用中，机器人需要抓放多种形状的物体，完成多种动作，并且是在尽量不更换机器人夹具的前提下，完成一连串多种任务；②某些装配动作要求的精度非常高，而装配对象难以定位；③为了识别装配部件，并以正确的时序完成装配动作，装配应用中往往使用大量传感器、机器视觉设备，并通过控制器与机器人之间的频繁通信来确保动作时序正确。

因此，在进行机器人设计时，为了扩大工业机器人应用范围，在结构设计时需要解决以下基本问题：

1）提高工艺灵活性，以便更好地满足实际使用环境。

2）简化结构以降低制造、装配和维护的成本。

面对上述两个问题，首先要解决的是尽可能地满足工业机器人的制造工艺性，而不能仅考虑其通用性；其次是最大限度地设计、制造满足工艺要求的专用和特殊工业机器人。对于第二个问题，由于结构的多样性，会导致出现大量的工业机器人型号，这又将提高其制造和维护成本。为克服这些矛盾，可以采用典型独立结构模块结构形式的工业机器人，它可以单独使用或与其他型号机器人在不同的组合中使用。这种模块式工业机器人在工艺上具有最大的灵活性，同时由于其机械部分和控制装置元件的广泛标准化，组合模块式工业机器人的制造和维护成本也降低。

3）采用工业机器人组合模块式统一构成系统。其中包括操作机、夹持机构、程控和数控装置的标准块以及配套部件（如电、液和气动装置、传感器与变换器和自动化装置），便有可能研制出机械制造中自动化手段的一般模型。这种模型的建造除基本工艺装备外，其中包括工业机器人、运输和装料装置、自动化仓库和其他辅助工艺装备。这有助于缩短设计、制造和采用各种柔性自动化生产系统（其中包括工段、生产线及将来在其基础上的自动化车间）的时间。

4）柔性自动化生产系统组合式结构元件，是指单个或几个设备单元（如机床、压力机等）和工业机器人所组成的机器人技术综合体。

机器人技术综合体应满足以下要求：

1）要适应生产条件的变化，保证工艺的柔性。

2）在经常变换运输、装料和其他辅助装置的情况下，能使不同用途的装备进行对接。

3）应确保机器人的振动抑制。由于系统刚度的限制和不同作业的要求，在装配过程中特别要注意载荷大、有高空作业要求的机器人，必须解决机器人系统的低频振动问题。否则，机器人作业时会发生低频的振动，影响装配质量。

4）运行中工作效率和可靠性要高。

5）预先考虑到进一步发展和完善的可能性。

建造统一结构的机器人技术综合体和将这些综合体连接成辅助工艺自动化装置，通常情况下自动化生产是进一步研制柔性生产系统的基础。通过建立、调整和推广这种按用途、组成和自动化水平来区分的柔性生产系统，其工作量就可以大大减少。

14.2 工业机器人的结构设计与装配工艺性设计

装配过程本身具有随机性和不确定性，如果机器人装配中受系统的干扰或应对误差能力不强，产品的装配质量会因此受到影响而大大降低。在进行工业机器人的装配工艺性设计时，首先应考虑其典型结构元件及配套件对机器人装配的影响，其次进行机器人装配影响因素的研究。

机器人结构对装配的影响主要包括机器人主要技术参数、机器人驱动方式选择、传动方案与设计以及机器人刚度与设计等。机器人结构中重要部件为结构元件和配套件。结构元件对机器人装配的影响，包括机器人杆件设计及机构参数对机器人灵活性的影响等；配套件对机器人装配的影响，包括驱动关节结构、关节误差及关节对精度影响等。

在使用与装配机器人的过程中，应注意研究解决以下几方面的问题：

1）一般应该视机器人是"高性能"的机械，而非"高级的"机械。因此必须注意改善机器人产品的设计，使其能更好地工作；从产品设计起，全面地研讨零件的标准化。

2）研究减少机器人与周围机器的自由度和总成本。装配工作中某些部分需要巧妙的判断，手腕需要复杂的动作，但并非所有作业都是如此；相反，大多数的工作只需要单纯的判断和动作。

3）深入分析装配工作。研究探讨易于装配的零件构造，特别是单方向的装配问题。

14.2.1 数控机床专用机器人

数控机床专用机器人用来使装备自动化，当它在带有数控装置的机床上工作时，该机器人可用以取下毛坯和零件、更换刀具及用作其他辅助操作。该机器人可以在机床上工作，并与堆垛和运输装置一起形成柔性生产加工的综合装置，可以在无操作者参与下进行长时间的工作。

数控机床专用机器人的技术特征包括：①额定负载；②自由度数；③沿垂直轴和沿水平轴的最大线位移；④沿垂直轴和沿水平轴的最大线速度范围；⑤手臂相对垂直轴、手腕相对纵轴以及手腕相对横轴的角位移速度范围；⑥最大定位精度；⑦夹持器夹紧力；⑧加紧—松开时间；⑨按外直径表示的被夹持零件尺寸范围以及除数控装置以外的重量等。

机器人运动原理如图 14-1 所示。图 14-1 中包括五个不同型号的电机，两个电磁制动器，两种传动形式的传动组件，谐波齿轮减速器及手臂等。

该机器人的工作过程可以看作是它在数控机床上更换毛坯的工作循环过程。

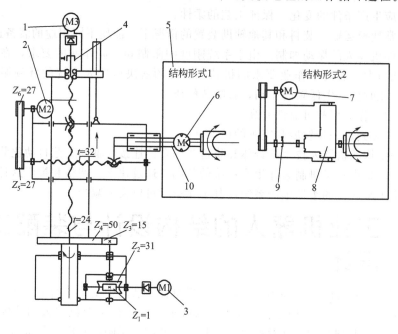

图 14-1　机器人运动原理简图

1～3—电动机（$N＝0.45$kW，$n＝1000$r/min）；4—电磁制动器；5—传动组件；6—电机
（$N＝0.15$kW，$n＝4500$r/min）；7—电动机（PS-300S）；8—谐波齿轮减速器；
9—电磁制动器；10—手臂；其他—（略）

工作时，机器人的手臂伸向机床→手臂夹持加工零件→手臂返回原点→手臂伸向循环台面→放下零件→夹持下一个毛坯，将毛坯送向机床卡盘→将其在卡盘中夹紧→将毛坯松开→手臂返回原点→开始在机床上的加工循环。

（1）装配结构设计

数控机床专用机器人的装配结构如图 14-2 所示。图 14-2 中包括可换夹持器、转动机构、提升和下降机构、手臂伸缩机构、平衡器及转动组件（手腕）等。它们既是组合单元，

机械零部件结构设计实例与
装配工艺性（第二版）

也可以形成多种不同结构形式的组合。

机器人工作时具有其各方向的最大位移量并同时被控制着。图 14-2 中的下部，示出了机器人沿坐标轴的位移范围及工作范围，主要包括：

1）在定位工作状态时（如转动电机，手臂升降或伸出）的工作范围。

2）在循环工作状态（如手腕和夹持器转动组件的气动马达）的工作范围。

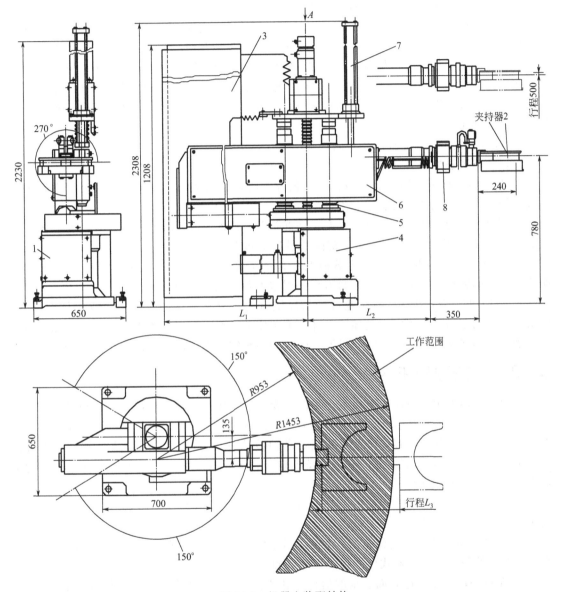

图 14-2　机器人装配结构

1—操作机；2—可换夹持器；3—单独立柜式的数控装置；4—转动机构；5—提升和下降机构；6—手臂伸缩机构；
7—平衡器；8—转动组件（手腕）；其他—空气储存组件（未表示）

数控机床专用机器人结构特点：

① 转动机构（如图 14-2 中序号 4）在水平面内转动，可以做成单独组件的形式。

② 手臂升降机构（如图 14-2 中序号 5）也可以做成单独组件的形式。

③ 手腕（如图 14-2 中序号 8）在垂直面内转动，其转动可以依靠气动装备驱动组件来

实现。

(2) 装配工艺方案

数控机床专用机器人的装配工艺方案主要是从垂直升降、垂直精度以及控制元件等方面涉及装配工艺问题。

① 垂直升降 "提升和下降机构" （如图 14-2 中序号 5）在垂直升降方向的固定安装，可以通过马达的基座与直流电机固定安装。

② 垂直精度 保证垂直精度的装配，主要指 "提升和下降机构" 中滚珠丝杠副的装配，如滚珠丝杠的垂直度要求、滚珠丝杠双螺母的锁紧力大小及两端轴承的调整均应符合装配技术要求；且滚珠丝杠副的螺母应该紧固在手臂伸缩组件（如图 14-2 中序号 6）的机体上。

③ 控制元件 可以通过安装挡块来实现机器人的位置控制，如使用行程开关碰撞挡块来控制位移速度，即控制 "手臂伸缩机构" 位移速度；通过橡胶缓冲器用以减缓手臂上下行程终端时的冲击。

④ 防尘 主要针对丝杠防尘、防污垢。

(3) 有待改进的地方或建议

① 制订数控机床专用机器人的装配工艺方案时，应该特别注意机器人的装配空间运动参数及静态参数（包括参与装置和附件）。

② 装配空间运动参数：如在水平面、垂直面上的行程数值及沿 L 方向（如臂长，图 14-2 中 L_1、L_2、L_3 所示）的长度；工作范围的最远空间距离。

③ 静态参数：如零部件的额定载荷及装置重量等；同时还应该注意机器人的力参数和误差参数，如夹持器的夹紧力、夹紧力允许误差参数及最大定位误差等。

④ 数控机床专用机器人的作业现场与环境有时是复杂多变的，且毛坯或工件的尺寸、形状也是不确定的。为了实现毛坯或工件的准确安放，要对毛坯或工件位姿进行检测，当作业环境、毛坯或工件发生变化时，机器人的检测系统需根据新的工艺设定系统参数。

14.2.2 热冲压机器人

热冲压机器人用于热冲压力机上，用以实现热冲压操作自动化、炉子的装卸料等。

该机器人的技术特征包括：①承载能力；②操作机自由度数；③位移范围（如手臂在水平面转动，手臂提升，手腕伸出及手腕相对纵轴转动）；④位移速度（如手臂转动，手臂提升，手腕伸出及手腕转动的速度）；⑤夹持器定位误差；⑥夹持力；⑦传动装置电机总功率及重量（控制装置除外）等。

热冲压机器人的运动原理如图 14-3 所示，图 14-3 中主要包括电动机、提升模块、转动模块及手臂模块等。其运动要求包括：

① 当操作机安置在预定位置时，控制板上的坐标定制器必须放在零点位置，这样才能实现定制器的位置与电位器式位置传感器相一致。

② 在每一段控制程序画面要求的信息：到装备上的工艺指令号；到操作机上的指令号；定位精度等级及完成给定指令的延续时间。

③ 在自动工作状态时，程序控制系统形成信号传送到驱动装置变换器上，它们给出必要的电压值和符号，再到操作机相应的运动自由度电动机（如图 14-3 中 M）上。当减速系统自动接通时，从而设定自由度驱动装置实现精确进给并到达定位点。在完成所有预定位移以后，在预定时间完成工艺指令，再自动进入到下一段控制程序。

(1) 装配结构设计

热冲压机器人装配结构如图 14-4 所示。图 14-4 中包括基座、转动模块（台）、提升模

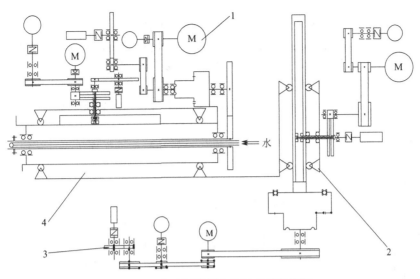

图 14-3 热冲压机器人的运动原理简图
1—电机；2—提升模块；3—转动模块；4—手臂模块

块、手臂模块、夹持器、基座接线盒、提升模块接线盒及管接头等。热冲压机器人是一个综合体，由模块结构操作机、位置程序装置、电驱动装置、晶闸管变换器组件等组成。另外，为了保证操作的安全性，应在操作空间周围设计护栏、限位等保护装置。

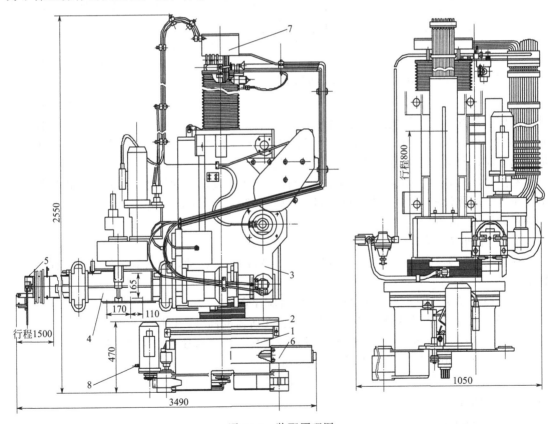

图 14-4 装配原理图

1—基座；2—转动模块（台）；3—提升模块；4—手臂模块；5—夹持器；6—基座接线盒；7—提升模块接线盒；8—管接头

热冲压机器人结构特点：

① 在"手臂模块"（如图 14-4 中序号 4）上装有手腕和夹持器（如图 14-4 中序号 5）。

② "基座接线盒"（如图 14-4 中序号 6）用以连接由控制装置来的电缆及电线。

③ "提升模块接线盒"（如图 14-4 中序号 7）主要用来将电缆连接到手臂提升和移动的驱动装置上。

④ "管接头"（如图 14-4 中序号 8）用来连接由空气存储装置来的软管。

（2）装配工艺方案

热冲压机器人的装配工艺方案主要是从操作机转动机构、操作机提升结构、操作机手臂机构及操作机手腕机构等方面涉及装配工艺问题。

1）操作机转动机构。

转动模块（如图 14-4 中序号 2）是用来在水平面内将手臂（如图 14-4 中序号 4）安装在预定角度的位置上；转动模块（如图 14-4 中序号 4）装在基座（如图 14-4 中序号 1）上。

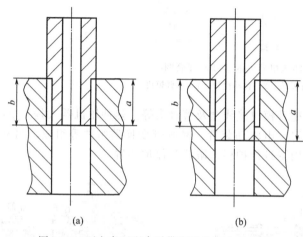

图 14-5　两个表面配合时带有引导部分的结构

转动模块与基座的两个表面配合时，配合结构应带有引导部分。如图 14-5（a）所示，两个表面同时装配，由于 $a=b$，两配合面同时进入，装配较困难。若改为图 14-5（b），$b<a$，这样前段先装配进入，后段后进入装配，前一段作为后一段装配的引导部分，装配工艺性较好。

手臂 4 在预定角度位置上安装时，预安装的两零件间尽量不产生复杂装配。如图 14-6（a）所示的连接件与基座零件配合，为了使连接件之间不相对运动而采用销钉连接，这样使装配复杂且连接效果不好。可将其改为图 14-6（b），为了使连接件间不产生相对运动，将连接件的连接端加工出滚花，与另一零件成过盈配合，效果好。

装配设计时，为使操作机有较大的稳定性，首先在基座 1 的机体上设置铰链连接附加转动支承（如对称设置四个），之后进行调整使附加转动支承保持平衡，直到操作机转动机构达到稳定性要求。

2）操作机提升结构。

提升模块（如图 14-4 中序号 3）用来实现手臂的垂直移动，并将其定位在预定程序的位置上。

手臂提升模块（图 14-4 中序号 3）装配时应注意：

① 在立柱上有系列横槽，用来把挡块安置在所需的高度，以限制小车的位移。

② 通过测速发电机与位置传感器的设置或连接，以进行速度与位置的控制。

③ 通过安装制动器，以实现对提升运动的停止。

④ 通过安装滚轮与偏心轴，使其在垂直方向进行互动与配合，用来调整或消除提升运动时产生的间隙。

3）操作机手臂机构。

手臂模块（图 14-4 中序号 4）应保证水平轴向运动及带夹持器手腕的转动，其设计应便

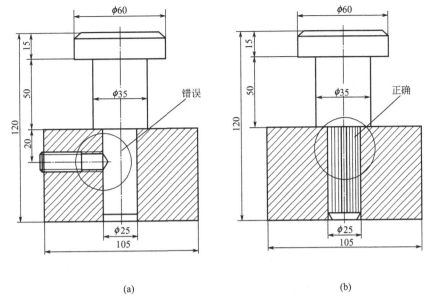

(a)   (b)

图 14-6   尽量不产生复杂装配的结构

于实现在加工时毛坯的安装和定向。

手臂模块（图 14-4 中序号 4）由以下结构元件组成：承载系统；带位置传感器及测速发电机驱动装置的直线移动机构；带谐波齿轮减速器的手腕传动机构及带夹持装置的手腕（手腕具有伸出运动）。装配时应考虑手臂的承载能力。

4）操作机手腕机构。

装配时应考虑手腕伸缩、旋转时手腕机构的结构特点。

近年来，人们从理论角度来研究手腕（或操作手）的动力、接触力及相互作用，在非变结构约束的轮廓跟踪方面卓有成效；对此，在自动化安装时可以考虑借鉴或采用类似的理论或方法。

5）考虑手腕与手臂连接处的结构特点。

（3）有待改进的地方或建议

制订热冲压机器人的装配工艺方案时，必须考虑机器人的技术特征要求，并应该特别关注技术特征包含的运动参数和动力参数。

14.2.3   冷冲压型工业机器人

冷冲压型工业机器人用于中小规模生产条件下冷冲压过程的自动化，也用于机械、备料及其他车间工艺装备上的装料和卸料、机床间和工序间的堆放等。

该机器人的技术特征包括：①手数量；②单手承载能力；③最大工作范围半径 R_{max} 及最小工作范围半径 R_{min}；④手臂最大水平行程；⑤手臂轴离地面的最小及最大高度；⑥手臂最大垂直行程；⑦每只手相对于操作机纵轴（位置角的安装极限）的转动；⑧夹持器绕纵轴的最大转角；⑨夹持器在手转动时、在线位移时的定位精度；⑩单手臂、双手臂的操作机重量等。

冷冲压型工业机器人由循环程序控制装置发出指令，机器人运动原理如图 14-7 所示，图 14-7 中主要示出了手腕、夹持器的运动情况。

运动要求包括：

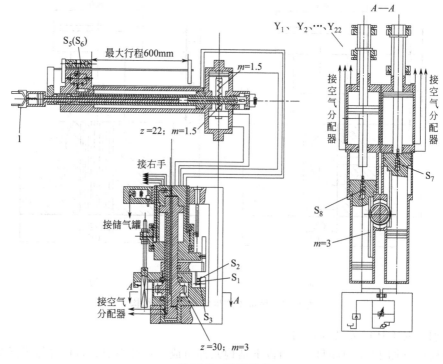

图 14-7 运动原理
1—手腕、夹持器

① 当指令达到时，空气分配器的电磁铁 Y_1、Y_2、…、Y_{22} 按确定的顺序吸合；空气分配器使空气进入驱动装置机构的气缸中，从而使手臂完成运动。

② 当手臂放置在给定的位置时，终端开关 S_1、S_2、…、S_8 动作，控制相应的移动量，并给出下一步开始部分的允许量。

③ 手腕的转动、夹持器（如图 14-7 序号 1）的夹紧、松开以及在所需点上安置的转动挡块等都不是按终点开关所给定的位移来控制的，而是按时间控制的。在完成这些动作时，需要给予一定的时间间隔（如 0.2～1.8s），以给定 0.2s 的时间离散。

④ 机器人末端执行器安装在操作机械手腕部的前端，用来直接执行工作任务。根据机器人功能及操作对象的不同，末端执行器可以是各种夹持器或专用工具等，图 14-7 中夹持器的夹紧与松开由压缩空气来实现。

⑤ 手臂伸缩驱动装置是在终端焊有法兰和管子组成的气缸。

⑥ 传感器发出伸缩机构动作信号传到控制系统中。

⑦ 活塞在活塞杆腔中空气压力作用下开始运动。

(1) 装配结构设计

冷冲压型工业机器人（操作机）的装配结构如图 14-8 所示。

冷冲压型工业机器人主要由以下部分组成：操作机；循环程序控制装置及移动模块等。

冷冲压型机器人可以通过备用移动模块，增加在水平方向的工作空间尺寸。操作机是工业机器人的执行机构，它可以有多种结构形式。基本组成单元包括：两只手臂（如图 14-8 中 h），手臂提升和转动机构（如图 14-8 中序号 1）及气动系统等。

冷冲压型工业机器人结构特点：

① 操作机可以安装在距离地面所需要的高度上。该过程可以应用螺旋千斤顶（如图 14-8

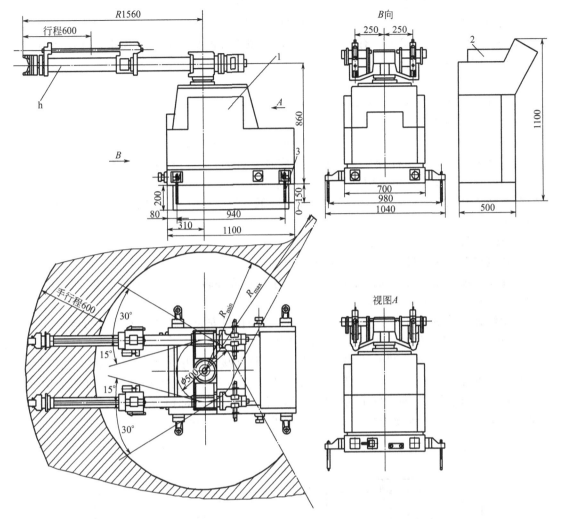

图 14-8 冷冲压型工业机器人（操作机）装配结构

1—手臂提升和转动机构；2—控制装置；3—螺旋千斤顶；h—两只手臂

中序号 3）来实现。

② 操作机的手臂机构做成标准化结构。用于一定重量毛坯、零件或工艺附件的夹持、握持及在空间的定向。为了实现这些动作，手臂机构必须包括手腕伸缩和转动驱动装置及带夹紧驱动装置的夹持装置。

③ 夹持钳口的尺寸和形状可能有各式各样的，应视零件的形状和重量而定，在必要时，允许更换整个夹持器。

④ 提升和转动机构用来实现手臂沿着操作机垂直轴的移动及手臂绕该轴的转动。

（2）装配工艺方案

冷冲压型工业机器人的装配工艺方案主要是从手臂机构安装、手臂伸缩安装及操作机的提升和转动机构安装等方面涉及装配工艺问题。

1）手臂机构安装。

手臂机构安装时注意如下方面：

① 机器人操作臂可以看作是由运动副连接起来的一系列杆件的组合，通过连接两个杆

件的关节，以约束它们之间的相对运动。如图 14-8 所示，操作对象的夹持和夹紧是由与机体铰接的钳口来完成的，应注意铰接处的装配，使夹持和夹紧可靠。

② 钳口的尺寸和形状可能有各式各样的，应视零件的形状和重量而定，在必要时，允许更换整个夹持器。

2）手臂的伸缩安装。

手臂伸缩安装时注意如下方面：

手臂伸缩驱动装置是由气缸控制的，要注意气缸的装配。

为使手臂伸出，压缩空气进入该气缸的相反腔内，如图 14-7 所示的结构简图。由于活塞的有效面积之差，活塞杆开始向左移动，实现手臂的伸出，直至位置传感器碰到挡块为止，此时，传感器发出伸出机构动作信号传到控制系统中。

为了使手臂缩回，应使活塞杆腔中的压力降低，活塞在活塞杆腔中空气压力作用下开始向后运动。

3）操作机的提升及转动机构安装。

操作机提升及转动机构安装时注意如下方面：

当操作机需要提升及转动操作时，可通过手臂提升和转动机构 1 来实现手臂沿操作机垂直轴的移动和手臂绕该轴的转动。

应用螺旋千斤顶（图 14-8 中序号 3），可以将操作机安装在距离地面所需的高度上。

4）机械手安装零件时采用的止口定位结构。

图 14-9（a）是一组合机械手安装简图，用螺栓连接装配精度不高，效率较低；螺钉固紧的结构不便于安装；为了便于机械手的安装，尽量避免采用螺栓连接。可改为图 14-9（b），对于用机械手安装的零件采用止口定位，采取卡扣或内部锁定结构。当采用卡扣或内部锁定结构时，一经压入便连接牢固，是值得推荐采用的结构。

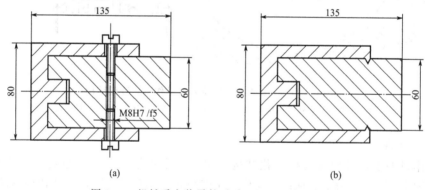

图 14-9　机械手安装零件时采用的止口定位结构

(3) 有待改进的地方或建议

① 在制定冷冲压型工业机器人的装配工艺方案时，应该特别注意机器人的装配空间运动参数及静态参数（包括参与装置和附件）。例如手数量；单手承载能力；最大工作范围半径 R_{max} 及最小工作范围半径 R_{min}；手臂最大水平行程；手臂轴离地面的最小及最大高度；手臂最大垂直行程；每只手相对于操作机纵轴（位置角的安装极限）的转动；夹持器绕纵轴的最大转角；夹持器在手转动时，在线位移时的定位精度；单手臂、双手臂的操作机重量等。

② 现代化的装配方式可以提高装配效率，目前，逐渐由传统的手工装配转向自动装配；机械手安装结构尽量简便，如机械手安装零件时采用的止口定位结构。

14.2.4　板压型机器人

板压型工业机器人用于仪器制造业的板材冲压和机械装配生产工艺过程自动化中，这种工业机器人的操作机有多种结构形式，它们之间的主要区别在于手臂数量、自由度数和有无横移机构。

该机器人的技术特征包括：①手臂数量；②手额定承载能力；③自由度数；④当手在单方向转动时，每只手相对于操作机纵轴（角定位调整极限）的转动；⑤位移速度包括手臂提升与下降、手臂转动、手臂伸缩、横向移动及手腕转动等；⑥搬运物体沿各方向位移的定位精度及操作机重量（中央控制盘除外）。

板材冲压型工业机器人典型机构一般有 A、B 两种结构形式，如图 14-10 所示。主要包括自由度手、伸臂、偏移机构、转动及提升机构、小车、基座、调整移动机构及偏移机构等。

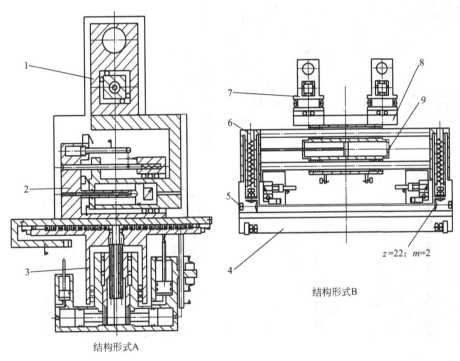

图 14-10　板压型机器人操作原理
1—二自由度手；2—偏移机构；3—转动及提升机构；4—小车；5—基座；6—调整移动机构；
7—单自由度手；8—伸臂；9—偏移机构

在图 14-10 中，结构形式 A 是具有二自由度手的操作结构，结构形式 B 是具有两只单自由度手臂的操作结构。板压型机器人中的手臂也可以具有多种结构形式。

板材冲压型工业机器人可以是固定式的结构，也可能是移动式的（如在小车上）结构。

运动要求包括：

① 板压型操作机总自由度数为 5，有提升运动、横向移动、手臂水平面中的转动、轴向移动和带夹持器的手腕相对于总纵轴的转动等。

② 操作机运动循环程序在控制台上给出。当循环程序控制装置给出指令时，相应的气体分配器电磁铁吸合，它们开启空气通路，使之进入执行机构的气缸，操作机完成给定的运

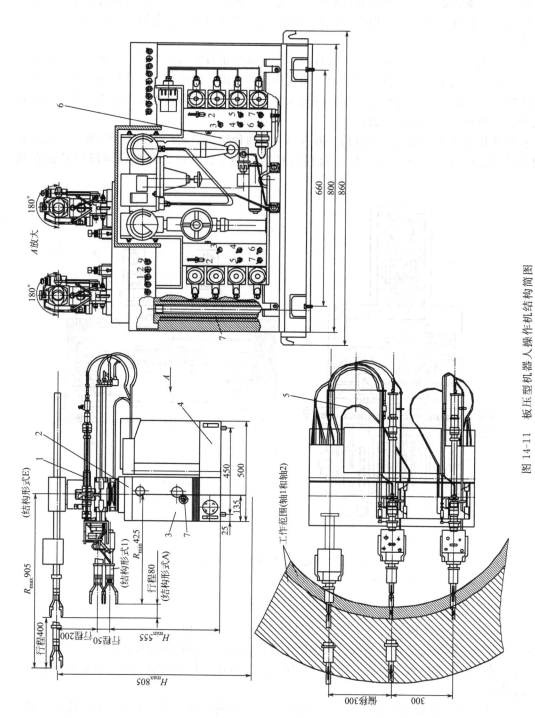

图 14-11　板压型机器人操作机结构简图

1—手臂（1 或 2 个自由度）；2—平移机构；3—转动和提升机构；4—基础；5—软导线管；6—气动组件；7—调整位置机构

机械零部件结构设计实例与
装配工艺性（第二版）

动；当手臂的夹持器到达给定位置时，非接触式行程传感器形成电信号输入循环程序控制装置，它给出完成运动循环的顺序步骤指令；手腕转动和夹持器夹紧松开指令完成时间，按循环程序控制组件中形成的给定时间延迟（如间隔 0.1～0.9s）终点来确定。

③ 在操作机运动循环各阶段时间，可以使形成时间延迟 1～9s（如离散性 1s）。

(1) 装配结构设计

板压型机器人操作机具有标准化的结构，可以由多个组装单元组成，如图 14-11 所示的结构原理简图。图 14-11 中包括手臂（可以是 1 或 2 个自由度）、平移机构、转动和提升机构、基础、软导线管、气动组件、调整位置机构、用电缆与操作机相连接循环程序控制装置等。

(2) 装配工艺方案

板压型机器人的装配工艺方案主要是从操作机手臂机构、夹持器等方面涉及装配工艺问题。

1）操作机手臂机构。

操作机手臂机构（如图 14-11 序号 1）整体装配时，应考虑手腕结构、夹持器机构、手臂的纵轴等的安装与调整。例如，具有两个自由度的机械手臂是由夹持器、手腕转动和伸出机构等组成的。应注意手腕伸出结构、手臂伸出机构及手腕转动机构单元的装配。

2）夹持器。

夹持器可以是机械的或气动的。可以安置气动夹持器来代替工业机器人操作机的机械夹持装置，气动夹持器要装配在手腕的前面法兰上，并注意夹持器与手腕的固定。

3）应注意操作机转动和提升机构的装配。

提升机构（如图 14-11 中序号 3）中可以是带有引导锥形头/锥形孔的装配结构。如图 14-12（a）所示，被连接零件带有螺栓孔，装配时难以观察到其配合的情况，难以对准装入。若改为图 14-12（b），设计一个引导锥形头和锥形孔，装入螺纹孔中时有引导部分，安装方便、装配工艺性好。

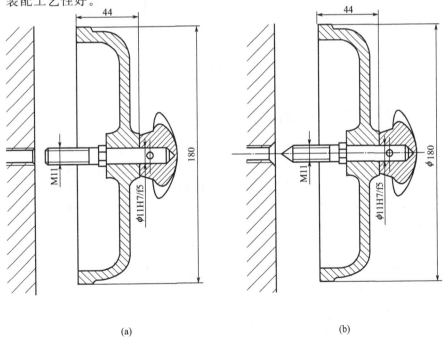

(a)　　　　　　　　　　　　(b)

图 14-12　带有引导锥形头/锥形孔的装配结构

4）保证手臂水平移动机构的装配可靠。

当手臂数量是两个以上时，应以适当的结构确保两个相似零件的装配位置及尺寸。如图14-13（a）所示，两个相似的手臂零件装配时，零件的凸出部分易于进入另外同类零件的孔中，造成装配困难。若改为图14-13（b），则可避免相似零件的凸出部分易于进入另外相似零件的孔中；将零件的凸出部分直径大于孔径，不影响装配。

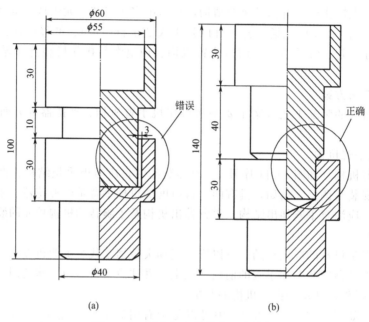

图 14-13　两个相似零件装配的结构

(3) 有待改进的地方或建议

制订板压型机器人的装配工艺方案时，应该特别注意机器人的装配空间运动参数及静态参数（包括参与装置和附件）。包括手臂数量；手额定承载能力；自由度数；当手在单方向转动时，每只手相对于操作机纵轴（角定位调整极限）的转动；位移速度包括手臂提升与下降、手臂转动、手臂伸缩、横向移动及手腕转动等；搬运物体沿各方向位移的定位精度及操作机重量等。

14.2.5　装配操作用机器人

装配是按照一定的精度标准和技术要求，将一组零散的零件按合理的工艺流程，用各种必要的方式连接组合起来，使之成为产品的过程。装配也是产品制造中的最后一道工序，对整个产品质量起着决定性的作用。同时，由于零件和产品的多样性以及装配的多种技术要求，使装配成为最难实现自动化的工作之一，在该工况下，装配操作用机器人便成为实现装配操作的最佳机械。

装配操作用机器人工作时，流程分为姿态调整与位置调整，先进行姿态调整，再进行位置调整。装配操作用机器人要把零件组装起来，通常需要具有如下功能：

① 零件的装卸，包括零件整列、判别、进给及握持；

② 定位（如2个零件相对位置的配合）；

③ 结合及装入（或插入、压入及上螺丝等）。

装配用机器人对性能的要求，在不同的行业有不同的要求。如汽车工业与精密机械工业等是以调整装配、高速化及高精密度等要求为主，而电机工业则以提高经济性的要求为主。一般来说，机器人运用到装配工序时最大的特点是减少装配工时，即减少装配工作时间在产品制造工序中的比例，降低产品的成本；其次是提高产品质量的稳定性。

装配用机器人的技术特征包括：①承载能力；②自由度数；③最大位移，包括小车沿水平轴、滑板沿垂直轴、手腕（头）相对于水平轴摆动及带夹持器头相对纵轴转动等；④最大位移速度，包括小车、滑板、手腕（头）摆动及带夹持器头转动等；⑤定位精度；⑥夹持器数；⑦换夹持器的时间；⑧所运送毛坯（如法兰盘）的最大尺寸〔如直径、长度及重量（控制装置除外）〕等。

装配操作用机器人采用组合式结构，通常用于金属切削机床以及机床组成的柔性自动成套设备上，可加工旋转体（轴或有法兰的零件）零件，其运动原理如图 14-14 所示。图 14-14 中包括手臂、手腕（头部）、小车、机体、滑板、驱动装置、平移机构、销钉、法兰、圆盘、可换夹持装置、芯轴、液压缸、随动阀、齿条、靠模、活塞杆、液压缸及拉杆等。

该装配操作用机器人主要用于轴类零件或短法兰型零件的装配操作。

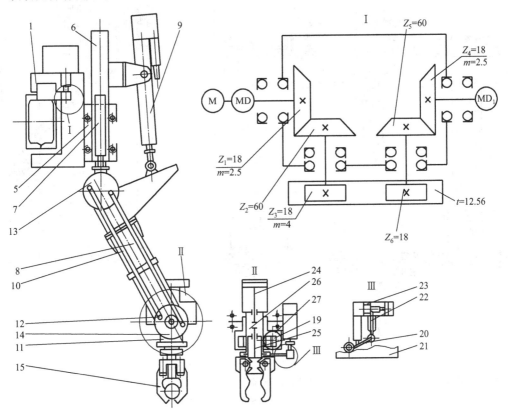

图 14-14　装配操作用机器人运动简图

1—小车；5—机体；6—滑板；7,9—驱动装置；8—手臂；10—平移机构；11—手腕（头部）；12—销钉；
13—法兰；14—圆盘；15—可换夹持装置；19—芯轴；20—液压缸；21—随动阀；22—齿条；
23—杠杆；24—靠模；25,28—拉杆；26—活塞杆；27—液压缸

装配操作用机器人可以完成机床上所有必要的操作：

① 从储存箱中抓取毛坯。

② 卸下在机床上加工好的零件。

③ 传输毛坯到机床上或储存箱中。

④ 安装毛坯到机床上。实际安装中，常因其不确定性因素产生的附加装配力而影响装配效果。自动装配中，可以采用主动反馈及多种装配策略来补偿外部扰动，以减小装配力。

⑤ 安放零件到储存箱的空箱中。

注意，毛坯和零件必须以定向形式存放在储存箱中。

（1）装配结构设计

装配操作用机器人根据组合式建造原则，基于标准化的部件组成符合各种工艺要求的机器人模块。

装配操作机器人的末端位置和姿态是通过传感器检测的，其检测是实现自动装配的前提，也是保证装配精度的依据。装配过程中位置和姿态的检测主要目的是得到待装配零件与已装配零件的相对位姿。

装配操作用机器人结构如图 14-15 所示。

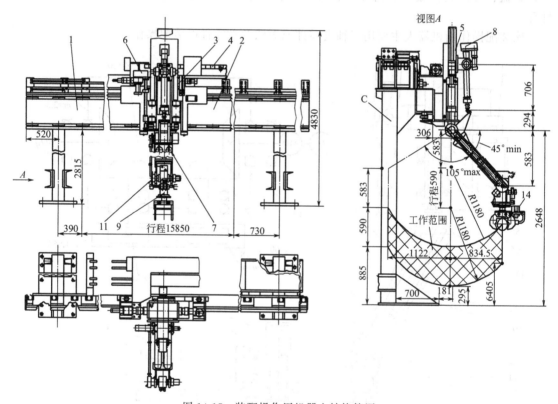

图 14-15　装配操作用机器人结构简图

1—门架；2—小车；3—专用液压驱动装置；4—电器管路；5—滑板；6—液压驱动装置；7—手臂机构；
8—转动型机器人；9—手腕（头部）；11—平移机构；C—立柱

该机器人主要由液压站、数控装置、电气柜、手臂、手腕（头部）、夹持装置机构、滑道及液压装置等机构配套而成。机械手与辅助装置搭载在移动小车及门架上，使其具有较大的工作高度和移动范围，实现大空间内工作。

（2）装配工艺方案

装配操作用机器人的装配工艺方案主要考虑小车与导轨的装配、手臂与平移机构的固定和安装、手腕与夹持装置的装配、手臂与手腕的控制以及活塞杆与液压缸的装配等方面所涉及的装配工艺问题。

① 小车与导轨的装配　考虑小车与导轨的装配时，应将图 14-14 和图 14-15 对应起来进行考虑。

如图 14-14 所示，工业机器人的小车（如图 14-14 序号 1）沿固定在门架上的单轨（图 14-14 序号 2）移动。小车驱动装置是电液步进式的，如图 14-14 中 I 及放大图所示，它包括步进电机和带液压马达的液压扭矩放大器（如图 14-14 序号 3），运动通过锥齿轮、齿条啮合来传动，为保证在齿轮齿条啮合中的拉紧力，使用附加平行工作的驱动装置（如包括液压马达、锥齿轮副和齿轮与齿条 4 相啮合）。

② 手臂与平移机构的固定和安装　机器人手臂与平移机构的固定和安装如图 14-14 和图 14-15 所示，这种类型工业机器人手臂固定着平移机构（如图 14-14 序号 11 和图 14-15 序号 11），它由杠杆系统组成。

可以采用自动安装方式，自动安装时可以分两个阶段来进行。首先，考虑理想条件下的装配过程，得到必需的装配力和需要的额外执行机构的输入力矩；然后，在存在公差时分析整个系统的行为，也可确定装配过程对各参数不确定性的敏感性，便于更精准地实现装配。

③ 手腕与夹持装置的装配　手腕（头部）如图 14-14（序号 11）、图 14-15（序号 9）所示，手腕（头部）通常与可换夹持装置装配在一起，机器人手腕（头部）具有转动部分——芯轴（如图 14-14 序号 19），在芯轴上固定着可换夹持装置（如图 14-14 序号 15）。

④ 手臂与手腕的控制　如图 14-10 所示，工业机器人支撑系统安装在立柱（如图 14-15 中 C）上，沿门架（如图 14-15 序号 1）的导轨移动，并由专用液压驱动装置（如图 14-15 序号 3）带动小车（如图 14-15 序号 2）运动。采用弹性液压和电器管路（如图 14-15 序号 4）可以将能量传递到液压驱动装置和工业机器人。在小车的侧面上装有滑板（如图 14-15 序号 5），它由液压驱动装置（如图 14-15 序号 6）相对其机体在垂直方向移动。在滑板上安装手臂机构（如图 14-15 序号 7，手臂机构可以有多种结构形式），图 14-15 中为带液压驱动装置（如图 14-15 序号 8）的转动型机器人（也可以是与滑板一起移动的可伸缩性机器人）。在手臂的下部安装手腕（头部），如图 14-15 序号 9。手腕（头部）可借助于专用平移机构（如图 14-15 序号 11）保持在空间的一定姿态。

在手臂的头部中安装有"标准化支架"，上面固定着"可换夹持装置"；"可换夹持装置"上装有专用电接触传感器，通过专用电接触传感器确定毛坯或零件与夹持装置的接触力矩。

⑤ 标准化夹持装置的功能　机器人标准化夹持装置主要用于阶梯轴、芯轴类零件，它备有电接触传感器，以确定毛坯在传输储存装置的位置。

⑥ 活塞杆与液压缸的装配　图 14-14 中活塞杆（序号 26）及液压缸（序号 27）应具有合理的装配结构。可以采用避免擦伤密封圈内表面的结构。如图 14-16（a）所示，在活塞杆密封处采用 O 形圈、橡胶密封圈和防尘圈，但是由于活塞杆结构不良造成密封漏油严重，活塞杆与连接螺纹采用相同的公称尺寸，而各类橡胶密封圈内径均有较大负偏差以保证其密封性能，故在安装过程中，造成密封圈内表面擦伤，使用中产生泄漏。若改为图 14-16（b），即连接螺纹尺寸小于活塞杆尺寸，安装时要小心，避免擦伤密封圈内表面。这样，可以避免密封圈使用过程中由于其他部件的结构不良而造成损坏。

(3) 有待改进的地方或建议

① 机器人的承载能力　设计装配操作用机器人时，机器人的承载能力是首先要考虑的问题。当操作对象为大尺寸板材且重量大时，若采用串联机构形式的手臂，不能满足装配的承载要求或导致机器人本身的重量较大，将影响机器人系统移动的灵活性，因此需要进行开发或配置专门的结构，以实现设备整体重量可控的情况下提高其承载能力。

② 正确理解装配机器人　装配用机器人的用途很多，在当前技术与经济不断发展的情

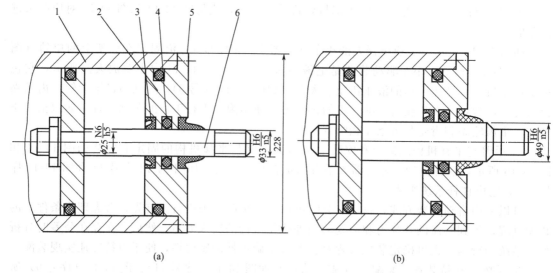

图 14-16　避免擦伤密封圈内表面的结构

1—油缸；2—端盖；3—橡胶圈；4—O形圈；5—防尘圈；6—活塞杆

况下，一部应用广泛的机器人不可能进行所有的装配工作，因而具有明确目的与思想的特殊机器人才具有现实意义。

装配用机器人分为通用性与高速性两种。

以通用性为优先设计的机器人具有高精密度，自由度较多、也需要高速，但是由于多轴控制和路线计算的比例较高，因此不可以忽视计算机所需要的时间，此外还受到作业能力的限制。

对高速性为优先设计的装配用机器人，其部分功能多由周围的机器或装备担当，机器人本身仅具有必要功能，并限制自由度为最少；为了实现其高速，必须重视作业方向的独立运动性及刚性，对此，在多种类型的装配作业中，使用数量较多的机器人是以垂直方向为主的设计。

③ 重视机器人特性与参数　制订数控机床专用机器人的装配工艺方案时，应该特别注意机器人的装配空间运动参数及静态参数（包括参与装置和附件）。如承载能力；自由度数；最大位移，包括小车沿水平轴、滑板沿垂直轴、手腕（头）相对于水平轴摆动及带夹持器头相对纵轴转动等；最大位移速度，包括小车、滑板、手腕（头）摆动及带夹持器头转动等；定位精度；夹持器数；换夹持器时间；所运送毛坯（法兰盘）的最大尺寸，如直径、长度及重量等。

④ 装配机器人现状　目前用于自动装配的机器人越来越多，但远没有达到人们所期望的水平，大部分机器人只是被用来完成简单的装配任务。究其原因可归于两个方面：a. 机器人硬件技术不很完善，还不能达到智能机器人所要求的水平；b. 机器人缺少真正的"智能"，难以自动对装配任务进行分析、规划，更不能像人一样灵活地处理装配中遇到的各种情况。

14.2.6　仓储和运输用操作机器人——堆垛机

仓储和运输用操作机器人——堆垛机是机械制造中的专用机器人，它是用来完成自动化工作运输和装卸料操作的。堆垛机用在自动化运输的堆垛子系统中，用在某些机床组或其他工艺装备上，它们是机械制造中柔性生产系统的重要组成部分。

仓储和运输用操作机器人——堆垛机的技术特征主要包括：①被夹持箱的平面尺寸；②箱中负载最大重量；③上台面最大行程；④上台面工作行程；⑤上台面伸缩额定速度；⑥载重夹持器外形尺寸（长、宽、高）及重量等。

(1) 装配结构设计

在进行仓储和运输用操作机器人——堆垛机的结构研究之前，首先应理解或明确堆垛机的总体设计方案；在此前提下，再对堆垛机各个机构进行受力分析和设计计算；最后进行必要的相关校核并最终确定机构的实际取值。

堆垛机装配结构如图14-17所示。主要由以下部分组成：轨道式小车；负载夹持机构；提升平台；控制挡块；带有平台提升装置的立柱；滚柱支撑；控制单元；小车驱动装置及护板等。

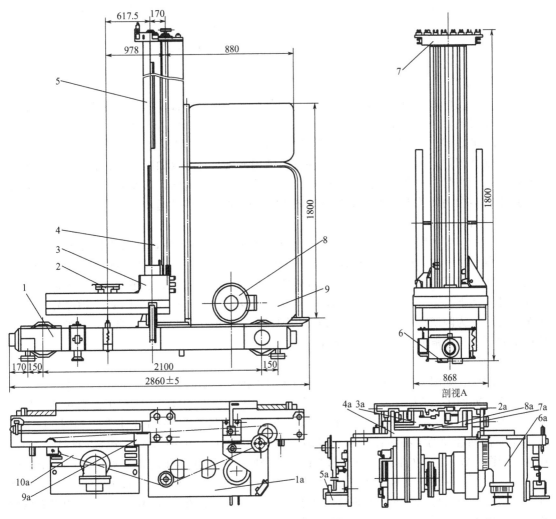

图 14-17 堆垛机装配结构

1—轨道式小车；2—负载夹持机构；3—提升平台；4—控制挡块；5—带有平台提升装置的立柱；6—滚柱支撑；7—控制单元；8—小车驱动装置；9—护板；1a—平台移动的驱动装置；2a—负载平台；3a—下平台；4a—基座；5a—传感器；6a—电器接头；7a—支承滚柱；8a—挡块；9a—齿条；10a—链

(2) 装配工艺方案

堆垛机装配工艺方案主要是从小车移动、平台提升、负载夹持机构、负载平台、下平台及基座等方面考虑装配工艺问题。

1）小车移动。

小车在堆垛机中的位置，如图14-17序号1。

小车在"小车驱动装置"（图14-17中序号8）的作用下沿导轨移动。小车驱动装置机构通过直流电机、弹性联轴器及多级减速器等保证传动比的实现。

2）平台提升。

平台提升（如图14-17中序号3）的驱动装置机构包括异步电机，它通过弹性联轴器/斜齿轮/螺旋锥齿轮等传动件，将运动传递到垂直滚珠丝杠上，相对于立柱（如图14-17中序号5）移动。

3）负载夹持机构。

在堆垛机提升平台上装有负载夹持机构（如图14-17中序号2），负载夹持机构是用来夹持毛坯及零件的标准生产用容器（如容器的平面尺寸为800mm×600mm，重量达500kg）。

标准容器做成带滑道的，负载夹持机构的可伸缩负载台可用来安放容器，并可以从堆垛机提升平台（如图14-17中序号3）上取下。

4）负载平台。

负载平台的位置如图14-17中序号2a。①负载平台是一钢板，在其上紧固两个平面和两个Γ形锻钢导轨及齿条，由它们组合而成；平台在这些导轨上沿着下平台（如图14-17中序号3a）的滚珠滚动。②在平台（如图14-17中序号2a）的端部装着两个导轨，其导轨是通过两个销轴装配的；销轴受弹簧作用，并且销轴用绳索与基座（如图14-17中序号4a）的保护片相连。③当其中一个销轴遇到故障时，销轴移动并释放绳索，从而使基座的保护片在弹簧作用下压在微动开关上，锁住平台（如图14-17中序号2a）的运动。

5）下平台。

下平台的位置如图14-17中序号3a。①下平台做成钢的机体，在其上固定有：支承滚珠、防止负载平台（如图14-17中序号2a）侧向移动的定心滚柱、两副锻钢导轨、齿条、链条用的是两个带滚柱的支架及在遇到障碍时锁定平台（如图14-17中序号2）运动的两个绳索的组件。②下平台（如图14-17中序号3a）以自身导轨沿基座（如图14-17中序号4a）的滚轮滚动。③为限制负载平台（如图14-17中序号2a）在其下平面上的伸缩，需要采用两个挡块来限制带传动链的啮合中齿条的运动。

6）基座。

基座的位置如图14-17中序号4a。①基座的机体是钢制的，在其上固定有：平台移动的驱动装置（如图14-17中序号1a）；与电器接头（如图14-17中序号6a）相连的箱体；传感器（如图14-17中序号5a）；支承滚柱（如图14-17中序号7a）；防止下平台（如图14-17中序号3a）侧向移动的定心滚柱；两个限制平台（如图14-17中序号3a）运动的挡块（如图14-17中序号8a）。②在基座（如图14-17中序号4a）上固定有齿条（如图14-17中序号9a），它与平台（如图14-17中序号3a）驱动装置的环形链（如图14-17中序号10a）相啮合。③为将负载夹持机构安装在操作机平台上，在基座（如图14-17中序号4a）中设有紧固孔。④传感器（如图14-17中序号5a）的机构由支架组成，在其上装有固定弹簧作用下的滚轮和非接触式行程开关；该机构靠支架固定到负载夹持基座（如图14-17中序号4a）上。

（3）有待改进的地方或建议

① 堆垛机的运动受限　堆垛机仅能够在立体仓库的巷道间来回穿梭运行，例如，堆垛机可以将位于巷道口的货物存入机床、装备，或将机床、装备上的货物取出并运送到巷道口；但是，这种堆垛机只能在仓库内运行，若让货物出入库还需配备其他设备才能完成。

② 重视机器人特性与参数　制订数控机床专用机器人的装配工艺方案时，应该特别注意机器人的装配空间运动参数及静态参数（包括参与装置和附件）。如被夹持箱的平面尺寸；箱中负载最大重量；上台面最大行程；上台面工作行程；上台面伸缩额定速度；载重夹持器外形尺寸（长、宽、高）及重量等。

14.2.7 装卸用机器人

装卸用机器人是多用途工业机器人，可以用于装卸工作的自动化，服务于多种工艺装备，在工序之间、机床之间输送加工对象及完成多种辅助作业。

将零部件或物体从某一位置移到工作区的另一位置，是装卸用机器人最常见的用途之一，它通常包括"码放"和"卸货"两种作业形式。一些重要的零部件装卸时，还涉及拾取半成品或未完工的零部件，并将其送至机床以做最后的加工；这种类型作业对人不安全，而对机器人则可以轻松完成。例如，在金属加工中一种常见的任务是热压加工，它要求在加热的炉窑、冲压床、车床或手摇钻床附近工作，这类工作有较大的危险性；机器人能耐高温环境，程序编好了就可以防止与其他物体碰撞，在这方面装卸用机器人具有独特的优势，可以胜任此类工作。

装卸用机器人的技术特征包括：①承载能力；②自由度数；③绕多轴的最大位移；④手臂绕多轴的最大速度；⑤位置精度及重量等。

装卸用机器人的运动原理如图 14-18 所示。图 14-18 中示出了电动机、操作机手臂、转

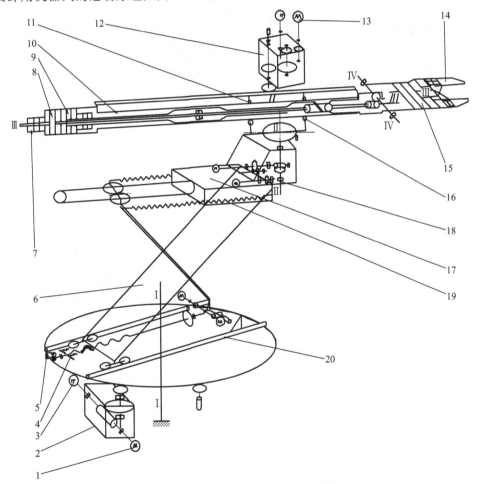

图 14-18 装卸用机器人运动原理简图

1—电机（3 个）；2—转动机构；3—测速发电机（4 个）；4—压缩弹簧（2 个）；5—位置传感器；6—提升机构；
7—液压缓冲器（2 个）；8—手臂摆动气缸；9—手臂旋转气缸；10—操作机手臂；11—压紧滚柱（2 个）；
12—手臂伸缩机构；13—电机（2 个）；14—夹持器；15—夹持器气缸；16—支承滚柱（2 个）；
17—平台；18—手臂转动机构；19—拉伸弹簧（2 个）；20—导轨（2 个）

动机构、提升机构、手臂伸缩机构、手臂转动机构、夹持器、平台、压缩弹簧、支承滚柱、拉伸弹簧、导轨、位置传感器、液压缓冲器、手臂摆动气缸、手臂旋转气缸、压紧滚柱及夹持器气缸等。

装卸用机器人的运动包括手臂绕轴Ⅲ-Ⅲ转动及手臂绕轴Ⅳ-Ⅳ摆动；夹持器钳口的夹紧和松开由气缸来实现。

(1) 装配结构设计

装卸用机器人——操作机是工业机器人的执行机构，它能够保证夹持器机构在工作空间范围内的安装与定位。

装卸用机器人工作空间简图如图 14-19 所示。主要由以下部分组成：操作机；夹持器；提升机构；电驱动及气压组件等。

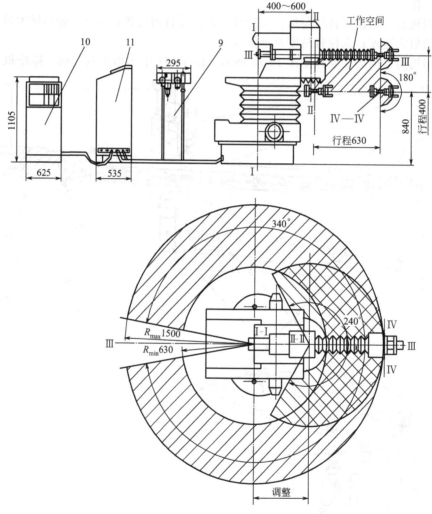

图 14-19　装卸用机器人工作空间简图
9—气压组件；10—电驱动配套件；11—点位式程控装置

图 14-19 中斜线部分示出了操作机在各个坐标轴方向的工作空间或极限位置；为使机器人能够按照预定的工艺流程完成自动装卸，机器人必须实现准确的运动控制。

装卸用机器人装配结构如图 14-20 所示。图 14-20 中包括手臂、手腕回转机构、夹持器

机械零部件结构设计实例与
装配工艺性（第二版）

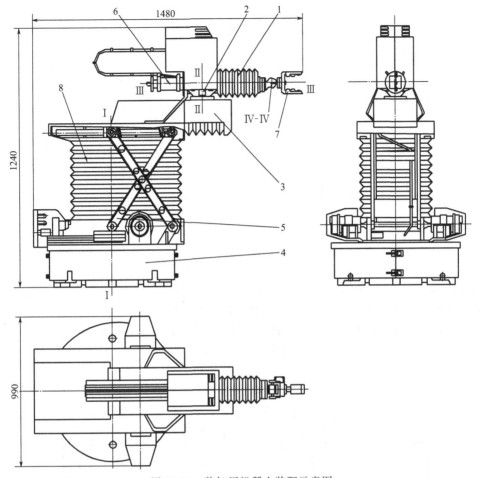

图 14-20 装卸用机器人装配示意图

1—手臂；2~5—机构；6—手腕回转机构；7—夹持器机构；8—护罩

机构及护罩等。

① 手臂（如图 14-20 中序号 1）在操作机的球坐标系中有四个自由度。

② 操作机由以下机构来实现四个自由度：相对于轴Ⅱ-Ⅱ的转动；手臂 1 沿轴Ⅲ-Ⅲ的伸缩运动；手臂相对于垂直轴Ⅰ-Ⅰ的回转；手臂沿轴Ⅰ-Ⅰ的上升。

③ 操作机的运动机构用护罩（如图 14-20 中序号 8）来防止灰尘和油污进入。

④ 夹持器机构（如图 14-20 中序号 7）的两个定向自由度形成手腕回转机构（如图 14-20 中序号 6）相对于它的纵轴Ⅲ-Ⅲ和横轴Ⅳ-Ⅳ的旋转。

⑤ 调整手臂的位移是由机电式随动装置来实现的；手腕的定向运动和夹持器的夹松动作由气缸来实现。

(2) 装配工艺方案

装卸用机器人装配工艺方案主要是从操作机转动（回转）与提升机构的安装、手臂回转机构的安装、夹持器手臂及手腕机构的安装、机器人工艺装配性等方面涉及装配工艺问题。

1) 操作机转动（回转）与提升机构的安装。

操作机的基本组件是回转机构；操作机提升机构（如图 14-20 序号 5 和图 14-18 序号 6）装在回转机构圆盘上，操作机提升机构采用液压机构。

如图 14-21（a）所示的液压提升机构中活塞装配结构，为了避免装配时的机加工，活塞用固定销连接,但工作不稳定。若将其改为图 14-21(b),将活塞上配钻的销孔改为螺纹连接,这样会更好地将活塞与杆连接在一起,工作稳定性提高。

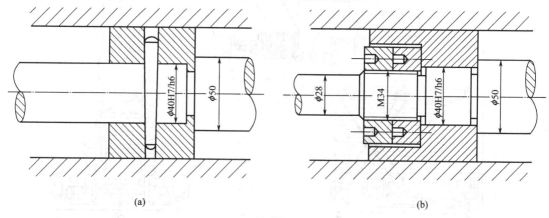

(a)

(b)

图 14-21 避免装配后加工的结构

液压缸端部安装时,液压缸应避免用螺纹定位。如图 14-22(a)所示,液压缸要求缸盖上的孔(活塞杆由此穿出)与缸体内圈表面同轴,但是缸盖与缸体用螺纹直接连接,由于螺纹间有间隙,则不能保证其同轴度。若改为图 14-22(b),即采用圆柱面定位,确定了定位基准,这样就能保证缸盖上的孔与缸体内圈表面的同轴度。

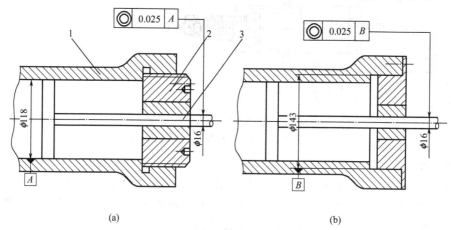

(a)

(b)

图 14-22 避免用螺纹定位的结构

1—油缸;2—缸盖;3—活塞杆

2)手臂回转机构的安装。

① 手臂回转机构(图 14-18 序号 18)是带有圆柱齿轮和蜗轮传动的减速器,安装在提升机构的上平台上,且相对于垂直轴Ⅱ-Ⅱ转动。

② 手臂相对于其纵轴的伸缩机构,可以做成具有两级圆柱齿轮减速器及齿轮齿条的传动形式。

3)夹持器手臂及手腕机构的安装。

① 操作机手臂机构(图 14-18 序号 10)中包含着带夹持器的手腕摆动回转机构(如图 14-20 中序号 6);手臂机体做成套筒形,可以在其中安装手腕的摆动回转气缸;在手臂机体上固定着齿条及钢轨,钢轨安装在托架机体中用来支承滚柱,而托架装在手臂回转机构上。

② 手腕的摆动装置由气缸组成,用挡块进行轴齿轮的转动限位,调节挡块位置可以获

机械零部件结构设计实例与
装配工艺性(第二版)

得手腕的各种摆动角或完全锁住其运动。

4）机器人工艺装配性。

① 为扩大工业机器人的工艺性，应该预先估计手腕在各个不同位置上进行固定夹持的可能性；在这些位置上一般通过销钉连接，把手腕上的安装孔准确地固定在夹持器机体上。

② 夹持器钳口的驱动可以通过固定在机体上的气缸来实现。为了使夹持器夹紧，让空气进入气缸的工作腔；夹持器钳口的松开是在气缸中空气压力排出后，由弹簧来实现。

（3）有待改进的地方或建议

制订装卸用机器人的装配工艺方案时，应该特别注意机器人的装配空间运动参数及静态参数（包括参与装置和附件）。如承载能力；自由度数；绕多轴的最大位移；手臂绕多轴的最大速度；位置精度及重量（包括控制装置）等。

1）操作机是工业机器人的执行机构。必须保证使夹持器机构在工作空间范围内的安装定位。

2）必须保证操作机手臂的合理安置，如调整好操作机手臂在球坐标系中的各个自由度。

3）操作机的运动机构中应安装护罩。操作机的运动机构用护罩来防止灰尘和油污进入。

4）手臂位移、手腕定向的安装。调整手臂的位移可以由机电式随动装置来实现，而手腕的定向运动和夹持器的夹松动作可以由气缸来实现。

5）配套件与控制装置。

① 气压组件是工业机器人的配套件，用于准备、调节由总管路送来的压缩空气，并当气压降到低于允许值时，锁住操作机的工作。

② 电驱动配套件提供直流电机电枢环节以控制电压。电驱动组件可保证直流电机随动工作状态的控制，这些电机安装在操作机所编程的各个自由度机构中；电驱动机构应包括齿轮或蜗轮减速器在内。

③ 操作机执行机构的位置和速度反馈由电位器式传感器来实现，它由专用齿轮或由带传动驱动的齿轮减速器和测速发电机来驱动。

④ 点位式程控装置在示教工作状态时应该有程序存储能力，形成控制信号到配套件上，以及形成操作机和所看管设备的工作循环控制工艺指令。

14.2.8 组装操作用夹持装置结构设计

为了完成装配操作机的工作，当组装操作时必须装备相应的带工具、夹具的夹持装置，才能保证所组装零件能够具有必要的位置精度，实现单元组装及钳工操作的可能性。这里，组装操作用夹持装置主要是为了机床标准化结构的专用工业机器人所使用。

（1）装配结构设计

1）真空夹持装置的装配结构设计。

对于真空夹持装置，在此仅讨论其两种主要的结构形式。

① 真空夹持装置装配结构的结构形式1如图14-23所示。图14-23中包括夹持器、管子及机体等。

夹持器（如图14-23中序号2）是依靠在工作腔中产生的负压来吸附和握持零件（如图14-23中序号1）的。依靠喷射泵来获得真空，泵本身就是一个管子（如图14-23中序号3），在夹持零件时具有结构形式1的真空夹持装置沿着管子（如图14-23中序号3）传送压缩空气。为松开零件，压缩空气通过管（如图14-23中序号5）输入夹持器的工作腔内。夹持装置的机体（如图14-23中序号4）固定在操作机手腕上。

② 真空夹持装置装配结构的结构形式2如图14-24所示。图14-24中包括夹持器、机体及活塞杆等。

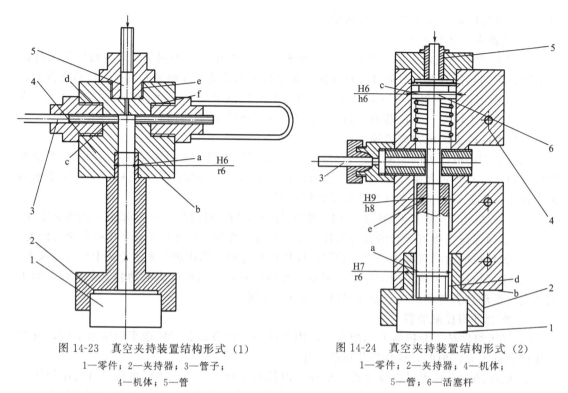

图 14-23　真空夹持装置结构形式（1）

1—零件；2—夹持器；3—管子；
4—机体；5—管

图 14-24　真空夹持装置结构形式（2）

1—零件；2—夹持器；4—机体；
5—管；6—活塞杆

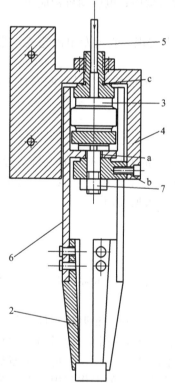

图 14-25　带弹性元件的气
动夹持装置

2—钳口；3—壳体；4—机体；5—管；
6—杠杆；7—紧固件

在夹持装置结构形式 2（如图 14-24 所示）中，夹持器（如图 14-24 中序号 2）是在弹簧的作用下夹持零件（如图 14-24 中序号 1），活塞杆（如图 14-24 中序号 6）向上运动来实现。工作腔中的负压由喷嘴（如图 14-24 中序号 3）来保持；松开零件时在通过管（如图 14-24 中序号 5）输送的压缩空气作用下，活塞（如图 14-24 中序号 6）向下运动来实现。

机体（如图 14-24 中序号 4）固定在操作机手腕上。

2）带弹性元件气动夹持装置的装配结构设计。

带弹性元件气动夹持装置装配结构如图 14-25 所示。图 14-25 中包括钳口、壳体、机体、管、杠杆及紧固件等。

在夹持装置中，带弹性元件的气动夹持装置主要用于脆性零件的定位和固定；而夹持装置（如图 14-25 中，由序号 3、序号 6、序号 7 等件组成）安装在机体（如图 14-25 中序号 4）内。在机体中铰接安装杠杆（如图 14-25 中序号 6），其上固定着可换压紧钳口（如图 14-25 中序号 2）；钳口的松开是通过管（如图 14-25 中序号 5）输送压缩空气进入弹性壳体（如图 14-25 中序号 3）的内腔，使其变形引起杠杆（如图 14-25 中序号 6）带钳口一起转动而实现。

3）具有安装误差自动补偿夹持装置的装配结构设计。

机器人装配时，当被连接件间需要较高的相互位置精度时，具有安装误差自动补偿的夹持装置是必不可少的。在许

机械零部件结构设计实例与
装配工艺性（第二版）

多情况下，位置误差自动补偿是通过共轭表面作用原理来实现；在装配时，使被安装的零件与其他零件相接触、相互作用且有小的位移。

具有安装误差自动补偿夹持装置的装配结构如图 14-26 所示。图 14-26 中包括夹持器机体、钳口、吊架、活塞、制动块、管、管接头、轴颈及杠杆等。

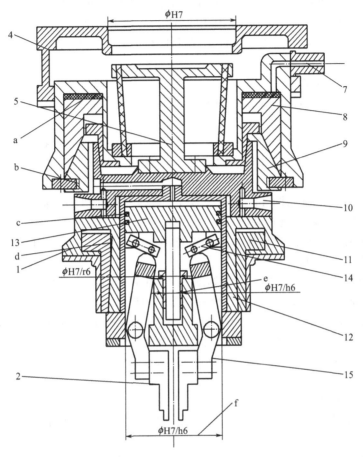

图 14-26　具有安装误差自动补偿的夹持装置
1—夹持器机体；2—钳口；4—机体；5—吊架（弹性元件）；7—管；8,11,13—活塞；
9—制动块；10—管接头；12—轴颈；14,15—杠杆

图 14-26 所示装置适用于间隙在 $0.05 \sim 0.2\text{mm}$ 间的动连接。这种装置如同铰接系统一样，能保证被连接零件的相对线位移及相对转动的补偿。它是依靠夹持器机体（如图 14-26 中序号 1）、吊架（如图 14-26 中序号 5）的斜杆及中心弹性元件相对于操作机手腕机体（如图 14-26 中序号 4）的柔顺性来完成。

弹性元件配置在夹持器中间部位，与固定零件轴端有一定距离的地方。这个距离是这样考虑的：使被连接零件接触点的反作用力仅引起线位移；力矩仅引起夹持器相对于柔顺中心转动；应处于吊架（如图 14-26 中序号 5）和夹持器端平面之间的夹持装置轴上。为了预防此中心的偏移，例如可以在零件传送时采用专用接头，专用接头在通过连接管（如图 14-26 中序号 7）传送压缩空气时，带内锥表面的活塞（如图 14-26 中序号 8）作用在制动块（如图 14-26 中序号 9）上，使夹持器机构（如图 14-26 中序号 1）固定。

弹性元件（如图 14-26 中序号 5）的松开是在装配操作之前和在调换夹持装置时进行。为此，压缩空气应当送到活塞（如图 14-26 中序号 8）的下边。

为了松开被安装的零件，压缩空气通过连接管（如图14-26中序号6）传送到气缸（如图14-26中序号3）工作腔中，活塞（如图14-26中序号13）与杠杆（如图14-26中序号14）支承一起向下移动，以使杠杆（如图14-26中序号15）与夹紧钳口（如图14-26中序号2）一起转动。

为了调换夹持器机构，把轴颈（如图14-26中序号12）处的楔子拔出即可。这时将带有内锥面的空心活塞杆的活塞（如图14-26中序号11）向上移动。为此，管接头（如图14-26中序号10）与大气相通，而压缩空气传送到机体（如图14-26中序号1）的下腔中。

（2）装配工艺方案

1）真空夹持装置装配工艺方案。

① 真空夹持装置（结构形式1）如图14-23所示。

装配要点：

a. 夹持器　夹持器的位置如图14-23中序号2。夹持器（非夹持端）仅与机体（如图14-23中序号4）装配，夹持器的外表面a处（如图14-23中"a"所示）有配合精度要求，采用过盈配合。

b. 机体　机体的位置如图14-23中序号4。机体与操作机手腕固定，通过机体的b面（如图14-23中"b"所示）进行装配。

夹持器（非夹持端）仅与机体装配，夹持器的外表面a处（如图14-23中"a"所示）有配合精度要求，采用过盈配合。

机体（如图14-23中序号4）、管（如图14-23中序号3）及喷嘴连接件（如图14-23中序号6）间的c面（如图14-23中"c"所示）处采用螺纹一次性连接。

机体与其他零件装配，如喷嘴连接件的d、e、f面处（分别如图14-23中"d""e""f"所示）与机体分别装配，采用螺纹连接，拆装方便。

② 真空夹持装置（结构形式2）如图14-24所示。

装配要点：

a. 夹持器　夹持器的位置如图14-24中序号2。

夹持器（非夹持端）既与机体（如图14-24中序号4）配合又与活塞杆（如图14-24中序号6）配合。

夹持器的外表面a（如图14-24中"a"所示）与机体有配合精度要求，采用过盈配合。

夹持器的内表面d（如图14-24中"d"所示）与活塞杆可以采用螺纹配合。

b. 活塞杆　活塞杆的位置如图14-24中序号6。

夹持器（如图14-24中序号2）的内表面d（如图14-24中"d"所示）与活塞杆可以采用螺纹配合。

活塞杆部件的e面处（如图14-24中"e"所示）可以采用间隙配合。

c. 机体　机体的位置如图14-24中序号4。

机体与操作机手腕固定，通过机体的b面（如图14-24中"b"所示）进行装配。

夹持器（如图14-24中序号2）的非夹持端既与机体装配，又与活塞杆（如图14-24中序号6）装配。

夹持器的外表面a（如图14-24中"a"所示）与机体有配合精度要求，一般采用过盈配合。

夹持器的内表面d（如图14-24中"d"所示）与活塞杆（如图14-24中序号6）可以采用螺纹配合。

机体与活塞杆的装配，应注意c面处（如图14-24中"c"所示）的配合要求。

在机体中部有与管子（如图 14-24 中序号 3）部件的装配，采用螺纹连接。

2）带弹性元件的气动夹持装置的装配工艺方案。

图 14-25 所示为带弹性元件的气动夹持装置。

装配要点：

① 钳口　钳口的位置如图 14-25 中序号 2。

可换压紧钳口（图 14-26 中序号 2）与杠杆（图 14-25 中序号 6）装配，螺栓连接，更换方便。

② 杠杆　杠杆的位置如图 14-25 中序号 6。

杠杆在 a 面处（如图 14-25 中"a"所示）与螺栓（如图 14-25 中序号 7）铰接装配。

杠杆与弹性壳体（如图 14-25 中序号 3）装配时要留有合理的间隙。

杠杆与可换压紧钳口（如图 14-25 中序号 2）装配，螺栓连接，更换方便。

③ 机体　机体的位置如图 14-25 中序号 4。

机体的上半部分通过连接板（如图 14-25 中序号 8）固定，它们之间通过螺栓可靠地连接。

机体的上半部分在 c 处（如图 14-25 中"c"所示）通过止口与夹持装置组装配。

机体的下半部分在 b 处（如图 14-25 中"b"所示）通过螺栓与夹持装置组连接。

3）具有安装误差自动补偿夹持装置的装配工艺方案。

图 14-18 为具有安装误差自动补偿的夹持装置。

装配要点：

① a 处（如图 14-26 中"a"所示）调整；

② b 处（如图 14-26 中"b"所示）间隙；

③ c 处（如图 14-26 中"c"所示）密封；

④ d 处（如图 14-26 中"d"所示）装配可靠性；

⑤ e 处（如图 14-26 中"e"所示）配合要求；

⑥ f 处（如图 14-26 中"f"所示）配合要求。

（3）有待改进的地方或建议

当组装作业时，人可以利用眼手的良好协调动作、再加上触觉，将一组不同的零部件组装起来制成成品或组件；但组装工作常令人感到乏味且劳动力成本很高，所以利用机器人进行组装作业具有广泛的应用前景。在大部分此类工作中，要将所要加工的位置及操作顺序示教给机器人，通常使用的唯一外部传感信息是零件或组件，以及是否在工作单元室内的特定位置。

14.3　实例启示

工业机器人刚度设计开发涉及机器人主要技术参数、驱动方式选择、传动方案、刚度及优化等。与其他机械结构相比，机器人本体具有多自由度、非线性、复杂的运动学和动力学等特性；机器人本体是机器人的支承基础和执行机构。

本章对数控机床专用机器人、热冲压机器人、冷冲压型工业机器人、板压型机器人、装配操作用机器人、仓储和运输用操作机器人——堆垛机、装卸用机器人、组装操作用夹持装置结构设计等实例进行了结构及装配问题的研究，并分别提出了有待改进的地方或建议。下面仅从机器人刚度设计、零件装配主要过程、装配误差与互配零件间隙、机器人装配质量影响因素等方面予以表述。

（1）机器人刚度设计

机器人刚度可以衡量机器人的变形程度，它是指作用在弹性元件上的力或力矩的增量与相应的位移或角位移的增量之比；或者，结构或构件抵抗弹性变形的能力。机器人刚度直接影响其定位精度、稳定性与承载能力。

串联机器人刚度受结构影响较大。

① 开式运动链，结构刚度不高。为了便于加工以及安装控制元器件，工业机器人本体常采用刚性杆件铰接的结构。当刚性杆件与机体相连时，还需考虑整体布局与安装定位。在设计机器人本体时，可以采用转动提升结构，以增大机器人工作的转动空间，运动灵活。转动提升结构内部应预留安装空间及安装孔，便于控制元器件、检测系统及模块等的安装和走线。

② 由于机器人杆件多，使得本体的扭矩变化复杂。本体对刚度、间隙和运动精度都有较高的要求。为了运动稳定，机器人在工作过程中，机体重心的投影必须落在工作区域内，因为当重心靠近边界时会使机器人的稳定性急剧降低，为此应设定重心投影到工作区域边界的最小值，以获得最佳稳定性能。

由此可以看出，串联机器人的刚度主要取决于机械臂杆件。

1）机械臂推杆刚度优化。某机械臂推杆结构如图 14-27 所示，主要包括推杆、丝杠及支撑轴承结构等。

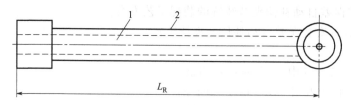

图 14-27　机械臂推杆结构示意图
1—推杆内；2—推杆外

机械臂推杆对机器人整机的影响最大，应尽可能提高其刚度。因此，设计机械臂推杆的杆长时，既要考虑推杆制造容易还应具有较大的刚度。

对于机械臂推杆，其综合轴向刚度 K 可以表示为：

$$\frac{1}{K}=\frac{1}{K_R}+\frac{1}{K_N}+\frac{1}{K_S}+\frac{1}{K_B}$$

式中　K_R——推杆轴向刚度；
　　　K_S——丝杠轴向刚度；
　　　K_N——丝母轴向刚度；
　　　K_B——支撑轴承轴向刚度。

在丝杠、丝母、轴承刚度确定的条件下，提升推杆刚度是保证其输出刚度的唯一方法，因此，将获取最优刚度的问题转化为推杆长度最小化的问题。这时，机械臂推杆刚度优化问题的目标函数及约束条件可以表示为：

$$
\begin{cases}
\min L_R \\
\text{s.t.}
\begin{cases}
L_R=L_{Rmin}-\Delta x \\
L_B=L_R-L_F+\Delta x \\
L_S=L_B-\Delta x-\Delta y \\
L_R-L_F \geqslant L_S+\Delta y \\
L_R-\Delta y \geqslant L_{Rmax}-L_B
\end{cases}
\end{cases}
$$

机械零部件结构设计实例与
装配工艺性（第二版）

将优化计算结果取整后得出机械臂推杆部件的尺寸参数。机械臂电动缸优化尺寸主要包括：初始距离 Δx（Δy）、推杆长度 L_R、刚体长度 L_B、丝杠长度 L_S 和腰部（底座）高度 L_F 等。

无论对于大臂，还是小臂，机械臂推杆结构类似。

2）机器人刚度建模。机器人刚度描述了机器人在力矩作用下的末端变形程度。机器人刚度与机器人的姿态有关，在机器人众多姿态中必定存在一个最优姿态，即在该姿态下刚度最优。

对于刚性机器人，静刚度对全局刚度影响较小。在整个工作空间范围内建模时，假定各杆件的静变形均属于弹性小变形范围，基座或工作台视为刚体即不产生变形，各铰链约束均为理想约束。但是，当机械臂过长或承受载荷过大时，则应将机械臂或杆件视为柔性件。例如，图 14-28 所示机械臂的简化模型。

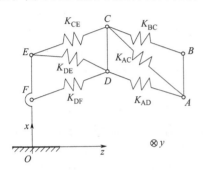

图 14-28 机械臂柔性模型

图 14-28 为平行四边形机械臂柔性模型，含有弹簧系统。其中机械臂的多个杆件简化为柔性杆件。通过计算杆件应变能可以计算出平行四边形机械臂各关节点沿载荷作用方向的变形量。

① 大臂。大臂的刚度对末端的竖直位移影响最大。以大臂回转中心作为初始参考点，D 点相对于 F 点的变形量为：

$$\begin{cases} \delta D_x = \dfrac{\partial U_D}{\partial F_{Dx}} = \dfrac{F_{DE}}{K_{DE}} \times \dfrac{\partial F_{DE}}{\partial F_{Dx}} + \dfrac{F_{DF}}{K_{DF}} \times \dfrac{\partial F_{DF}}{\partial F_{Dx}} \\[4mm] \delta D_z = \dfrac{\partial U_D}{\partial F_{Dz}} = \dfrac{F_{DE}}{K_{DE}} \times \dfrac{\partial F_{DE}}{\partial F_{Dz}} + \dfrac{F_{DF}}{K_{DF}} \times \dfrac{\partial F_{DF}}{\partial F_{Dz}} \end{cases}$$

式中　　U_D——D 点变形能；

F_{DE}，F_{DF}——杆件 DE、DF 作用力；

K_{DE}，K_{DF}——杆件 DE、DF 等效刚度；

F_{Dx}，F_{Dz}——D 点处沿 x、z 向附加力。

平行四边形 C 点相对于 D 点的变形量为：

$$\begin{cases} \delta C_x = \dfrac{\partial U_C}{\partial F_{Cx}} = \dfrac{F_{CE}}{K_{CE}} \times \dfrac{\partial F_{CE}}{\partial F_{Cx}} \\[4mm] \delta C_z = \dfrac{\partial U_C}{\partial F_{Cz}} = \dfrac{F_{CE}}{K_{CE}} \times \dfrac{\partial F_{CE}}{\partial F_{Cz}} \end{cases}$$

式中　　U_C——C 点变形能；

F_{CE}——杆件 CE 作用力；

K_{CE}——杆件 CE 等效刚度；

F_{Cx}，F_{Cz}——C 点处沿 x、z 向附加力。

② 小臂。与上述同理，对于小臂，其平行四边形 A 点相对于 D 点的变形量为：

$$\begin{cases} \delta A_x = \dfrac{\partial U_A}{\partial F_{Ax}} = \dfrac{F_{AC}}{K_{AC}} \times \dfrac{\partial F_{AC}}{\partial F_{Ax}} + \dfrac{F_{AD}}{K_{AD}} \times \dfrac{\partial F_{AD}}{\partial F_{Ax}} \\[4mm] \delta A_z = \dfrac{\partial U_A}{\partial F_{Az}} = \dfrac{F_{AC}}{K_{AC}} \times \dfrac{\partial F_{AC}}{\partial F_{Az}} + \dfrac{F_{AD}}{K_{AD}} \times \dfrac{\partial F_{AD}}{\partial F_{Az}} \end{cases}$$

式中　U_A——A 点变形能；

F_{AC}，F_{AD}——杆件 AC、AD 作用力；

K_{AC}，K_{AD}——杆件 AC、AD 等效刚度；

F_{Ax}，F_{Az}——A 点处沿 x、z 向附加力。

除了大臂和小臂外，末端和腕部等也有影响。

（2）零件装配主要过程

① 零件装配可由抓取指定零件、将零件放到装配支架或工作台上、与所需零件互配以及回复到抓取零件的位置等几个主要过程组成。这些装配过程复杂，从事装配作业的劳动力占据了整个制造过程中劳动力相当大比例，因此，实现零件的自动装配具有重大的实际意义。

② 基于对装配过程的划分，自动装配的实现需要在零件获取、零件处理、零件定位和零件互配等方面实现自动化，然而每一个自动化过程又都将在特定的条件下进行。例如零件的获取和处理在很大程度上受处理装置的定位精度和零件初始位置的一致性等问题的约束，零件在所需装配位置上的放置和零件互配过程一方面受到定位装置的影响，另一方面还与零件的性能（如间隙和几何形状等）有关。这些约束条件对精密零件的互配及需要经常更换模型的装配系统来说是非常苛刻的，这类装配系统必须具有适应环境变化的能力，即需要具有柔性自动装配的特点和功能。

③ 虽然工业机器人在许多制造过程（如喷漆、焊接等）中得到了广泛应用，但由于它们定位精度低，从而限制了它们在某些精度要求高的自动装配作业中的应用，如很大一部分装配过程需要较高的定位精度和位姿精度等。当今的工业机器人虽然在动态特性和控制策略上有所改进，但若以开环方式进行控制，则还不能胜任许多装配任务的需要；对于互配零件装配若存在着很小的位置或角度偏差就会产生巨大的装配阻力，使装配难以进行甚至会损坏机器人或零件。

为了解决上述问题，就必须对装配任务、装配特性、装配误差的来源以及位置误差的补偿等问题作深入的分析和研究，设法在互配零件装配前消除或减小误差。

（3）装配误差与互配零件间隙

① 互配零件装配系统主要由负责零件的传送、装配机械部分和负责协调系统的动作以及处理信息的控制部分等组成，并且系统中的定位误差主要来源于机械部分。它包括了机器人与输送线安装的相对位置误差，机器人的位姿准确度和重复性，机器人末端法兰、可变柔性手腕、外部传感器测头及夹持器各接口间的安装误差，夹持器手爪的安装中心位置误差以及手爪自身对中重复误差，互配零件的制造误差，工作台以及夹具的定位误差等。

② 除了由于机械系统造成的定位误差外，实际环境中还有许多随机的不确定因素以及噪声，所有这些都将从本质上降低传统控制方法的性能，并影响控制系统的操作。这些不确定性和噪声的主要来源包括：传感器系统的误差和噪声，运动命令的执行误差，机械手抓取零件运动的不确定性以及由于机械柔性装置增加了位置控制的不确定性等。

考虑到上述存在的误差和不确定性，在设计互配零件时需考虑零件的公差及配合面的几何因素，使互配零件间有一定间隙，以满足互配零件的功能性、互换性和装配过程的快速性等要求。

（4）机器人装配质量影响因素

装配是产品生产中占用大量成本的劳动密集型过程，装配质量对产品的性能有直接影响。在设计阶段就考虑产品的可装配性可以充分降低装配的复杂性，提高产品的装配质量，特别是在机器人装配系统中，工件的送料、抓取、定位和配合等都要求产品合理设计，以保证机器人装配设备的可靠运行。

1）零件形状、外部特征及物理特性。

机器人装配系统中零件要具有可送料性，即以一定形状送料的能力，它与零件的形状、外部特征和物理特性有关。

① 零件形状。

零件应具有简单的几何形状，如圆轴、棱柱、凸台轴；或是复杂的几何形状，如复杂曲面或不规则外缘等。形状简单时零件不需或仅需一次定向就可以预期的方位进入给定位置，而形状复杂时零件需要数次定向才可实现自动进料。因此，零件形状对自动送料和定位的影响大不相同。

② 零件的外部特征包括对称性、不对称性及定向特征。

对称零件一般都能进行自动送料，但也有一些需要增加显著的不对称性才能实现自动送料。零件表面的定向特征包括凸台、凹槽等，它们为零件方位的确定提供了便利条件。

③ 零件的物理特性是指零件的黏度、刚度和重量。

黏度是指零件相互黏结的可能性，它通常由零件表面附着油脂的多少或零件间的静电或静力作用决定。

刚度是指零件在外力作用下的变形情况；例如移动机器人末端、大型悬臂式工程作业平台等由于受其系统刚度的限制以及其结构特性，在工作过程中由于自身运动时的惯性或载荷作用等因素会发生低频振动，系统末端的低频振动将严重影响系统的定位精度和工作能力。

在采用振动送料器时黏度较高的零件易于黏结且影响送料精度，而零件重量及重心的分布则在很大程度上影响零件送料方式的选取和定向的稳定性。

④ 零件的几何形状和物理特性也影响零件抓取或装夹的精度和稳定性。

零件抓取面的形状将影响抓取方式的选择及手爪的复杂性；零件的刚度会影响零件在手爪或夹具中的定位精度；零件的重量则和手爪抓取的稳定性相关。

2）零件公差、配合类型和固定方式。

① 零件公差是产品设计的重要技术参数，它们直接影响产品的功能性、可制造性和可装配性。公差决定制造方法的有效性和装配序列的可行性，若公差选择不合适，同一批产品可能产生不同的装配质量或具有不同的装配难度。公差也影响装配的工艺精度，如零件的送料、装夹、抓取和配合都和其相关表面的公差有关，这些公差选取得不合理，可能产生配合零件的相对位置偏差，导致装配不成功或零件受到损坏，零件的配合类型决定了选取的装配方法。

② 零件配合可分为柔性配合和刚性配合，按照配合面的形状又可分为圆轴孔配合、棱柱型轴孔配合以及齿轮配合等。典型的圆轴孔配合有过渡配合、间隙配合以及过盈配合。配合类型不同，使用的装配设备和装配时的操作难度也不同。配合设计参数如间隙、倒角宽度以及配合面的形状等都将对配合过程的质量产生很大影响。

③ 螺纹连接、热压过盈连接、销钉、铆接、折边连接以及卷边等是装配过程中固定方式的重要工序，采用操作简单的固定方式可有效降低固定质量问题发生的概率。

3）产品装配过程。

产品装配过程可分为送料、抓取、装夹、配合、固定及检验等工序。在装配过程中，装配序列和装配方法这两个方面影响着产品的装配质量。

① 产品装配序列。

在装配之前首先要确定产品的装配序列。大部分复杂产品都具有多种可选的装配序列，不同的装配序列需采取不同的装配方法，并选择不同的装配设备。装配序列不仅影响产品的装配难度，而且直接影响装配的成功率。可行的装配序列应当使零件易于抓取和装配，抓取时保证有足够的操作空间以及避免零件翻转等复杂操作；装配过程需要有足够精度的装夹平面、抓取平面以及送料定位面，以保证装配的成功。

② 产品装配方法。

装配是将零件之间或零件与工具之间较大的位置不确定性减小到零的过程。不同的装配方法具有不同的误差减小能力，若选择的装配方法不正确，或者采用的装配设备不合适，将会导致装配成功率的降低，影响产品的装配质量。

产品的装配质量与装配过程的工艺精度密切相关，它包括装配设备工作位置精度和过程工艺规范精度。装配设备工作位置精度是保证装配成功的首要因素，装配过程工艺规范精度主要是指装配过程工艺参数的精度，如装配力的大小、设备动作的完成精度以及固定零件工艺参数的精度等，它是保证装配过程质量的重要指标。装配方法是影响装配过程工艺精度的重要因素，它包括送料方法、传送方法、装夹方法、抓取方法、配合方法以及固定方法等。产品的装配质量和零件质量有关，包括固定材料的质量。如果送料、抓取、装夹以及配合方法不正确，装配后零件会产生变形或损坏，以致影响产品的功能和性能。

参 考 文 献

[1] 刘勇，陆宗学，卞绍顺. 工业机器人码垛手爪的结构设计 [J]. 机电工程技术，2014，43（2）：44-45.

[2] 尚伟燕，邱法聚，李舜酪，等. 复合式移动探测机器人行驶平顺性研究与分析 [J]. 机械工程学报，2013，49（7）：155-161.

[3] 王洪川. DL-20MST 数控机床关键零部件结构优化设计 [D]. 大连：大连理工大学，2013，6.

[4] 李慧，马正先. 机械结构设计与工艺性分析 [M]. 北京：机械工业出版社，2012，9.

[5] 王维，杨建国，姚晓栋，等. 数控机床几何误差与热误差综合建模及其实时补偿 [J]. 机械工程学报，2012，48（7）：165-170.

[6] 杨传芳，王士平. 粉末冶金传动套零件的研制 [J]. 粉末冶金工业，2011，21（1）：29-31.

[7] 陈龙法. 典型的机床装配工艺研究 [J]. 精密制造与自动化，2011，（1）：56-61.

[8] 刘涛. 层码垛机器人结构设计及动态性能分析 [D]. 兰州：兰州理工大学，2010，5.

[9] 辛忠伟. 矿用风机及关键零部件的研究 [D]. 阜新：辽宁工程技术大学，2009，6.

[10] ［俄］Ю. М. 索罗门采夫，ПРОМЫШЛЕННЫЕ РОБОТЫ. 工业机器人图册 [M]. 于东英，安永辰，译. 北京：机械工业出版社，1993，5.

[11] 巩云鹏. 机械设计课程设计 [M]. 沈阳：东北大学出版社，2009，11.

[12] 卢耀祖，郑惠强. 机械结构设计 [M]. 上海：同济大学出版社，2009，9.

[13] 陈剑鹤，于云程. 冷冲压工艺与模具设计 [M]. 北京：机械工业出版社，2009，2.

[14] 吕瑛波，王影. 机械制图手册 [M]. 北京：化学工业出版社，2009，1.

[15] 蒋秀珍，马惠萍. 精密机械学基础 [M]. 北京：科学出版社，2009，1.

[16] 李学京. 机械制图国家标准应用图册 [M]. 北京：中国标准出版社，2008，8.

[17] 孔凌嘉. 简明机械设计手册 [M]. 北京：北京理工大学出版社，2008，2.

[18] 袁剑雄，李晨霞，潘承怡. 机械结构设计禁忌 [M]. 北京：机械工业出版社，2008，2.

[19] 中国机械工程学会焊接学会. 焊接手册：第 2 卷. 材料的焊接 [M]. 北京：机械工业出版社，2008，1.

[20] 中国机械工程学会塑性工程学会/中国机械工程学会塑性工程学会/王仲仁，张凯锋. 锻压手册：第 1 卷 [M]. 北京：机械工业出版社，2008，1.

[21] 周玲. 冲模设计实例详解 [M]. 北京：化学工业出版社，2007，7.

[22] 姜希尚. 铸造手册：第 5 卷 [M]. 北京：机械工业出版社，2007，7.

[23] 殷作禄，陆根奎. 切削加工操作技巧与禁忌 [M]. 北京：机械工业出版社，2007，3.

[24] 蔡兰. 机械零件工艺性手册 [M]. 北京：机械工业出版社，2007，2.

[25] 王先逵，李旦. 机械加工工艺手册（第 1 卷）：工艺基础卷. 第 2 版 [M]. 北京：机械工业出版社，2007，2.

[26] 黄劲枝，程时甘. 机械分析应用基础 [M]. 北京：化学工业出版社，2006，8.

[27] 冯辛安. 机械制造装备设计 [M]. 北京：机械工业出版社，2006，3.

[28] 黄健求. 机械制造技术基础 [M]. 北京：机械工业出版社，2006，1.

[29] 陈家芳. 实用金属切削加工工艺手册 [M]. 上海：上海科学技术出版社，2006，1.

[30] 徐浩，凌二虎. 车削加工禁忌实例 [M]. 北京：机械工业出版社，2005，4.

[31] 梁炳文. 机械加工工艺与窍门精选 [M]. 北京：机械工业出版社，2005，1.

[32] 杨玉英. 实用冲压工艺及模具设计手册 [M]. 北京：机械工业出版社，2005，1.

[33] 陈宏钧. 车工实用技术 [M]. 北京：机械工业出版社，2004，10.

[34] 王孝培. 实用冲压技术手册 [M]. 北京：机械工业出版社，2004，9.

[35] 傅水根. 机械制造工艺基础 [M]. 北京：清华大学出版社，2004，6.

[36] 成大先. 机械设计手册（单行本）[M]. 北京：化学工业出版社，2004，1.

[37] 吴宗泽. 机械设计师手册 [M]. 北京：机械工业出版社，2004，1.

[38] 朱玉义. 焊工实用技术手册 [M]. 南京：江苏科学技术出版社，2004，5.

[39] 单祖辉. 材料力学教程 [M]. 北京：高等教育出版社，2004，1.

[40] 戴起勋. 机械零件结构工艺性 300 例 [M]. 北京：机械工业出版社，2003，10.

[41] 何少平，李国顺，舒金波. 机械结构工艺性 [M]. 长沙：中南大学出版社，2003，6.

[42] 魏川生. 铣工技师培训教材 [M]. 北京：机械工业出版社，2003，6.

[43] 李伯民，赵波. 现代磨削技术 [M]. 北京：机械工业出版社，2003，6.

[44] 上海电器科学研究所. 中小型电机产品样本 [M]. 北京：机械工业出版社，2003，1.

[45] 孟庆桂. 铸工实用技术手册 [M]. 南京：江苏科学技术出版社，2002，11.

[46] 王启平. 机械制造工艺学 [M]. 哈尔滨：哈尔滨工业大学出版社，2002，9.

[47] 曲宝章，黄光烨. 机械加工工艺基础 [M]. 哈尔滨：哈尔滨工业大学出版社，2002，8.

[48] 李集仁，杨良伟. 锻工实用技术手册 [M]. 南京：江苏科学技术出版社，2002，1.

[49] 杨叔子. 机械加工工艺师手册 [M]. 北京：机械工业出版社，2002，1.

[50] 沈其文，徐鸿本. 机械制造工艺禁忌手册 [M]. 北京：机械工业出版社，2001，1.

[51] 王英杰，韩世忠. 金工实习指导 [M]. 北京：中国铁道出版社，2000，9.

[52] 杨文彬. 机械结构设计准则及实例 [M]. 北京：机械工业出版社，1997，12.

[53] 董定元，苏学仕. 金属管焊接 [M]. 北京：机械工业出版社，1997，4.

[54] 陈宏均. 实用机械加工工艺手册 [M]. 北京：机械工业出版社，1997，7.

[55] 吴宗泽. 机械设计禁忌 800 例. 第 2 版 [M]. 北京：机械工业出版社，2006，1.

[56] 马正先，李慧. 刮板输送机卡料返料故障分析 [J]. 中国建材装备，1996，(3)：14-16.

[57] 马正先，李慧. 离心风机叶轮叶片的磨损与防磨措施 [J]. 流体机械，1995，24 (5)：41-44.

[58] 王义行. 链轮设计制造应用手册 [M]. 北京：机械工业出版社，1995，3.

[59] 徐灏. 新编机械设计师手册（上）[M]. 北京：机械工业出版社，1995，3.

[60] 李慧，俞美. 采用铸造叶片提高风机耐磨性 [J]. 水泥，1993，(9)：36-37.

[61] 徐克晋. 金属结构 [M]. 北京：机械工业出版社，1992，12.

[62] 孟少农. 机械加工工艺手册：第 1 卷 [M]. 北京：机械工业出版社，1991，9.

[63] 黄文哲. 焊工手册 [M]. 北京：机械工业出版社，1991，8.

[64] 吴永健. 机械零件工艺造型技术 [M]. 北京：宇航出版社，1991，2.

[65] 袁孔生. 车工技能 [M]. 北京：航空工业出版社，1991，12.

[66] 卢庆熊，姚永璞. 机械加工自动化 [M]. 北京：机械工业出版社，1990，9.

[67] 侯增寿，卢光熙. 金属学原理 [M]. 上海：上海科学技术出版社，1990，7.

[68] ［日］小栗達男，小栗富士雄. 机械设计禁忌手册 [M]. 陈祝同，刘惠臣，译. 北京：机械工业出版社，1992，2.

[69] 吴宗泽. 机械结构设计 [M]. 北京：机械工业出版社，1988，4.

[70] 机械工程手册编委会. 机械工程手册：第十二卷 机械产品（二）[M]. 北京：机械工业出版社，1982，3.

[71] 邱文瀚，张建富，郁鼎文，等. 基于多目标的机床结构优化设计研究 [J]. 组合机床与自动化加工技术，2018，(2)：51-56.

[72] 隋立军，田晓耕，卢天健. 机床结构结合面静态特性研究与内聚力模拟 [J]. 固体力学学报，2012，33 (1)：48-56.

[73] 郭骏宇. 多源信息下数控机床关键子系统可靠性建模与评估研究 [D]. 成都：电子科技大学，2019.

机械零部件结构设计实例与
装配工艺性（第二版）